受重庆市交通科学技术项目《综合交通体系对渝中区城市空间集约利用的互动关系研究》（KJXM2012-0259）和重庆市建设科技计划项目《渝中区城市空间集约利用研究》（城科字2012第1-2号）联合资助

城市核心区综合交通与空间集约利用互动关系研究

杨庆媛　冯应斌　乔　宏　著

科学出版社
北　京

内 容 简 介

本书遵循"问题导向—理论解析—现状评价—规划应对—决策支撑"的研究脉络，以城市规划学、城市地理学、城市交通学、土地经济学以及城市经济学等学科理论为指导，基于重庆市渝中区综合交通体系现状分析，以城市综合交通与空间集约利用互动关系研究为切入点，探讨山地城市核心区综合交通与城市空间集约利用的互馈机制；建立城市发展战略框架下的空间集约利用目标体系，并提出促进城市空间集约利用的通道系统优化措施和节点系统管制应对措施，以期对完善城市建设规划与管理模式、丰富城市空间利用的科学内涵、提升城市建设管理水平提供理论支持和实践指导。

本书可供城乡规划设计、城市交通、城市土地利用规划以及城市地理学和城市土地经济学等领域的研究人员及政府有关部门的决策人员阅读和参考。

图书在版编目（CIP）数据

城市核心区综合交通与空间集约利用互动关系研究／杨庆媛，冯应斌，乔宏著．—北京：科学出版社，2016.9

ISBN 978-7-03-049589-1

Ⅰ.①城… Ⅱ.①杨… ②冯…③乔… Ⅲ.①城市交通-交通运输管理-研究②城市空间-空间规划-研究 Ⅳ.①U491②TU984.11

中国版本图书馆CIP数据核字（2016）第194372号

责任编辑：李 敏 杨逢渤／责任校对：彭 涛

责任印制：徐晓晨／封面设计：铭轩堂

科学出版社 出版

北京东黄城根北街16号

邮政编码：100717

http://www.sciencep.com

北京京华虎彩印刷有限公司 印刷

科学出版社发行 各地新华书店经销

*

2016年9月第 一 版 开本：720×1000 1/16

2017年4月第三次印刷 印张：15 1/2

字数：350 000

定价：180.00 元

（如有印装质量问题，我社负责调换）

作者简介

杨庆媛，女，1966年2月生，云南腾冲人，现为西南大学地理科学学院教授、博士生导师。主要从事国土资源与区域发展、土地经济与政策等方面的教学科研工作。担任中国土地学会第六届常务理事，中国地理学会理事/人文地理专业委员会副主任委员，重庆市国土资源和房地产学会副理事长，重庆市地理学会秘书长，重庆市科技青年联合会常务理事/资源与环境专业委员会主任委员，《地理研究》第七届编委。10项成果分别获得重庆市科技进步二、三等奖、社会科学优秀成果一、二、三等奖以及重庆市政府发展研究奖；主持国家社科基金重大项目、教育部人文社会科学规划项目、国土资源部行业科研专项经费课题等国家级和省部级科研项目10余项；出版学术著作6部（含独著与合著），在《中国行政管理》《中国农村经济》《农业工程学报》《地理研究》《中国土地科学》等期刊发表论文60余篇。

冯应斌，男，1982年6月生，贵州思南人，现为贵州财经大学公共管理学院副教授。分别于河南大学、西南大学获得学士（2005年）和硕士（2009年）、博士（2014年）学位，主要从事国土资源与区域规划、乡村发展与土地利用等方面的教学科研工作。获得中国地理学会、中国土地学会学术年会青年优秀论文奖（一等奖）3次，在《农业工程学报》《中国土地科学》《地理科学》等资源环境类核心期刊发表学术论文10余篇。

乔宏，男，1970年8月生，河北霸州人，博士，高级工程师，现任重庆市渝中区人民政府副区长，民革重庆市渝中区委主委，主要从事城市交通规划及建设管理等方面的工作，在《改革》等刊物发表论文5篇。

前　言

进入21世纪，中国城镇化进程快速推进，城市规模逐渐扩大，机动化水平日益提高，在享受快速城镇化带来的GDP高速增长的同时，绝大多数的大城市都受到用地紧缺、交通拥堵的困扰。完善城市交通体系和高效集约利用城市空间成为大城市可持续发展、宜居城市建设需要优先解决的问题。交通体系建设和交通的有效管理不仅要解决人的出行问题、物的运送问题，更需要与城市空间的高效利用要求相适应。随着城市空间利用方式由粗放外延型向集约内涵型转变，城市空间集约利用评价也逐步由区域尺度向地块尺度深入。城市空间作为城市交通“源”，基于城市空间利用的城市综合交通“源—流”研究成为缓解城市交通拥堵、调整城市空间结构、重构城市空间高密度发展方式的重要途径。基于此，通过对城市综合交通与城市空间利用的互动关系研究，分析城市综合交通对城市空间集约利用的影响机制及其规划和管制应对措施，探索城市综合交通导向下的城市空间优化策略，对于完善现有的城市建设规划与管理模式、丰富城市空间利用的科学内涵、提升城市建设管理的水平具有一定的理论意义。

作为本书研究区域的重庆市渝中区，是我国典型的山地特大城市核心区，长江、嘉陵江两江拥抱形成半岛，地形复杂，面积狭小，但地位十分重要。一方面，受地形等条件的影响，城市空间结构呈现出规则干道空间与细碎传统街巷并存的特点，城市内部道路等级不明、联系不畅、多弯道及断头路，城市空间利用难以形成网状体系，居民出行采用自行车比例低，面临着空间容量和交通容量的双重约束。另一方面，渝中区是重庆市发展最早的区域，发展历史悠久、都市化程度高，是重庆市作为五大中心城市的特征和功能展示区域，人口密度和经济密度高，交通需求量大，都市更新任务重，空间集约利用要求高。研究表明，城市综合交通系统与城市空间利用之间存在着相互作用、相互影响的关系，综合交通建设可拉动沿线的空间利用，促使空间资源的优化配置；反过来，空间利用集约化的转变带来人们出行活动的变化，从而诱发交通的生成，促进交通设施的建设。通过对重庆市渝中区地块尺度城市空间集约利用现状调查评价以及与城市交通互动关系的实证研究，以期为城市空间集约利用研究提供新的研究视角，为整合城市综合交通系统与城市空间开发利用模式研究提供新的研究思路。

本书的目的在于通过城市综合交通与空间集约利用互动关系分析，揭示城市综合交通与城市空间利用的互馈机制，并以重庆市渝中区为实证案例，针对其综合交通体系建设与空间集约利用的现状及其相互影响中的问题，建立城市发展战略框架下的空间集约利用目标体系，提出城市空间利用的通道系统优化措施、节点系统管制措施以及配套的保障措施，为“宜居之城”“健康之城”“智慧之城”的建设与管理提供理论及技术支持。

作　者

2016 年 3 月

目　　录

第 1 章　绪论 …… 1

1.1　城市交通与空间利用研究的提出 …… 1

1.2　城市交通与空间利用研究的目的及意义 …… 2

1.3　城市交通与空间利用研究进展 …… 3

1.4　城市交通与空间利用研究的思路与框架 …… 7

1.5　区域概况及数据来源 …… 9

第 2 章　城市综合交通与城市空间互馈机制研究 …… 15

2.1　城市综合交通对城市空间的影响 …… 15

2.2　城市空间对城市综合交通的影响 …… 17

2.3　城市综合交通与城市空间协调互馈机制 …… 19

第 3 章　重庆市渝中区城市综合交通体系及其外部接口分析 …… 24

3.1　渝中区城市综合交通体系现状构成 …… 25

3.2　渝中区城市综合交通体系的外部接口 …… 40

3.3　渝中区城市综合交通出行特征分析 …… 42

3.4　渝中区城市综合交通流量及堵点分析 …… 47

3.5　渝中区解放碑商圈停车位配置问题分析 …… 55

3.6　本章小结 …… 62

第 4 章　重庆市渝中区城市空间及其利用现状评价 …… 64

4.1　渝中区城市空间体系构成及特点 …… 64

4.2　渝中区城市空间利用现状评价 …… 79

4.3　渝中区城市居住空间利用现状评价 …… 85

4.4　渝中区城市商业空间利用现状评价 …… 96

4.5　本章小结 …… 108

第 5 章 轨道交通导向下城市综合交通体系与城市空间利用互动关系研究 …… 109

5.1 渝中区城市交通发展特征及其模式选择 …… 109

5.2 轨道交通系统与城市空间利用系统互动关系分析思路 …… 114

5.3 轨道交通系统与城市空间利用系统互动关系评价指标体系构建 …… 115

5.4 渝中区轨道交通系统与城市空间利用系统互动关系实证分析 …… 123

5.5 本章小结 …… 139

第 6 章 重庆市渝中区城市空间集约利用目标体系构建 …… 141

6.1 重庆市渝中区城市空间集约利用目标体系构建思路 …… 141

6.2 重庆市渝中区城市空间集约利用目标测算与设定 …… 143

6.3 重庆市渝中区城市空间集约利用空间格局分析 …… 158

6.4 本章小结 …… 159

第 7 章 城市发展战略框架下重庆市渝中区轨道交通系统供需分析 …… 161

7.1 基于城市发展战略的轨道交通需求测算 …… 161

7.2 基于城市发展战略的轨道交通供给测算 …… 171

7.3 渝中区城市轨道交通供需非均衡程度分析 …… 173

7.4 本章小结 …… 176

第 8 章 重庆市渝中区综合交通体系与城市空间利用通道系统优化设置 …… 177

8.1 综合交通体系的廊道效应 …… 177

8.2 综合交通与城市空间衔接的实现形式 …… 179

8.3 城市空间与城市综合通道系统优化 …… 181

8.4 本章小结 …… 203

第 9 章 重庆市渝中区综合交通体系与城市空间利用的节点系统管制应对 …… 204

9.1 城市交通节点与交通网络关系 …… 204

9.2 城市步行系统与周边空间融合 …… 205

9.3 渝中区城市公交站点配置存在的问题与优化措施 …… 207

9.4 渝中区城市轨道站点管制存在的问题与优化措施 …… 210

9.5 渝中区城市港口码头管制优化措施 …… 212

9.6 本章小结 …… 214

第 10 章 城市综合交通与空间集约利用良性互动的保障措施 …… 215

10.1 完善规划管理 …… 215

10.2 建立法规制度 …… 216
10.3 开拓资金渠道 …… 217
10.4 强化技术保障 …… 219
10.5 实行城市空间综合开发 …… 221
第11章 研究总结与展望 …… 224
11.1 重庆市渝中区综合交通与空间利用研究总结 …… 224
11.2 推进重庆市渝中区综合交通与空间集约利用整合方向 …… 226
11.3 研究展望 …… 227
参考文献 …… 229
后记 …… 235

第1章　绪　　论

1.1　城市交通与空间利用研究的提出

在高速城市化的背景下，中国的城市获得了体量上、质量上和数量上的迅猛增长，同时作为空间载体也承载了国民经济和社会发展所集聚的各类要素。但在过度强调城市经济增长的单一目标约束与引导下，中国城市发展盲目追求土地价值的最大化，造成城市空间布局无序乃至失控，致使我国的城市空间利用模式"碎片化"（urban fragmentation）倾向突出，城市发展追求效率，城市空间体系之间趋于冷漠，缺乏人文情怀。

随着核心发展理念的转变，中国的城市发展战略正在经历一次历史性的转型，从"GDP优先""重物轻人"向"以人为本"的人本主义城建模式回归。城市空间利用方式也由蔓延、粗放向紧凑、集约转型，城市空间利用系统必须与城市其他系统建立起更为紧密的、满足大众需求的联系，成为市民日常行为与城市空间的主要接口。综合交通体系是保证城市生产生活正常运转、提高城市综合功能的重要组成部分，对城市产业发展、文化繁荣、城乡间联系等起着重要的纽带和促进作用。综合交通体系与城市空间利用具有紧密的联系，城市发展的战略转型要求两者之间应建立良好的耦合关系。

重庆市渝中区作为典型的山地城市核心区域，可利用的土地资源十分紧缺，城市空间集约利用对城市的可持续发展具有重要的战略意义。但其山地地形特点，一方面造成城市空间结构复杂、空间利用碎片化现象突出；另一方面又决定了其城市路网呈现出高差大，纵向车行联系不便，城市区块内的建筑细密而不规则分布，等级不明、联系不畅、多弯道及断头路，难以形成网状体系等特点。街道网络呈现出干道空间与细碎的传统街巷拼合的形态，其间穿插有步行空间和广场，空间衔接突兀，缺乏过渡，且未与交通体系实现良好的接驳。

现代都市经济的发展依赖于人口、物质、信息等要素的大量集聚，人口、物质要素的集聚需要空间保障和交通体系支撑。重庆直辖以来，渝中区经济实力显著提升，人居环境不断改善，社会事业快速发展。但随着人口和机动车数量的快速增长，交通拥堵呈蔓延并加剧的态势，经济社会可持续发展面临着空间容量和交通容量的双重约束。如何基于既有的空间基础和交通体系，整合各类资源，合理利用城市空间，以保障经济社会的可持续发展，已成为城市建设与管理亟待解决的问题。本书以城市轨道交通与城市空间利用内在互动机制为研究视角，以综合交通体系与城市空间利用互动关系评价为研究基础，基于城市发展战略框架下的城市空间集约利用的目标体系，从规划、管制和建设三个层面提出综合交通体系与城市空间利用的节点和通道系统的设置应对，以便更好地实现区域发展的战略目标。

1.2 城市交通与空间利用研究的目的及意义

城市物质空间是城市经济活动及其他活动的空间基础，也是城市发展的客观体现。城市物质空间系统与城市经济、社会、生态空间通过物质流、能量流产生的耦合系统是推进现代城市发展的基础条件。城市交通是保障城市物质流、能量流系统正常运转的重要组成部分，在城市空间发展过程中一直扮演着重要角色。长期以来，囿于我国现行的规划体系和建设管理体系，有关城市空间利用的研究仅关注“红线”之内的空间功能组织与建设活动，缺乏对该空间板块与其他城市功能组团空间接驳的模式以及自身接口的研究。通过对综合交通体系与城市空间利用的互动关系研究，分析综合交通体系与城市空间集约利用间的相互影响机制及其规划、管制和建设应对方式，探索综合交通体系与城市空间利用节点和通道系统优化策略，为完善现有城市建设规划与管理模式、丰富城市空间利用科学内涵、提升城市建设管理水平提供理论指导。

渝中区是重庆市市政府所在地，长期以来都是重庆市社会、经济和行政的核心区，但渝中区作为典型的山地城市核心区，处于长江与嘉陵江交汇的半岛之上，呈东西长、南北短的狭长之势，受地形条件和江河分割的影响，对外交通组织非常困难，对内人流分散难度极大，滞后的交通状况严重妨碍了渝中区的进一步发展。同时，受空间资源约束和高密度发展区域都市更新要求，渝中区必须走内涵式发展道路，通过优化城市综合交通体系，促进城市空间利用更加集约高效，释放更多公共空间，改善人居环境。因此，探讨城市空间内涵式集约化开发与综合交通体系的互动关系，研究在城市大规模更新改造过程中的综合交通系统节点和通道的优化设置，挖掘城市发展空间资源，为推动渝中区城市空间良性发展提供现实指导，为研究内陆特大型山地城市核心区城市空间集约利用提供典型案例。

1.3 城市交通与空间利用研究进展

城市空间（urban space）是一个跨学科的研究对象，是城市的核心要素和物质载体，包括城市地理、经济、社会、文化等自然和人文要素综合的区域实体，如城市地域物质空间、经济空间、文化空间以及生态空间等（段进，2006）。长期以来，城市规划学、城市地理学对城市空间的研究注重城市用地结构、地域空间的规划与演化等方面，主要关注城市的物质属性，强调以城市土地为基础的城市三维地理空间，即城市人口、产业经济和基础设施等相对集中布局而形成的建成区地域空间，更多地强调其地理概念而非行政区概念（刘志玲等，2006）。随着全球城市化的快速发展，城市扩张（蔓延）、城市机动化以及私人小汽车拥有量的不断增加，城市空间发展问题和城市交通问题交织在一起，成为制约现代城市发展的主要瓶颈。

1.3.1 城市空间转向

20世纪以来，以物质空间为主要研究对象的城市空间形态、结构研究对提升城市活力、增强城市对工商业的集聚起着不可估量的作用。随着城市化、信息化和经济全球化的高速推进，城市空间形态、结构和景观发生了前所未有的变化，但城市经济、文化、生态等方面的一系列问题也随之而来。经济问题、社会问题与城市空间的改变紧密地交织在一起，城市规划学、城市地理学、城市社会学等不同学科开始重新审视传统城市物质空间的研究领域和视角（Lees，2002）。以可持续发展为目标的土地利用方式调整、城市交通适应等城市空间规划与城市设计研究成为当代西方重要的城市空间发展理论热点和激烈争论的焦点（卜雪旸，2006）。城市空间的社会性逐渐引起社会学的关注，强调空间的社会属性。法国马克思主义哲学家列斐伏尔将历史性、社会性和空间特性结合起来，提出了“空间的生产（production of space）”理论（Soja，1996），城市地理学进入了从物质空间分析到社会理论的演化阶段，实现了城市地理学的“空间转向”（Gouthie and Jtanffe，2000）。与此同时，城市社会学的空间转向推动相关空间学科（如城市规划学、建筑学）产生了社会转向，并促使了地理学、规划学和建筑学等传统空间学科向交叉、综合化趋势发展。在城市空间转向背景下，对城市空间的认识，已不再是以科学主义下的“理性规划”“客观规律”来认识，将城市空间构造过程的主观性和客观性进行融合（吕拉昌，2008）；城市空间不再仅作为物质的空间，而是成为一种社会关系、经济关系、邻里关系、空间关系等的集中地（吕拉昌等，2010）。城市空间作为一个历史-社会-空间的现象，伴随世界性的城市公共管理模式变化，城市研究不仅重视城市空间的理论分析，更应趋于解决城市发展中的现实问题。

1.3.2 城市空间利用模式重构

土地利用方式是影响城市空间形态、结构演化的最重要因素，20 世纪 60 年代以来，西方发达国家因城市土地低密度、功能单一开发以及对城市边缘区的过度扩张导致城市空间地域形态发生了巨大变化（Boarnet et al.，2011），带来了交通堵塞、社会空间分异、城市生态破坏及传统文化丧失等突出问题（Bolaya et al.，2005）。针对城市无序扩张带来的负面影响，西方发达国家形成了诸如区域主义（regionalism）、新城市主义（new-urbanism）、精明增长（smart growth）、紧凑城市（compact city）以及公共交通导向开发（TOD）模式等治理城市扩张的理论观点。区域主义者认为巨型城市内部的贫民窟和交通拥堵是压倒一切的问题（Glaeser et al.，2008），提出不能依靠中心城市的分散化来解决城市拥堵问题，而应将重点放在重建内城方面，形成土地与空间混合使用的街区和公共空间。20 世纪 80 年代以来，一些热衷效仿二战前传统美国小镇风情的建筑师和城市规划师发起了“新城市主义大会”（Congress for the New Urbanism，CNU），形成了《新城市主义宪章》（*Charter of the New Urbanism*），倡导建立丰富多样的、适于步行的、紧凑的、混合的城市社区等新的城市规划设计与开发理念（Kurt，2012），并提出了“传统邻里社区发展理论”（traditional neighborhood development，TND）、“城市增长边界理论”（urban growth boundary，UGB）、“棕地再开发理论”（brownfield redevelopment，BR）等“精明增长”（smart growth）政策与开发策略（Grant，2002；Mitchell，2001）。在重视物质形态和经济问题的同时，重视社会问题、城市文化和地方特色，在城市规划设计中引入生活质量、人文关怀等要素的新城市主义和精明增长发展观对引导美国城市土地利用方式转变，促进城市空间利用从蔓延到理性增长方面具有较高的理论和实践价值（王丹和王士君，2007；马祖琦，2007）。但在实践中，受到城市发展空间限制和房地产市场导向影响，美国许多冠以“新城市主义”名称的城市土地开发项目却表现出有悖于社会公正、对抗蔓延、保护生态和文化多样性等新城市主义理论初衷的倾向（段龙龙等，2012）。对于新城市主义和精明增长在中国的运用，王国爱和李同升（2009）认为应强化城市土地的集约利用，将土地利用与交通系统有机结合起来，倡导公交优先和公众参与机制。

1.3.3 综合交通与土地利用关系

城市是由人口、产业、土地使用、交通等子系统交互作用而形成的一个动态系统，城市土地利用与城市综合交通是城市空间结构的两种基本单元，两者相互影响与促动，在城市规划与土地开发利用中，需要注重两者的互动关系和整合效应，促进城市系统的良性循环。

李泳（1998）、曹小曙（1999）、曲大义（2001）等学者对城市交通与土地利用之间的关系进行了定性研究，认为城市综合交通与土地利用之间存在循环、互馈的相互作用关系。首先，土地使用状况决定了城市交通的客流分布、客流生成、交通量以及交通方式的选择等；其次，城市综合交通的发展水平会对城市空间结构及城市空间规模产生重要影响。在城市土地使用形态与城市综合交通发展的关系研究方面，刘欣等（2000）对19世纪以来由于交通技术的创新而引起的城市空间形态的变化进行了深入研究，建立了城市空间结构与交通系统的空间布局之间的对应关系。另外，潘海啸（2013）、陆化普（2014）等认为城市土地利用结构是城市交通系统发展的基础，而城市综合交通体系的发展又引导城市的土地利用方向。

在城市综合交通与土地利用关系的定量研究方面，高峰等（2003）、赵童和谢蜀劲（2003）等介绍了国外的相关研究成果，分析了其存在的局限性。何宁和何瑞梅（2006）、钱林波等（2006）、刘金玲和曾学贵（2004）等通过建立土地利用模型、交通与土地利用的关系模型等，对交通与土地使用的关系进行了深入研究，对定量研究城市交通与空间演化的相互作用进行了卓有成效的尝试。

在综合交通的影响方面，徐循初（2005）提出，综合交通对城市发展的影响有三个层次。第一个层次是市际交通，即城市与城市之间的交通，包括铁路、水路、公路以及空运，其对城市经济的起步乃至今后的发展起到了带动和促进作用；第二个层次是市域交通，即城市与其所管辖的县区的交通，作为承上启下的一环，其对带动城市及周边地带的发展至关重要；第三个层次是市内交通，主要解决高峰时间上下班交通和城市内客货运输交通。徐循初（2006）还指出综合交通体系中各种交通方式都有自己的使用范围，且不同交通方式之间具有一定的争夺区，通过改变某种变量可以使交通方式向有益的方向发展。陆化普（2012）提出，城市交通必须满足经济可持续性、社会可持续性和环境可持续性，即城市交通要能满足城市发展对它的需求，并取得一定的经济效益；保证社会公平，维护居民公平利用城市交通的权利；不能以损害和牺牲环境的方式来谋求经济的发展。

1.3.4 综合交通与城市空间利用的关系

随着城市机动车交通量的快速增长和城市道路建设对城市空间碎片化的影响不断加剧，人们改变了传统的土地利用和公共交通相关关系的思维定式，开始研究城市空间格局、土地开发强度与城市交通的互动关系（Muñoz and De Grange，2010），探索有利于减少私人机动车交通需求，提高公共交通使用效率和土地集约利用的城市空间发展模式（Millera and Hoel，2002）。美国建筑设计师佛雷克提出了一种结合土地利用的需求抑制型或需求诱导型交通供给和土地开发策略，即“公共交通主导型发展模式”（transit-oriented development，TOD），倡导建设步行友好的、有利于公共交往的、高密度、紧凑的社区。Cervero 和 kockelman（1997）将公交城市划分为四种类型：以公共交通为主导的适应性城市（如哥本哈根、东京、新加坡）、基于现状交通体系改良的适应性公共交通城市（如卡尔斯鲁厄、墨西哥城）、强核心城市（如墨尔本、苏黎世）和混合模式城市（慕尼黑、渥太华、库里蒂巴）（Cervero and Kockelman，1997）。通勤方式能够测度城市空间结构演变趋势（Jungyul，2005），通过改善城市中心区（CBD）与郊区的快速轨道交通系统，实现郊区人口的合理增长以及城市中心区的通勤成本下降（Garcia-López，2012）。Hyungun 和 du-Taek（2011）认为韩国首尔实现 TOD 的城市可持续发展目标的首要任务是加强轨道交通系统的中转服务网络建设，提高土地混合使用指数和重整街道网络设计，而不是只关注增加开发密度。在 TOD 社区设计方面，Baileya 等（2007）以美国肯塔基州路易斯维尔为例，认为 TOD 设计视觉效果的四大关键因素为：高度、类型、密度和开放空间，并强调在设计过程中吸收一些被社会公众认可的地方特色偏好和加强公众参与（SPI）。在实施 TOD 的经验教训方面，Loo 等（2011）从土地利用、站点、社会经济、人口特征和多层次联运等方面分析了纽约和香港的 TOD 开发情况，认为站点区位以及多层次联运换乘（包括 P+R）的便捷程度是影响 TOD 实施效果（乘客数量变化）的重要原因。冯浚和徐康明（2006）认为哥本哈根利用公共交通引导城市发展的“手形”城市形态和交通系统，维持了强大的中心城区和在保障城市交通出行质量的情况下有效地限制了私人小汽车出行，其实施的 TOD 模式值得中国借鉴。中国大城市的郊区化与其机动化进程存在不匹配现象，造成偏远郊区的上下班通勤时间偏长，Cervero 和 Day（2008）认为在诸如上海等大城市应实施 TOD 促进郊区化进程，并鼓励非机动车与轨道交通的无障碍便捷换乘，降低偏远郊区居民上下班通勤时间。黄卫东和苏茜茜（2010）、刘畅等（2011）分别以杭州市、上海松江新城为例，提出了基于 TOD 的区域和微观层面的公交社区建设模式。

1.4 城市交通与空间利用研究的思路与框架

1.4.1 基本思路

综合交通体系和城市空间集约利用的互动关系问题涉及经济、社会、环境等多个方面，本书在城市规划学、城市交通学、城市地理学、城市经济学、城市社会学等相关理论指导下，基于渝中区综合交通体系的现状水平及规划发展，按照两个维度（综合交通体系与城市空间利用）、三个层面（规划层面、管制层面、建设层面）研究综合交通体系与城市空间利用的耦合关系，即在探讨综合交通体系与城市空间利用各自特点、结构与相互关系的基础上，分别研究在规划上如何实现综合交通规划与城市空间体系的耦合，在管制上如何发挥综合交通规划对城市空间利用的控制作用，在建设上如何实现综合交通体系与城市空间体系的有效接驳，最后，根据上述分析，提出配套的保障措施。全书的技术思路见图1-1。

1.4.2 内容框架

根据研究目标设定以及研究思路设计，全书的主要内容框架如下。

1）重庆市渝中区城市综合交通体系及其外部接口分析。主要包括综合交通体系、交通体系的路桥等外部接口、交通出行特征、堵点及停车位配置等内容。专门就综合交通体系对城市空间利用的导向效应、城市空间利用对城市轨道交通的需求影响进行理论分析，构建了城市轨道交通与城市空间集约利用互动机制分析框架。

2）重庆市渝中区城市空间体系及空间利用现状评价。在对区域城市空间演化分析基础上，运用信息熵、均衡度和优势度等模型分析重庆市渝中区1995～2011年城市土地利用数量结构和空间结构演化状况，分别建立城市居住空间和商业空间两类城市空间集约利用评价体系和多因素综合评价模型，从地块尺度对渝中区居住空间、商业空间集约利用现状进行评价。

3）城市综合交通与城市空间互馈机制分析。通过城市综合交通体系对城市空间利用的导向效应、城市空间利用对城市轨道交通需求影响的理论分析，构建城市轨道交通与城市空间集约利用互动机制的分析框架。

4）重庆市渝中区轨道交通导向下的城市综合交通体系与城市空间利用互动关系研究。基于系统论的观点，采用数据包络模型（DEA）对城市轨道交通系统和空间利用系统互动关系进行定量评价，并探讨两者系统耦合度的影响因素。

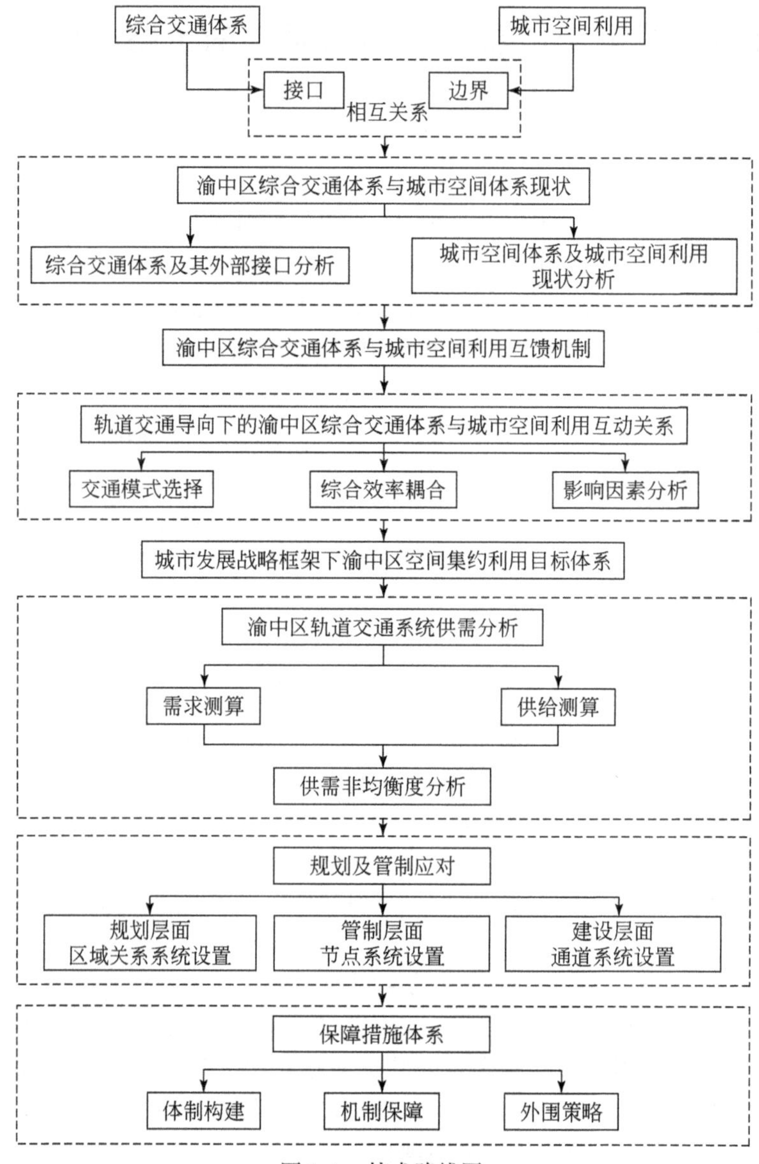

图 1-1　技术路线图

5）重庆市渝中区城市空间集约利用目标及轨道交通系统供需分析。基于城市空间集约利用和轨道交通系统的供需互动关系，通过划分交通小区和轨道交通站点辐射影响范围，立足于城市土地利用和交通吸引流量关系模型，建立基于交通小区和轨道交通站点的交通供需测算模型及其供需非均衡程度评价模型，测算研究区域的交通供需状况。

6）重庆市渝中区综合交通体系与城市空间集约利用的规划及管制应对分析。此部分内容着重通过对城市综合交通体系的廊道效应原理和作用机制的分析和梳理，探讨城市空间与综合交通衔接实现形式，针对渝中区现阶段路面系统和轨道交通系统，特别是商业核心区以及过境干线交通压力和客流压力巨大的问题，提出城市空间与城市综合交通通道系统优化设置方案；基于对城市交通节点内涵的梳理，从优化步行环境、完善交通设施及管理两方面探讨渝中区综合交通体系与城市空间利用融合的实现形式。

7）基于城市空间集约利用的轨道交通系统管制策略。以居民出行 OD（交通起止点，origin destination）调查为基础，根据重庆市渝中区居民轨道交通系统出行存在的拥堵时间过长以及换乘困难等主要问题，从错峰出行、不同时段交通流量优化以及地面公交与轨道交通的换乘和接驳等方面提出与城市空间高密度、集约化发展相匹配的大城市核心区交通管制策略。

1.5 区域概况及数据来源

1.5.1 区域概况

（1）区位及行政区划

渝中区在重庆市五大功能区中属于都市功能核心区，位于东经 106°28′50″~106°35′10″，北纬 29°31′50″~29°34′20″，是重庆市的“母城”。地处长江、嘉陵江交汇处，三面环水，西面通陆，为东西走向的狭长半岛（图 1-2）。南面经长江大桥、菜园坝大桥、东水门大桥与南岸区相接，北面经嘉陵江大桥、渝澳大桥、黄花园大桥和千厮门大桥与江北区连接，西面与沙坪坝区、九龙坡区接壤，处于重庆市主城区的中心位置。全区水陆域总面积为 23.71km^2，其中陆地面积为 18.54km^2。2014 年全区共辖 12 个街道办事处（图 1-3）、76 个居委会，户籍人口 56.39 万人，常住人口 65.04 万人，日均流动人口约为 30 万人次。

（2）自然地理条件

渝中区地势西南高、东北低，中间突出（鹅岭、枇杷山），海拔为 175~417m，其中最高点为土湾，最低点为朝天门。受区内平顶山、佛图关-鹅岭、枇杷山等三处山体影响，全区地势自东向西呈阶梯状上升，大致分为四级，即菜园坝—朝天门台地、化龙桥—李子坝台地（平均海拔 200m），上清寺—大溪沟（平均海拔 230m）、七星岗—解放碑（平均海拔 250m），大坪—石油路（平均海拔 320m），详见图 1-4。渝中区属于中亚热带湿润季风气候区，年降水量为 1100~1400mm。受特殊

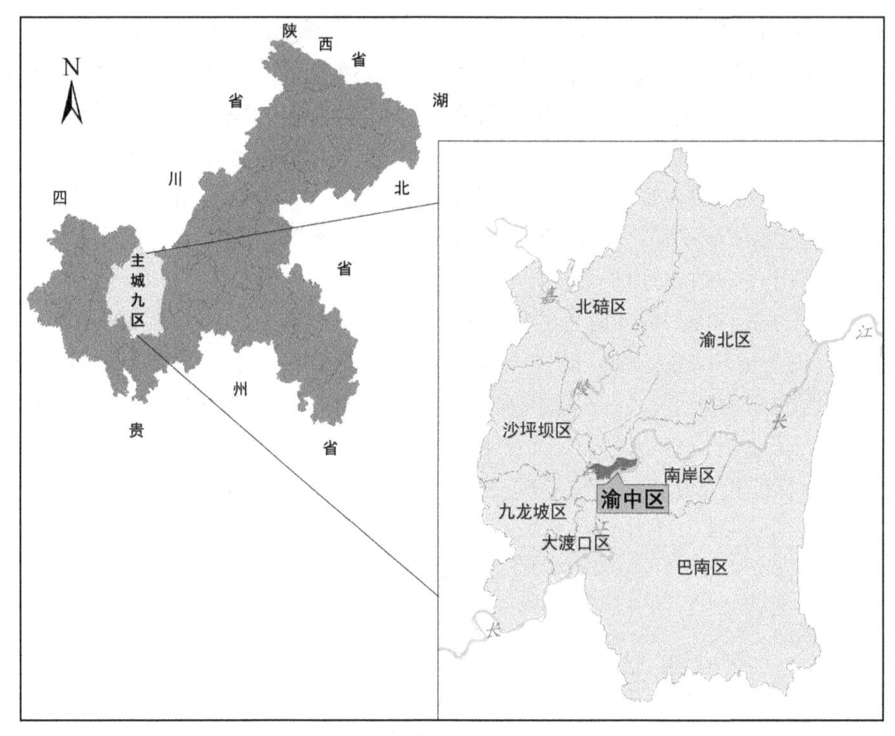

图 1-2　重庆市渝中区区位图

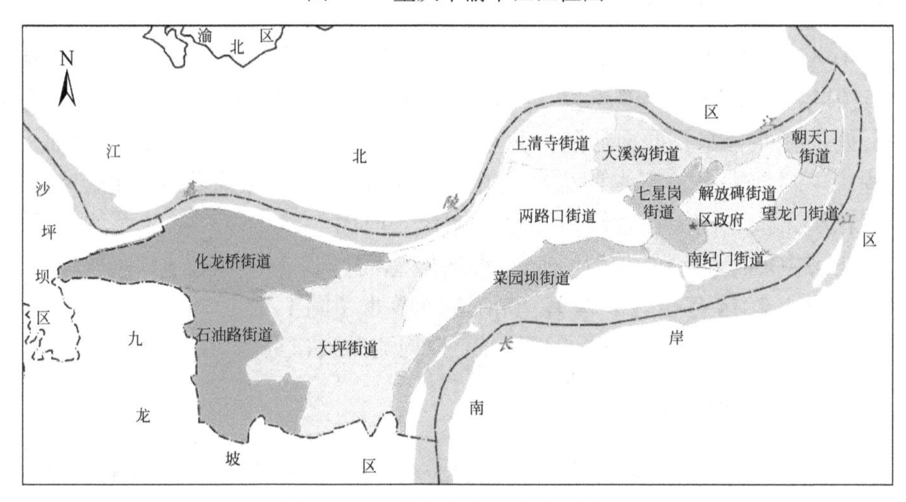

图 1-3　重庆市渝中区行政区划图

地形影响，具有气温高、日照少，雨季长、湿度大，云雾多、霜雪少，蒸发量和空气湿度大等气候特点。多年平均气温为 18℃，7 ~ 8 月最热，35℃以上高温天气多达 30 ~ 40 天，是我国“雾都”和“火炉”城市的著名代表。

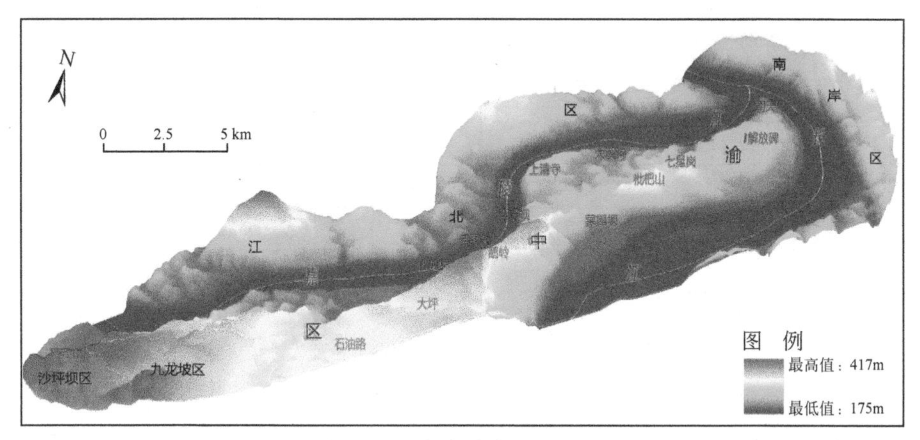

图 1-4 重庆市渝中区 DEM 图

注：图中数据来源于中国科学院计算机网络信息中心/科学数据中心 GDEM（30 米分辨率）数字高程数据产品。

（3）社会经济发展状况

渝中区总人口由重庆直辖之初的 57 万人增长至 2014 年的 65.04 万人，增长 8.04 万人。GDP 从 1997 年的 90.14 亿元增长至 2014 年的 868.72 亿元，年均增长率为 15.35%，其中第三产业增加值占 GDP 的比例由 1997 年的 73.98% 提升至 2014 年的 96.35%。从第三产业内部结构来看，2014 年渝中区金融业、批发零售、餐饮等商贸服务业增加值占第三产业增加值的比例为 57.85%（表 1-1）。从人均 GDP 来看，2014 年渝中区人均 GDP 为 133 567 元。按照标准工业化结构转换模型和世界银行的衡量标准，当前，渝中区经济社会发展已经进入了后工业化社会，即信息社会、服务社会和消费社会。

表 1-1 重庆市渝中区 1997～2014 年人口经济指标统计表

年份	总人口/万人	GDP/亿元	第三产业增加值/亿元	批发零售、餐饮业增加值/亿元	金融业增加值/亿元
1997	57.00	90.14	66.69	22.93	11.74
1998	58.18	96.62	72.24	23.79	12.35
1999	58.44	104.74	81.06	25.47	12.67
2000	58.22	110.69	88.39	27.62	14.08
2001	58.61	124.61	100.11	30.53	14.66
2002	59.63	137.75	111.20	33.76	15.99

续表

年份	总人口/万人	GDP/亿元	第三产业增加值/亿元	批发零售、餐饮业增加值/亿元	金融业增加值/亿元
2003	60.11	153.38	123.30	37.13	17.66
2004	59.92	176.17	141.94	42.65	20.48
2005	59.94	220.66	195.23	55.09	32.22
2006	60.13	243.23	220.18	61.95	37.82
2007	60.15	279.50	254.41	70.03	44.77
2008	59.56	326.21	297.88	81.73	58.78
2009	58.50	468.36	447.50	122.68	155.68
2010	63.00	553.03	524.40	140.71	183.23
2011	63.90	665.29	628.01	161.48	211.34
2012	64.90	766.00	725.70	180.70	237.40
2013	65.02	804.20	773.67	194.60	253.50
2014	65.04	868.72	837.01	210.50	273.70

注：数据来源于《重庆市渝中区统计年鉴（1997—2015年）》。

从区域发展战略地位来讲，渝中区是重庆的金融中心、商贸中心、文化中心和基础教育、医疗卫生高地。它集聚了重庆金融资产交易所、重庆联合产权交易所、重庆农村土地交易所、重庆农畜产品交易所、重庆股份转让中心、重庆药品交易所等6大要素市场；集聚了全市90%以上的市级金融机构，市级以上金融机构数量达到145家，金融资产、金融业增加值、存贷款余额分别占全市的75%、40%和35%。区内商业网点密集、业态丰富，汇聚了一批知名商贸企业和专业市场，全区商贸销售总额、社会消费品零售总额占全市的20%以上。渝中区是巴渝文化、抗战文化、红岩文化的发源地，是重庆文化的“根”和“源”。全区普通高中全部进入全市联招学校行列，为全市素质教育实验区和德育实验区。全区各类医疗机构406家，其中市级以上医疗机构13家，三甲医院9家，占全市三甲医院的50%，基本形成了以预防、医疗、教学、科研、培训为一体的区域性医疗卫生高地。

（4）区域发展战略

重庆市作为国家五个中心城市之一，是国家总体战略的重要组成部分，是未来中国参与世界竞争的重要场所，通过提升中心城市功能，建设内陆开放高地和推进城乡统筹，在西部地区率先实现全面建设小康社会。渝中区作为重庆最具影响力的城市核心区，按照“一区一基地（长江上游地区现代服务业核心区、长江上游地区总部经济基地)”战略定位，通过提升城市功能级别，协调区域空间板块均衡发展，扩展城市空间资源，着力提升金融、商贸、总部经济等现代服务业，在区域空间布局上逐渐形成了以解放碑 CBD 发展极为核心的东部开放门户、中部活力枢纽区以及西部都市新核区（图 1-5）。该区 2015 年 GDP 接近 1000 亿元，人均 GDP 达到 25 000 美元，到 2020 年将全面展现“内陆香港”城市理想。

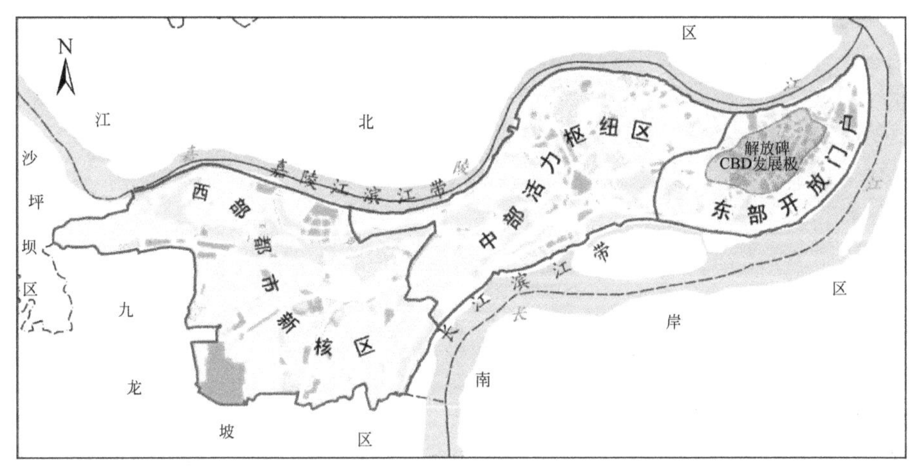

图 1-5 重庆市渝中区区域发展战略空间布局图

1.5.2 数据来源

本研究数据来源于如下几个方面：①城市土地利用数据。主要来源于 TM 影像，包括 1995 年、2000 年、2006 年、2011 年四期遥感影像，采用遥感影像处理系统 ERDAS IMACE 8 对重庆市渝中区三个时段遥感影像进行处理，按照《城市用地分类与规划建设用地标准》（GB50137—2011），利用 ArcGIS 9.3 对处理后的四期影像进行人工解译，并建立重庆市渝中区 1995 年、2000 年、2006 年和 2011 年城市土地利用数据库。②社会经济数据。全区或街道尺度的人口、GDP 等宏观社会经济数据来源于《重庆市统计年鉴（1998—2012 年)》和《渝中区统计年鉴(1997—2015 年)》。③调查统计数据。地块尺度的 298 栋重点商业楼宇容积率、就业人口、税收等数据来源于《渝中区重点楼宇调查综合报告》（重庆市渝中区统计局，2012 年 8 月）；地块尺度的 49 个居住小区容积率、居住人口、绿化、交通等数据来源于作者及《综合交通体系对渝中区城市空间集约利用的互动关系研究》（重庆市交通科学技术项目，KJXM2012-0259）《渝中区城市空间集约利用研究》（重庆市建设科技计划项目，城科字 2012 第 1-2 号）课题组于 2013 年

1～2月的实地问卷调查，居民交通出行数据主要来源于课题组于2013年1～2月在解放碑、大坪和两路口的实地问卷调查。④规划数据。主要包括《重庆市渝中区“十二五”规划》《重庆市城乡总体规划（2007—2020年）》《重庆市渝中区分区规划（2012—2020年）》《重庆市渝中区范围内轨道交通规划（5号线、6号线、9号线、10号线）》（重庆市轨道交通集团，2012年8月）。

第2章　城市综合交通与城市空间互馈机制研究

交通网络是城市系统中使城市用地发展从无序到有序的最重要因素。城市空间利用格局与综合交通之间存在着一种客观的循环作用与反馈关系，城市的演变就是城市空间与综合交通相互联系、相互制约的一体化演变。城市综合交通与城市空间利用协调发展，是解决城市交通拥堵、城市空间蔓延，促进城市可持续发展的重要途径和手段。从城市综合交通对城市空间的影响以及城市空间对城市综合交通出行特征和供需影响等视角对城市综合交通与城市空间利用循环互馈关系进行理论解析，并从促进城市空间均衡发展方面构建城市综合交通与城市空间集约利用互动机制分析框架，在此基础上提出协调两者关系的途径，为后续研究奠定基础。

2.1　城市综合交通对城市空间的影响

城市综合交通是连接城市各种空间的重要载体，随着城市的不断发展，交通方式、交通设施越来越多样化。在城市发展历程中，交通方式的每一次改进都对城市空间发展产生了深远影响，而交通设施的兴建，都会为沿线土地带来开发先机，成为片区发展的重要动力。

2.1.1　城市综合交通节点对城市空间的影响

从我国大城市现有空间扩展方式来看，大城市空间仍以集中发展模式为主，多数特大城市的空间扩张呈现出向周边无序蔓延的趋势，城市扩张缺乏有效的轴向拉动力，导致城市空间扩展呈现均布性和低密度的特点，这种扩散直接促进了机动化交通的快速发展，导致城市交通环境的恶化，使大城市陷入空间发展与交通制约的恶性循环之中。国外很多城市的发展经验证明，城市综合交通节点是城市主要的增长点，城市综合交通主要是通过交通节点影响城市空间形态，并在各个节点周边形成围绕节点紧凑的环形布局形态，同时沿节点径向呈同心圆形状向外扩展。站点与城市中心区距离不同，对城市空间形态的影响也存在差别。城市综合交通节点是城市空间扩展最活跃的地区，其附近汇聚了大量的人流，吸引了大量的居住区，因而这类交通节点常常成为城市副中心以及城市空间扩展的新源头。同时，城市综合交通节点对房价以及土地利用性质也有一定影响。城市土地区别于其他生产要素的特征之一就是由于土地的相对位置不同而引起不同的地租。城市交通和土地利用联系的本质在于运输成本与地点租金（或土地价值）空间变化规律的互补（图 2-1）。地租与距城市中心的距离成反比，交通设施改善后，距城市中心距离相同的地点地租会提高。

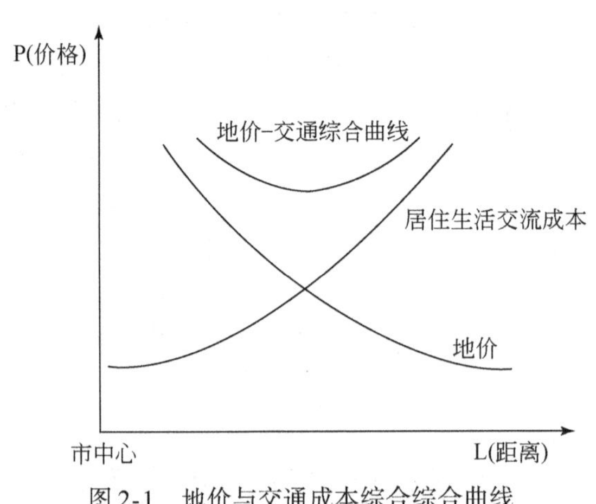

图 2-1　地价与交通成本综合综合曲线

2.1.2　城市综合交通可达性对城市空间的影响

可达性（accessibility）又称为通达性、易达性。汉森（Hansen）在 1959 年率先提出可达性的概念，他对可达性的解释为相互作用机会的潜力大小。可达性是一个时空概念，既包括节点与节点之间的空间距离，还包括到达节点所耗费的时间，时间耗费的长短反映出区位之间联系的便利程度。人类社会大致经历了以步行和非机动化交通工具、以常规公交为主的传统公共交通阶段、以小汽车为主的现代机动化交通阶段和以轨道交通为主的现代公共交通阶段。随着交通可达性的提高，区域之间的时空距离相应减少，从而降低了居民出行成本和企业的交通运输成本，增强了对域外居民、企业的吸引和影响。目前，相对其他交通方式而言，轨道交通具有较高的出行速度、超大的容量，是私人小汽车与传统公交优势的完美结合，轨道交通将成为改善城市交通出行、优化城市空间结构的重要手段。通过对重庆市渝中区大坪街道、两路口街道轨道站点（大坪站、两路口站）周边不同距离的 16 个居住小区居民共计 1350 人交通出行情况进行的问卷调查，结果显示选择轨道交通出行的居民人数为 372 人，轨道交通出行比例为 27.56%。

从居住小区与轨道站点距离来看，200m 以内的居住小区居民选择轨道交通出行的比例为 39.93%，200 ~ 400m 的比例为 25.96%，400 ~ 600m 的比例为 25.64%，600 ~800m 的比例为 13.73%，呈现出典型的圈层廊道效应（表 2-1）。

表 2-1　重庆市渝中区典型居住小区居民轨道交通出行情况调查统计表

单位：人;%

与轨道站点距离	街道名称	居住小区名称	调查总人数	轨道交通出行人数	轨道交通出行比例
<200m	大坪街道	万友康年	82	27	32.93
		都市春天	70	52	74.29
	两路口街道	莲花国际	103	33	32.04
		重庆村	43	7	16.28
200 ~400m	大坪街道	城市花园	103	31	30.10
		渝中名郡	79	12	15.19
		时代新都	102	36	35.29
	两路口街道	鹅岭山庄	106	26	24.53
		枇杷山社区	80	17	21.25
400 ~600m	大坪街道	骄阳天际	99	15	15.15
		康德糖果盒	83	26	31.33
		玫瑰湾	76	28	36.84
	两路口街道	广璐大厦	70	11	15.71
		花园大厦	101	30	29.70
600 ~800m	两路口街道	凤凰台	78	12	15.38
		渝开发	75	9	12.00

2.2　城市空间对城市综合交通的影响

城市空间对城市综合交通的影响极为广泛，不同城市空间布局形态、空间布局规模、城市空间开发强度等对城市道路网格局、交通出行方式、交通出行时间、交通流量流向等特征产生明显的影响。

2.2.1　城市空间规模对交通出行特征的影响

随着城市发展和城市规模的扩大，城市居民出行次数和出行距离呈递增趋势。城市空间发展变化将会引起交通流量、流向发生改变，进而影响整个交通系统运行。对比不同规模城市（表2-2），可以发现，城市规模与平均出行时间、平均出行距离呈正相关，城市规模越大，城市居民平均出行距离和出行时间越长。人口超过500万的城市，其居民平均出行距离是人口不足100万城市居民出行距离的1.5倍，而平均出行时耗也多出11分钟左右。

表2-2　国内不同规模城市平均出行距离与出行时耗

城市类型	人口规模/万人	样本数量/个	平均人口规模/万人	平均建成区面积/km^2	平均出行距离/km	平均出行时耗/分钟
大城市	<100	6	54.29	33.43	2.34	18.45
特大城市	100～200	18	140.41	87.87	3.25	24.35
超大城市	200～500	7	303.6	159.83	3.57	25.87
巨型城市	>500	9	757.73	394.69	4.91	29.78
合计		40	294.95	161.33	3.66	24.68

数据来源：潘鑫.2008.城市交通发展策略研究——基于空间结构的视角.华东师范大学.

不同的交通方式具备不同的出行特点，适用的城市规模也不尽相同。当城市规模较小时，非机动化出行方式占有主导优势，但随着城市空间规模的扩大，居民出行距离的不断增长，出行时间成本和经济成本逐渐增加，当断面流量超过一定阈值时，城市居民对容量大、速度快的轨道交通、快速交通的需求便随之而来，机动、快速出行方式便占据了主导地位。因此，城市规模变化对交通出行特征影响较明显，同时也表明，随着城市规模的不断扩大，城市机动化也不可避免地成为未来城市综合交通的发展趋势。

2.2.2　城市空间利用对城市交通供需的影响

城市空间利用方式是城市交通需求的根源，影响着交通流量、流向以及交通出行特征，对交通系统起着决定性作用。土地开发是交通发生、吸引的“源”，不同的城市用地对市民出行的发生和吸引不尽相同，工作、上学、回家是城市居民的主要出行目的，因此，产业用地、居住用地、学校用地的布局状况决定了出行的主要交通出行特征，也就是说，不同的城市空间利用方式产生不同的公共交通流量需求，进而影响公共交通的供给，即城市空间利用方式决定着城市交通出行模式（表2-3）。从城市空间形态来看，大城市内部空间结构受社会生产力发展和城市自身自然和社会经济因素的影响，往往形成单中心结构或多中心结构；而多中心组团式城市由于其居住、就业、商业、上学、娱乐休闲等功能在组团内均衡布局，在建成区规模相近的情况下，多中心组团式城市的出行时间、距离要远小于单中心城市，交通拥堵程度也低于单中心城市。同时，高密度、紧凑型、混合使用的城市空间形态必然需求大容量的轨道交通+常规地面交通的公共交通出行模式。城市空间高密度开发方式带来较高的居住密度和就业密度，从纽约、巴黎、东京、香港等高密度开发城市的轨道交通运营情况来看，由于中心区高密度的办公和商业活动所产生的轨道交通出行比例远高于低密度开发的郊区，轨道交通使用率呈现从中心区向外递减的趋势。2007 年香港公共交通系统日均载客量约为 1200 万人次，占香港日均交通出行量的 90%，其中地铁分担率达到 34.50%。

表 2-3　城市规模、空间利用方式及其交通模式选择

城市规模	空间利用方式	城市交通模式选择
城市规模较小	高密度开发且集聚于市中心	以步行+常规地面交通为主
城市规模中等	高密度开发且呈带状分布	以步行+常规地面交通+机动车为主
城市规模较大	高密度开发且形成集聚中心	以大容量轨道交通+常规地面交通为主
城市规模较大	低密度开发且快速蔓延	以私人小汽车交通为主

2.3　城市综合交通与城市空间协调互馈机制

2.3.1　互馈机制基本框架

交通网络在复杂的城市巨系统中，是让城市各要素由无序配置到有序发展的最重要因素。城市综合交通与城市空间存在复杂客观的互动反馈关系，总体表现出“源流”关系（图 2-2）。城市空间作为城市社会经济活动的载体，居住空间、商服空间、仓储空间、公共服务空间等在空间上的分离引发了物质、信息、能量等频繁流动交换，进而形成了城市不同空间的交通流，构成了复杂的城市交通网络。

农业社会时期，城市经济发展水平低下，人力、畜力是城市主导的交通方式，城市空间狭小，呈团状单核形态，城市空间布局受政治因素影响较大，多为展现封建王朝的帝王宏伟之气。在工业化初期，城市社会经济有了长足的发展，城市化处于发展初期或中期，城市空间规模有了大幅度的增加，一些城市开始出现卫星城镇，电车、公共汽车以及自行车成为这个时期主要的交通方式。在进入工业化发展后期，城市进入到高级化发展阶段，城市化处于发展后期，城市空间形态向多核网络化方向发展，普通公交、大容量快速公交、小汽车成为这个时期的主导交通方式，新城市主义、生态理念、精明增长等规划发展理念成为主导。

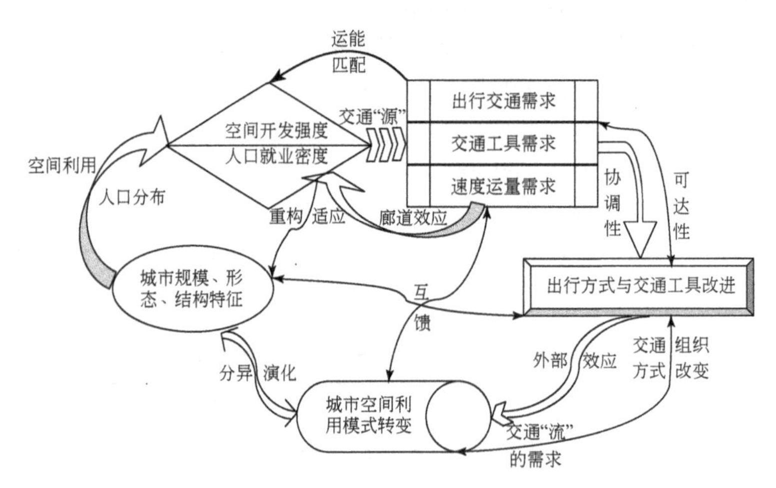

图 2-2　基于“源流”互馈的城市空间利用与综合交通循环关系

城市空间与城市综合交通同属城市发展的物质基础，它们统一于城市内，共同受到城市政治、经济发展水平的影响。城市发展其实就是城市空间与城市综合交通相互作用的互动关系演变过程。一方面城市不同用地空间布局决定城市交通发生、吸引与方式的选择，是产生城市综合交通的源泉，在宏观层面上创造了城市综合交通需求并决定其内部结构模式；另一方面，城市综合交通的发展也促进了城市空间的扩张，其中交通工具的不断更新和出行方式的改变使城市外围地区可达性不断提高，从而推动城市空间不断扩展，而对城市内部道路网络的改造以及交通结构优化使城市内部的交通区位条件发生变化，进而引起城市内部空间结构的调整。

从城市空间利用、演化过程与城市交通发展历程可知，城市轨道交通导向的综合交通体系建设往往被更多地赋予优化城市空间结构、促进城市空间集约利用的外在工具和手段。因此，为实现城市社会、经济和生态环境可持续发展目标，促进城市居住、商业等功能的持久繁荣，缓解城市居民出行交通压力，应选择以公共交通为主导的城市开发模式（TOD），按照城市空间利用与综合交通建设的“源—流”互馈循环关系，优化城市空间利用规模、结构、形态和强度，并从满足居民出行交通可达性的角度，合理匹配综合交通体系内节点分布和运力调配。同时，根据综合交通体系不同交通方式线路对城市空间的影响，以城市空间集约利用水平及结构演变历程特征为依据，促进城市空间均衡发展（图 2-3）。

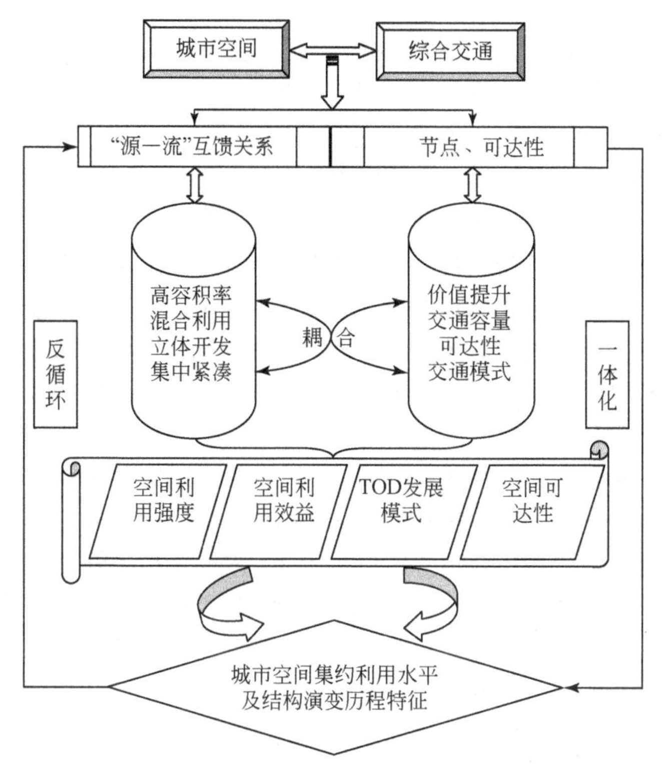

图 2-3　城市综合交通与城市空间利用互动机制分析框架

2.3.2　城市综合交通与城市空间协调发展途径

城市空间利用决定了城市的交通需求，不同的空间利用格局要求不同特征的城市综合交通体系与之适应。例如，欧美某些城市，因为空间利用密度低、空间利用分散，单位土地面积所产生的交通需求量小且分散，不易组织公共交通，因此，适合发展自由分散的私人交通模式；而多中心紧凑型城市，单位土地面积产生的交通需求量大且集中，利于公共交通组织，因此，适合发展集中的公共交通模式。反过来综合交通体系的变化又会影响土地利用格局及城市空间结构。综合交通体系的变化效果会通过交通市场传播到土地市场、劳动力市场和产品市场，从而打破城市内部平衡，诱发城市经济、文化和商业活动的重新组合，实现城市交通系统效率最大化和城市空间利用集约化，最终形成城市空间利用与综合交通体系之间的新平衡。根据城市综合交通与空间利用的互动机理以及国内外的实践经验，应在城市交通规划与土地利用规划紧密结合的基础上，从以下三方面入手协调好两者的关系。

1）建立公交导向的土地开发模式。前人实践已证明，建立公共交通导向的土地开发模式是协调城市交通与土地利用关系的理想途径。TOD 的概念最早由美国设计师 Peter Calthorpe 于 1990 年提出，它是一种以公共交通为导向，强调集约化发展，将土地利用与公共交通系统紧密结合的城市发展模式。TOD 模式在城市层面强调公共交通与土地利用规划紧密结合，主张集约化、高效率的土地利用模式，形成以公共交通走廊为纽带、公交站点周围综合用地组团为结点的城市空间形态。TOD 模式在社区层面常以公共交通站点为中心，在其周围设置商业、公共设施、商务等性质用地以形成核心区，核心区外侧则布置居住用地，即通过在公交站点周围形成高强度、综合的土地利用以及步行友好的设计，减少人们对小汽车交通的依赖。

2）大力发展城市轨道交通。国内外实践表明，仅依靠常规公共汽车，很难提高整个公交系统的承担率。优化城市交通结构，提高公共交通承担率，必须大力发展城市轨道交通。城市轨道交通包括地铁、轻轨和市郊铁路 3 种形式，与其他交通方式相比（表 2-4），具有速度快、容量大、能耗低以及节省土地资源等优势。在宏观层面上城市轨道交通能改变城市空间布局，拉动沿线土地利用，在微观层面上能促进沿线土地开发，提高车站 2km 范围内的土地增值，进而带动房地产项目及配套设施的建设，推动整个城市的经济发展。

表 2-4　轨道交通与常规公交比较

内容	常规公交	轨道交通
地位	城市公交客运基本体系，主要分担中短距离客流，是构建 TOD 模式的组成部分	城市公交客运骨干系统，主要分担中长距离客流，是构建 TOD 模式的重要支撑体系
客运能力	小运量客运系统	中、大运量客运系统
运行速度	10～20km/h	25～45km/h
准点率	低	高
高峰时行车间隔	1.0～2.0 min	1.5～3.0 min
舒适性	一般	较好
安全性	较好	好
地下空间利用	无	有
单位乘客占地	0.9～1.6m²/人	<0.1m²/人
环境影响	汽车废气污染，噪音大	对空气无污染，地面及高架线需噪音防治

数据来源：杨励雅.2007. 城市交通与土地利用相互关系的基础理论与方法研究. 北京交通大学.

3）改进规划层次结构。通过对城市空间规划、综合交通规划框架和相关内容、流程、方法、制度等方面的适当调整，推进城市空间规划和综合交通规划的协调融合。对应城市规划的层次，综合交通规划可划分为宏观（远景规划）、中观（中期规划）和微观（近期规划）。在城市控制性详细规划层次，综合交通规划缺乏相应对位，既无法准确地将综合交通内各个交通系统的外部性量化到控制性详细规划之中，也增大了控制性详细规划的不确定性，进而不利于实现城市开发的整体效益最优化。另外，综合交通规划很少考虑项目实施过程与城市空间开发活动的关联性。总之，综合交通规划和城市规划之间缺乏方法、内容和标准上的对接、融合和贯通，较少考虑与城市空间的整合问题，因而应通过合理的程序安排，实现在城市规划编制过程中与轨道交通规划的系统安排。一方面通过顶层设计逐层探讨综合交通与城市空间的协调关系，即在城市总体战略研究基础上，从综合交通与城市空间互动、整合以及协调发展的角度探讨“交通—空间”系统的发展目标和形态布局，另一方面通过控制性详细规划修编实现综合交通分系统建设与空间开发的整体统筹，即在分系统交通规划和交通设施详细规划层次之间，依赖分区交通规划，对控制性详细规划进行修编，从而实现控制性规划对综合交通建设行为和城市空间开发行为的整体统筹（图 2-4）。

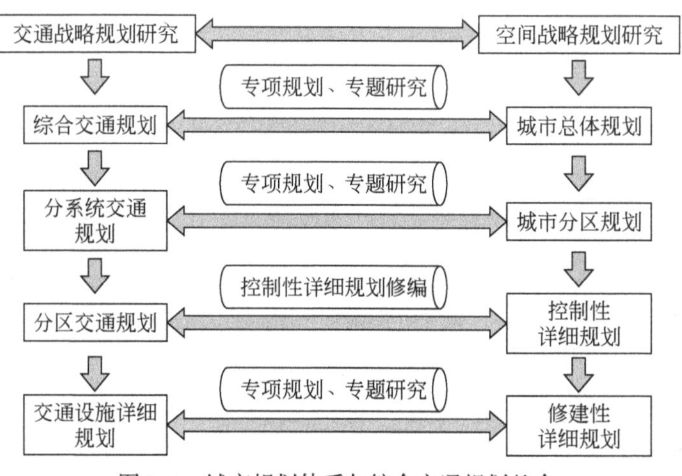

图 2-4　城市规划体系与综合交通规划整合

第3章　重庆市渝中区城市综合交通体系及其外部接口分析

综合交通体系是市场经济发展到一定阶段，在科技创新和制度创新的作用下产生的一种现代交通运输组织形式。实现这一运输形式将减少客货运输的中间环节，提高运输组织水平，协调各种运输方式的衔接，提高运输效率，降低运输成本，实现合理运输。发展综合交通运输体系是国民经济与社会发展、国防建设与国土开发的必然要求，也是现代物流系统发展和人们出行的客观要求，同时也是交通运输自身发展的要求。

渝中区的交通供给体系呈现出“多样化的交通方式并存”格局。城市交通供给体系一般包括对外的铁路、港口、长途客运和市内公交、地铁等（宗会明等，2014b；刘姝驿等，2014）。位于重庆市都市功能核心区的渝中区，其交通系统主要包括市内公交、轨道交通（表3-1），并呈现出两个特征：一方面，有限的城市范围内容纳了众多的对外交通（如菜园坝火车站、朝天门码头及菜园坝长途客运站），导致过多的外部输入客流影响了市民通勤和日常交通行为；另一方面，渝中区还存在众多独具特色的交通方式，如客运索道、两江渡轮、隧道交通等，这些交通方式不仅发挥着原有的交通职能，而且逐渐演化为渝中区和重庆市的重要城市文化符号。

表3-1　重庆市渝中区交通基础设施汇总表

名称	现状	规划	评述
铁路	菜园坝火车站，重庆对外交通枢纽之一	成渝客运专线重要站点和综合交通枢纽	高铁客运为主、无缝衔接市区交通
港口	朝天门港区，码头18个，客运缆车2对，泊位51个	淡化货运功能，在朝天门、东水门沿江岸线规划水上巴士码头。	大力发展水路旅客运输，开通水上巴士，提供多样化出行选择
公路客运	重庆汽车站、菜园坝重庆长途汽车站、菜园坝外滩汽车站、储奇门长途汽车站、朝天门长途汽车站、千厮门长途汽车站六处	逐步减少长途公交数量和发车班次	对外交通吸引源将大量减少

续表

名称	现状	规划	评述
公共交通	进出渝中半岛的公交线路近 120 条，其中起终点线路是朝天门的有 34 条，解放碑的 37 条，起终点不在渝中半岛（过境线路）的 39 条	无	整合优化公交线路、提高驾驶员的素质、改造停靠站
轨道交通	1 号线、2 号线、3 号线和 6 号线已开通运营	另规划有 3 条轨道交通线路，分别是轨道 5、9、10 号线	努力推进轨道交通的建设，使之成网，加强与地面公交和接驳，发挥大容量、快速度的交通优势
客运索道及辅助交通	长江客运索道、嘉陵江客运索道、朝天门客运缆车三处，两路口皇冠电扶梯、凯旋路垂直电梯两处	建议保留	继续发挥索道与电扶梯的功能，作为重庆山城的一大特色

注：表中数据来源于重庆市渝中区建设与交通委员会统计资料。

3.1　渝中区城市综合交通体系现状构成

3.1.1　道路交通体系

渝中区东西向交通较为通畅，主要干道间高差较大（图 3-1）。区内地形起伏大，道路网设计主要是根据地形地质条件沿山脊分台地布线，采用“自由式”的路网结构。整个路网以牛角沱—菜园坝一线为界，以东由南、中、北三条干道和两条滨江路构成渝中半岛城市骨架路网，以西（李子坝、徐家坡一带）则依靠三条东西向道路（菜袁路、长江路、嘉陵路）连接两侧。由于南北方向用地狭窄，地形高差大，因此南北向道路交通联系十分薄弱，且未与东西向城市主干道形成完善的城市主干路道路网络。目前南北向道路共有 10 段，只有部分道路串联了东西向道路，如中兴路、凯旋路等，而部分道路仅作为进出渝中半岛的过境通道，东西向联系作用不大，如中山三路、向阳隧道、八一隧道、石黄隧道等，其他南北向道路均为坡度大、道路狭窄、平面线形差的次要道路，未形成纵向联系网络。

目前，渝中区路网密度已达到 6.25km/km^2，为全国同类城市最高水平（表 3-2），但路网结构不尽合理，主：次：支路比例为 2：0.93：1.6（适宜比例为

2∶3∶6)，路网宽度仅为重庆市主城路网宽度的1/2。

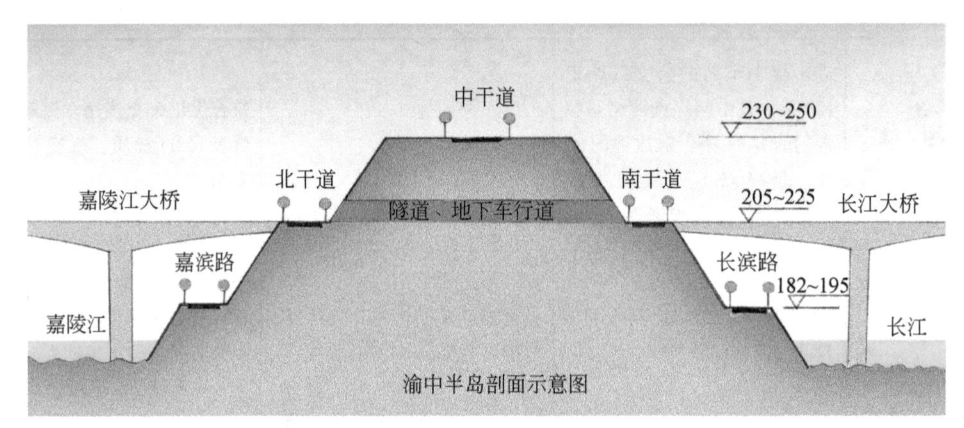

图3-1　重庆市渝中半岛地形剖面示意图

注：该示意图来源于重庆市渝中区建设与交通委员会。

表3-2　重庆市渝中区现状道路统计表

等级	现状总长/km	密度/(km/km^2)
快速路	2.6	0.14
主干路	47.9	2.63
次干路	19.4	1.07
支路	43.9	2.41
合计	113.8	6.25

注：表中数据来源于作者建立的2011年城市土地利用数据库。

(1) 渝中区常规公交系统

目前重庆主城核心区公交营运车辆的选用严格按照建设部标准《城市客车等级计算要求与配置》(CJ/T162—2002)，并执行国家营运车8～10年报废的要求，已将淘汰的中巴车或老车型逐步转型为功能多样的高级车、中级车，满足市民多样的乘车需求，乘车环境较舒适。目前，重庆公交车辆有都市风光、城市之舟、都市新概念中级车、城市之星、城市新星、都市新概念普通车、上海客车(空调)、城市巴士、都市巡洋舰、五型车、常州长江、沈飞等各类高级车、中级车、普通公交车（表3-3)。

表3-3 重庆市渝中区公交汽车代表车型技术指标

系列车	车型编号	车长/mm	车宽/mm	载客量/人	最小转弯直径	制造年份
高级车	CQ465	11 645	2 485	53	24	1988
都市风光车	CKZ6910EB	9 140	2 430	60	21	2002
	CKZ6910N	9 160	2 430	60	21	2004
都市新概念	CKZ6091EB	9 880	2 430	70	22	2000
	CKZ6091CA	9 880	2 430	69	22	2000
城市之星	CKZ6108TG	10 200	2 460	70	23	2004
	CKZ6108CF	10 200	2 460	70	23	2000
都市巡洋舰	CKZ6109HEF	10 200	2 500	69	22	2003
	CKZ6109CAI	10 200	2 500	70	22	2003
五型车	CKZ6965CL	9 880	2 450	70	21	2000
	CKZ6965L	9 588	2 450	45	21	2000

注：表中数据来源于重庆市渝中区建设与交通委员会统计资料。

渝中区共有228个公交站点，公交线路128条，多数站点都有多条公交线路经过。全区公交站点大致分为四个等级：一级枢纽、一般枢纽、普通站点、小站点，其中两路口站点有41条公交线路经过，有30条及以上公交线路经过的站点有大坪、上清寺，有20条及以上公交线路经过的站点有较场口、七星岗、文化宫、国际村、鹅岭、肖家湾、菜园坝、朝天门、观音岩、临江门、民族路（小什字）、重庆饭店，有10条及以上的站点有石油路、河运校、马家堡、北桥头、望龙门、南纪门、石板坡、八一隧道口、牛角沱、大礼堂、大溪沟、黄花园、一号桥，其他站点如沧白路、虎头岩、红岩村、化龙桥、华村、李子坝、新华路、道门口、储奇门、中药材市场、黄沙溪、皮革市场、水果市场都有7条以上的公交线路经过（表3-4、图3-2）。在所有的公交站点中，有10个站点属于公交线路的始发（终点）站，包括朝天门、较场口、菜园坝、牛角沱、新华路、五一路、临江门、沧白路、虎头岩、红岩村。

表3-4 重庆市渝中区公交站点结构

等级	站点
一级枢纽（>30条）	两路口、上清寺、大坪
一般枢纽（20～30条）	较场口、七星岗、文化宫、国际村、鹅岭、肖家湾、菜园坝、朝天门、观音岩、临江门、民族路（小什字）、重庆饭店
普通站点（10～19条）	石油路、河运校、马家堡、北桥头、望龙门、南纪门、石板坡、八一隧道口、牛角沱、大礼堂、大溪沟、黄花园、一号桥
小站（<10条）	沧白路、虎头岩、红岩村、化龙桥、华村、李子坝、新华路、道门口、储奇门、中药材市场、黄沙溪、皮革市场、水果市场

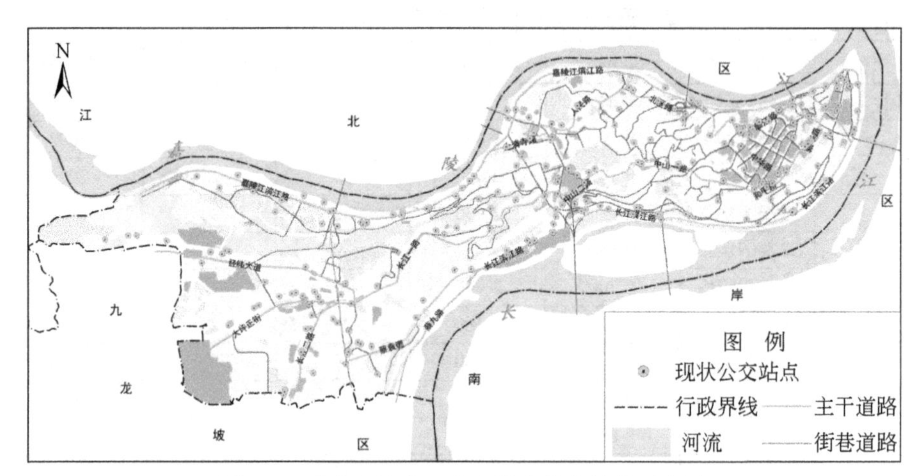

图 3-2　重庆市渝中区公交站点分布结构示意图

各区域或道路的公交线路数量为：经过渝澳大桥的线路 42 条，经过长江大桥的线路 31 条，经过袁家岗的线路 20 条，经过歇台子的线路 17 条，经过红岩村的线路 15 条，经过黄花园大桥的线路 13 条。渝中区内有多个公交始发站（终点站），其中朝天门的始发线路 32 条，较场口始发线路 20 条，菜园坝始发线路 11 条，小什字始发线路 9 条，牛角沱上清寺始发线路 6 条，解放碑始发线路 4 条，两路口始发线路 3 条（图 3-3）。

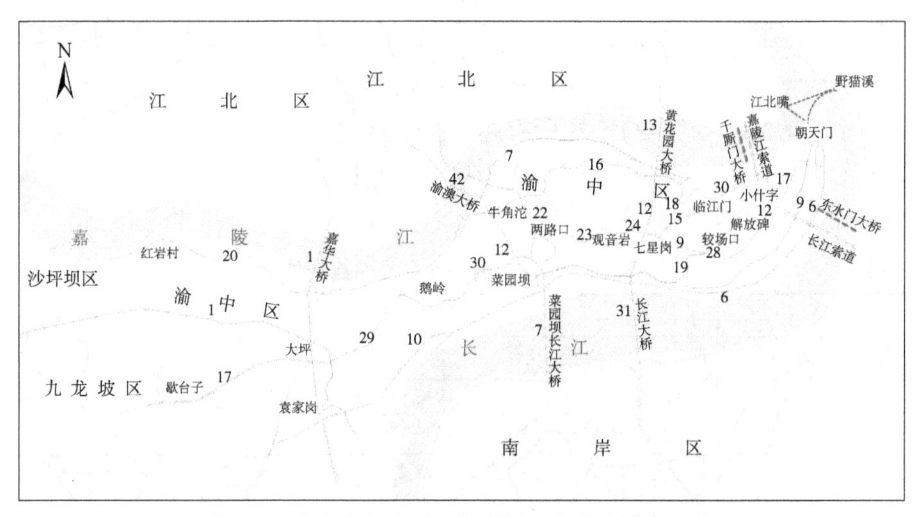

图 3-3　重庆市渝中区主要道路上的公交线路数量

部分常规公交与轨道交通线路重合，既不利于常规公交的运营也不利于轨道交通吸引客流，造成资源浪费，如轨道1号线石油路—沙坪坝一段，聚集了大量的地面公交，该路段与轨道大幅度重合的公交线路有402路、418路、462路等，重合路段横贯整个渝中区，给渝中区带来巨大的交通压力，应整合与轨道交通重合的公交线路，另外适当增加轨道换乘站的公交线路，通过轨道交通与公共交通的无缝对接，充分发挥公共交通门对门运输及轨道交通大运量、长距离运输的优势。

(2) 出租车

2011年重庆市主城区拥有出租车超过10 000辆，平均每千人拥有出租车1.5辆。按照相关规定，大城市每千人不宜少于2辆出租车。目前，北京市千人拥有量约为5.5辆，上海市为3.5辆，成都市约为1.8辆，相比之下，重庆市主城区出租车人均拥有量较低。然而，运行于渝中区的出租车比例并不少，这点可以从日常道路交通流量中清晰看出（图3-4），图中黄色的出租车至少占到了渝中区总运行车辆的十分之一。尽管出租车在渝中区交通中已占较高比例，但依旧不能满足居民需求，和主城区其他地方一样，打车难的问题在渝中区仍然十分突出，所以在人流集中的地方，如朝天门、解放碑等地，集中了大量的非正规营运车辆。虽然非法营运车辆的收费价格高于正规出租车的价格，但在上下班高峰期，依然有很大的社会需求（图3-5）。

2010年5月5日，重庆市出租车价格进行调整，新的收费标准如下：将每车次3元的CNG（压缩天然气）附加并入起租价，执行白天3km每车次8元的起租价，夜间3km每车次8.9元的起租价，不另收CNG附加。将3km起租里程后开始收取的0.6元/km的返空费合并进入每公里运价，白天（6：00～22：00）执行1.8元/km的运价，夜间（22：00～次日6：00）执行2.25元/km的运价，不另收返空费。等候计时与低速计时合并计时收费，即满5分钟收取车公里租价的50%，以后每2.5分钟收取车公里租价的50%。出租车在租用期间，须经第一用户的同意，方可搭乘第二用户，其合乘里程部分，仍分别按租价的80%计算支付。

目前渝中区设有专门的的士站，但因为缺乏统一、科学的规划，的士站的设置、建设存在着两方面的问题：一是数量甚少；二是功能弱化，形同虚设，没有起到应有的作用，以至于出租车随叫随停、随意上下客的现象较为普遍，在一定程度上影响了道路的畅通。

(3) 停车系统

目前，渝中区可用于车辆停放的各类停车场（库）停车位总数约有6.8万个，其中对外开放的收费类停车场共289个，共18 754个停车位。主要包括两类，

图 3-4　重庆市渝中区黄花园大桥车流中的出租车

注：图片来源于作者 2013 年 1 ~2 月实地拍摄。

图 3-5　重庆市渝中区非正规营运的“摩的”

注：图片来源于作者 2013 年 1 ~2 月实地拍摄。

一类是室内停车场（多属社会单位配套建设的自用停车场），数量比例较高；另一类是路边停车场（占道临时停车场），数量比例较低。渝中区社会公共停车类型主要是占道临时停车场，但数量并不固定。“十一五”期间，全区最多有合法手续的占道停车场68个，停车位1655个。近年来，渝中区开展“三治”“三乱”“三创”工作，相继拆除了中心区域26个大规模占道停车场，涉及停车位820个。整治后，有合法手续并对外开放的占道停车场只有44个，车位数870个，总面积仅为7110m^2。

目前渝中区占道停车场的管理类型分为三种情况。一是部门停车场。原交警和派出所等部门管理的占道停车场（占全区占道停车场总数的90%以上）。二是单位停车场。社会单位自行向市停车办申办的占道停车场。这类停车场数量少，规模小，现不足10个。三是自用停车位。部分经营部门及企业因工作需求，经过向交巡警支队和停车场管理部门提出申请而设置的自用车停车位。这种专业停车位很不稳定，往往因为交通状况或市政建设、政府部门的要求而随时改变或取消。

渝中区停车信息系统建设尚处于起步阶段。“十一五”期间，渝中区在停车问题最为突出的解放碑地区引入了停车信息系统，率先将25个大型停车场纳入到信息管理系统，包括行为引导系统和行程中引导系统。目前，停车信息系统的使用范围十分有限，要缓解渝中区“停车难”问题，仍然有大量工作等待开展。

渝中区中心区域停车泊位的供给不能满足日益增长的需求。据相关部门统计，每天进入渝中区的机动车流量达50万之多，而按20%滞留统计，那么就需要近10万个停车泊位，而目前渝中区可用于车辆停放的各类停车场（库）停车位总数只有37 217个，缺口达63%，其中，两路口、解放碑、朝天门地区停车较为拥堵，嘉滨路、长滨路停车较宽松。以解放碑为例，每天大量的人流和车流给解放碑停车设施和交通设施带来极大的压力，但解放碑地区配建的大型公共停车场仅有119 000m^2，2383个停车泊位，远远不能满足日益增长的停车需求（表3-5）。

表3-5 重庆市渝中区重点地段解放碑对外停车场分布情况

停车库名称	停车库地址	面积/m^2	停车位/个
重庆时代广场停车场	渝中区解放碑	13 740	210
世贸中心车库	渝中区原夫子池	7 282	190
邹容广场车库	渝中区邹容路151号	6 454	165
雨田大厦车库	渝中区八一路177号	8 670	65
夫子池商业大楼车库	渝中区邹容路139号	5 968	103

续表

停车库名称	停车库地址	面积/m^2	停车位/个
得意世界车库	渝中区较场口得意世界	10 601	240
地王广场车库	渝中区民族路 166 号	14 127	200
重庆大世界车库	渝中区邹容路 116 号	15 940	200
半岛国际商务大厦车库	渝中区邹容路 50 号	2 550	64
都市广场车库	渝中区五四路 39 号	5 486	78
重庆女人广场车库	渝中区大同路 12 号	9 534	229
万豪酒店车库	渝中区青年路 77 号	4 000	116
重庆商社大厦车库	渝中区青年路 18 号	6 850	86
金鹰广场车库	渝中区邹容路 82 号	1 036	30
大都会广场车库	渝中区邹容路 68 号	6 885	407
合计		119 000	2383

注：表中数据来源于重庆市渝中区建设与交通委员会统计资料。

目前，渝中区占道停车现象较为普遍（包括已经拆除的占道停车场区域），严重影响了车辆通行。由于具备价格优势或车辆出入方便，部分机动车选择占道停车，特别是在市场、商场、餐饮及大型办公楼的周边道路（含人行道），形成了相当数量和规模的自发式无人管理的占道停车场地，给人行和车行造成不便，也存在安全隐患。例如，朝天门片区、学田湾市场人行道、七星岗派出所人行道、老区政府人行道、金汤街 74 号政府职能部门办公大楼车行道、大黄路 28 号小区和竞地花园小区道路两侧等，机动车乱停、乱放的现象非常严重。更有甚者，由于相关法律法规的不完善，导致机动车的停车管理存在漏洞，跟不上形势发展，如市政停车管理部门只能对办有合法手续的占道停车场实行监管，而不能对非法停车场（包括人行道）的车辆乱停、乱放进行监管；市政管理部门对车辆的乱停乱放只能从损坏市政设施的角度进行处罚，而缺乏对违章驾驶员和机动车辆处罚的法律规定。

3.1.2 轨道交通体系

截至 2014 年年底，渝中区范围内已经开通运行 4 条轨道线路，分别是地铁 1 号线、6 号线、轻轨 2 号线、3 号线（图 3-6），设有站点 15 个，换乘中心 4 个（两路口、牛角沱、较场口、大坪）。目前轨道交通已经成为渝中区居民出行的重要交通方式，客运量也快速增长，高峰时段甚至不能满足居民的通行需求，以至于在牛角沱、两路口等换乘中心出现大量乘客滞行现象。究其原因，与轨道交通车辆数量有限，发车间隔时间过长有密切关系，轨道交通的运力尚未充分发挥出来。

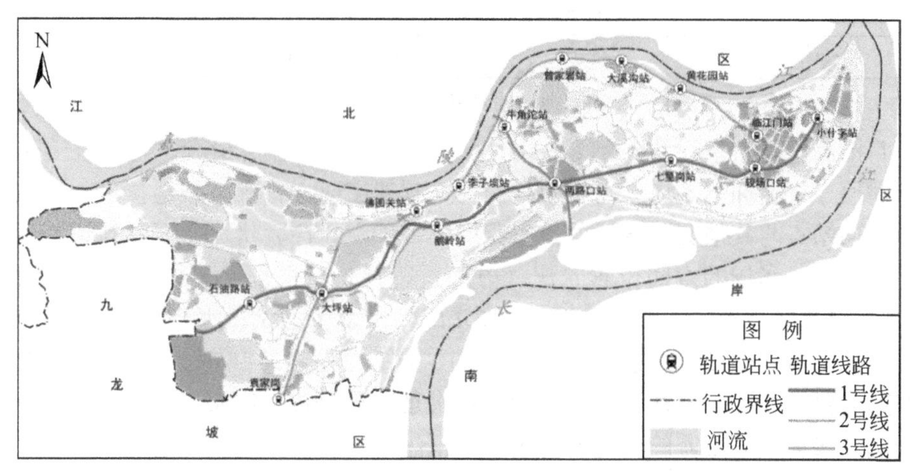

图 3-6　重庆市渝中区轨道交通发展现状格局示意图

地铁 1 号线东起朝天门，西至大学城，2017 年将延伸至璧山，全长约 46 km，采用地铁系统。该线路是轨道交通线网东西方向的主干线，也是贯穿渝中区和沙坪坝区的重要交通通道，其 2011 和 2012 年日均客流量分别为 10 万乘次和 16. 99 万乘次。在全市轨道交通线网客流预测中均为最大。1 号线将与已开通运营的 2 号线和 3 号线共同形成“大”字形的轨道交通骨架。轻轨 2 号线横贯渝中区，从嘉陵江边经过，自东向西在渝中区共设有 10 个站点：较场口—临江门—黄花园—大溪沟—曾家岩—牛角沱—李子坝—佛图关—大坪—袁家岗，其线路并未跨越人流量最为密集的城市功能区，所以 2 号线对缓解渝中区交通压力的作用并不明显。轻轨 3 号线南起鱼洞，北至江北机场，全长约 55. 5 km，设车站 39 个，为南北方向的轨道交通骨干线，采用跨座式单轨交通系统。3 号线将巴南区、南岸区、渝中区、江北区、北部新城区衔接起来，并与 1、2、6 号线共同构成主城轨道交通线网骨架，能有效地缓解沿线交通压力。轨道 3 号线的高峰小时流量和全日客流量在全市轨道交通线网中是最大的，最大日客流 54. 23 万乘次，客流量最大断面为华新街—牛角沱（上行）断面，高峰小时断面客流为 1. 92 万乘次（表 3-6）。

表 3-6　重庆市轨道交通客流量统计表　　　　单位：万乘次

客运量	地铁 1 号线		轻轨 2 号线		轻轨 3 号线	
	2011 年	2012 年	2011 年	2012 年	2011 年	2012 年
年客运总量	1 678.81	6 200.37	5 625.5	6 901.3	1 027.21	10 820.23
日均客流量	10	16.99	16	18.91	8	29.64
最大日客流量	19.7	35.17	25	24.81	29.6	54.23

注：表中数据来源于重庆市轨道交通集团统计资料。

目前渝中区轨道线路 1、2、3、6 号线都在运行，客流量大，特别在上下班高峰时段，交通拥堵不堪，需要轨道交通与其他交通方式有较好地接驳，但目前轨道交通站点与其他交通方式的接驳状况不容乐观。接驳状况主要从轨道交通与公交站场、停车场的空间位置状况等方面进行评价，根据调研统计，15 个轨道站中，接驳状况较好的是较场口站、临江门站、李子坝站、大坪站、袁家岗站、小什字站、两路口站、石油路站（表3-7），这8 个站出站后步行5 分钟就有公交枢纽站或停车场，交通换乘比较方便；其次是黄花园站、曾家岩站、鹅岭站、七星岗站；接驳状况较差的是大溪沟站、牛角沱站、佛图关站，它们既不靠近大型商业区或住宅区，周边也缺乏公交站和停车场。

表 3-7　重庆市渝中区轨道站点与其他交通方式接驳状况表

轻轨站	其他交通方式接驳状况	换乘等级
较场口站	步行 1 分钟内有一个公交站，但公交线路不多，到解放碑主要采取步行方式	★★★
临江门站	步行 5 分钟内有 3 个公交车站，可达性比较好	★★★
黄花园站	步行 5 分钟内有 2 个公交车站，但利用率低	★★
大溪沟站	周围无特别人流集聚点，人流量小。步行 5 分钟内有一个停车库，一个公交车站，但几乎不被轻轨乘客换乘利用	★
曾家岩站	出站后步行 5 分钟内有 1 个停车库和 2 个公交站点，但是出站需花费 8 分钟，时间花费较长，总体通达性较好	★★
牛角沱站	步行 5 分钟内有 1 个公交站和 1 个停车库，但衔接条件较差	★
李子坝站	出站即有公交车站，可达性较好	★★★
佛图关站	5 分钟内没有公交车站，可达性较差	★
大坪站	人流量大，站点衔接合理，紧邻快速交通站，5 分钟内有 2 个交通站点，通达性好	★★★
袁家岗站	现状情况人流量大，5 分钟内有 3 个公交站点，交通线路多，衔接及利用情况好，可达性好	★★★
小什字站	5 分钟内有 1 个公交站，公交线路较多，通达性较好	★★★

续表

轻轨站	其他交通方式接驳状况	换乘等级
两路口站	因靠近菜园坝火车站而成为人类集聚点，人流量大。5分钟内有3个公交站，公交线路较多，通达性较好	★★★
鹅岭站	出站后5分钟内有两个公交站，人流量较少	★★
七星岗站	出站后5分钟内有1个公交车站，但利用率较低	★★
石油路站	出站后即有公交车站，衔接较合理	★★★

注：表中数据来源于作者2013年1～2月实地调查统计。

3.1.3　慢行交通系统

（1）慢行交通设施现状

渝中区是重庆建成最早的区域，又是典型的山城，步行交通既具有山地城市爬坡上坎的特点，在空间分布上又呈现出星罗棋布的特征。渝中区的背街小巷数量超过600条，因缺乏统一的规划，空间分布比较凌乱。本次调查路段以管护较好的步道和朝天门批发市场、观音岩路段为主。根据属性，将渝中区的步行交通设施分为三种类型：

第一类：依附于城市道路的人行道。该系统共生于公路路网，2014年渝中区有主干路47.9km，次干路19.4km，支路43.9km，依附于上述公路路网，全区共有过街设施166处，其中人行天桥26处，人行地道18处，平面过街设施122处。第一类步行交通设施因为交通属性清晰，归口管理明确，所以路况良好，设施齐全，连接性、系统性、景观性均良好。

第二类：修建较好、设施较完善的步行通道。渝中区街巷众多，几乎所有街巷都有通道与公路联通，不少巷道由于使用频率较高，通勤职能不容忽视，如大溪沟的枣子岚垭口、学田湾的春森路至上清寺、观音岩民星大区、七星岗火药局街等。该类步行设施除了承担本街巷市民的日常出行，也是埠外居民步行出行的捷径，通勤作用不亚于人行道，多为3～6m宽、路况较好、设施较完善的路面。目前渝中区老街巷通道大概有110条，其中，人车共用通道约70条，仅限于人行的步道约40条。

第三类：设施破旧，道路狭窄的巷道。老巷道在渝中区历史上曾经扮演过重要角色，布满了城市发展的烙印，如望龙门片区的望龙门巷、七星岗片区的山城巷、朝天门节约街等。但随着城市的扩建，这些老巷道的通勤作用渐渐淡化，不再是行人选择的主要道路，逐渐成为老社区围合下的小巷道，加上年久失修，设施破旧，路况较差，存在价值值得商榷。部分巷道从属于历史街区的一部分，依旧有保留价值，但不少处在危旧建筑中的道路，已没有保留价值。

慢行步道布局混乱，缺乏统一的协调与规划，使用率不高。作为老城区，渝中区的步行交通非常复杂，加上不同历史阶段修建的不同路段，新旧街巷组合相对凌乱，再加上缺乏协调与规划，街巷不能与重要的功能区或车站连接，造成部分街巷使用效率不高，作用得不到充分发挥，或者步道的改造过于考虑休闲娱乐要求，忽略了通勤的功能。例如，渝中慢行系统示范段多属于爬坡上坎类型，基本上无通勤作用，且健身的市民或游客并不多，使用人群以附近的中老年为主，利用率较低。

部分步道设施条件落后，治安环境差。由于地形起伏较大，步行交通与车行交通的串联作用随着城市生活节奏的加快而日渐衰落，并且随着城市的发展，原先的步行交通逐渐演变成为住宅小区的内部步行交通，由于内外交通界限模糊，加重了这些区域的治安压力。尽管近年来，渝中区对区内600多条背街小巷逐步进行了治理，加装了电子眼，但渝中区步行交通见缝插针式的整体设计以及缺乏系统性仍然是个亟待解决的问题。一般情况下，在地势有一定起伏的山坡上建设步道系统，使用效果会更好。在海拔落差较大的地方建设坡道，存在着施工难的问题，当步道建成后，还会面临地质灾害、人流拥挤容易发生事故等安全隐患，如石板坡至枇杷山路段，由于地势原因，步道过窄（最窄处仅1m）且有地质危险。

(2) 人行过街设施现状

目前，全区共有过街设施181处，其中人行天桥33处（表3-8），地下通道26座（表3-9）（其中与轨道交通站点出入口共用地下通道7座），平面过街74处（表3-10）。立体过街设施主要集中在两路口—上清寺、袁家岗，即半岛地区横向的五条干道以及长江一路、长江二路，平面过街以人行横道线为主，人行横道线辅以过街信号方式相对较少。

表3-8 重庆市渝中区人行天桥设施调查统计表

序号	人行天桥名称	所在路段	天桥位置
1	中山医院天桥	中山一路	观音岩中山医院
2	观音岩天桥	中山一路	观音岩
3	七星岗天桥	中山一路	新德村路口
4	两路口天桥	中山二路	宋庆龄故居旁
5	儿科医院天桥	中山二路	儿科医院大门下侧
6	枇杷山公园天桥	中山二路	枇杷山公园旁

续表

序号	人行天桥名称	所在路段	天桥位置
7	文化宫天桥	中山三路	文化宫中门
8	上清寺天桥	中山三路	上清寺转盘
9	临江门天桥	北区路	临江门
10	黄花园天桥	北区路	巴蜀中学旁
11	大溪沟天桥	人民路	大溪沟
12	美专校路口天桥	中山三路	美专校路口
13	陕西路大正商场天桥	陕西路	陕西路
14	菜园坝天桥	菜袁路	向阳隧道洞口（火车站）
15	菜袁路天桥	菜袁路	皮革市场
16	竹园小区天桥	菜袁路	竹园小区旁
17	隧道至黄沙溪天桥	菜袁路	隧道洞口上
18	袁家岗天桥	菜袁路	袁家岗
19	国际村天桥	长江一路	国际村车站旁
20	鹅岭天桥	长江一路	十三军大门
21	玫瑰湾天桥	长江一路	玫瑰湾
22	肖家湾天桥	长江二路	肖家湾
23	马家堡天桥	长江二路	马家堡
24	医学院天桥	医学院路	医学院
25	雷家坡天桥	南区路	石板坡立交东侧
26	南区路天桥	南区路	南区路下口
27	珊瑚公园天桥	长滨路	珊瑚公园旁
28	建兴坡天桥	长滨路	建兴坡
29	协信阿卡迪亚天桥	经纬大道	协信阿卡迪亚旁
30	黄沙溪立交天桥	黄沙溪	匝道口旁
31	虎头岩天桥	高九路	虎头岩隧道口
32	高九路转盘天桥（一）	高九路	高九路转盘
33	高九路转盘天桥（二）	高九路	高九路转盘

注：表中数据来源于作者 2013 年 1 ~2 月实地调查统计。

表 3-9　重庆市渝中区地下通道调查统计表

序号	地下通道名称	所在路段	通道位置	备注
1	朝天门地下通道	朝千路	市展览馆旁	
2	皇冠大扶梯地下通道	中山三路	两路口	轨道站点共用
3	中山支路地下通道	中山支路	文化宫大门侧	
4	牛角沱立交地下通道（一）	嘉陵路	牛角沱立交	
5	牛角沱立交地下通道（二）	嘉陵路	牛角沱	
6	临江门地下通道	临江路	临江门	轨道站点共用
7	重庆宾馆地下通道	民生路	重庆宾馆侧	
8	较场口地下通道	较场口	较场口转盘	轨道站点共用
9	两路口健康路口地下通道	长江路	健康路口	
10	医学院地下通道	友谊路	重医附一院	
11	菜园坝转盘地下通道	菜袁路	菜园坝	
12	菜园坝南园大厦地下通道	菜袁路	南园大厦	
13	菜园坝汽车站地下通道	菜袁路	菜园坝汽车站	
14	黄花园地下通道（一）	黄花园	黄花园立交	
15	黄花园地下通道（二）	黄花园	黄花园	
16	袁家岗地下通道	长江路	袁家岗	
17	大坪地下通道	长江路	大坪	
18	大坪百盛地下通道	长江路	大坪	
19	中兴路地下通道（一）	中兴路	中兴路	
20	中兴路地下通道（二）	中兴路	中兴路法院旁	
21	概念 98 地下通道	嘉滨路	概念 98 旁	未启用
22	长江大桥桥头地下通道	长滨路	上清寺	轨道站点共用
23	小什字地下通道（一）	民族路	小什字	
24	小什字地下通道（二）	新华路	小什字	轨道站点共用
25	鹅岭地下通道	长江一路	鹅岭	轨道站点共用
26	石油路地下通道	石油路	石油路	轨道站点共用

注：表中数据来源于作者 2013 年 1 ~2 月实地调查统计。

表 3-10　重庆市渝中区主要过街设施调查统计表

项目	立体过街设施		平面过街设施		过街设施总数/个	过街设施平均间距/m
	人行天桥/座	人行地道/个	人行横道、信号灯/组	人行横道/条		
北干道	4	2	7	7	20	225
中干道	4	2	4	7	17	150
南干道(含陕西路)	2	2	2	19	25	200
长江二路	3	1	0	2	6	180
长江一路	4	1	1	1	6	560

注：表中数据来源于作者 2013 年 1 ~2 月实地调查统计。

目前，渝中区部分人行系统与其他交通方式有比较方便而快捷的衔接，如上清寺环形天桥与各公交停靠站结合十分紧密，人流和车流的转化比较方便；临江门地道与轨道车站相连接，且在入口采取了平面进入的方式，方便人流进出。然而，仍有部分过街设施由于修建条件和城区发展变化等原因，没能与其他交通方式形成较好的衔接，阻碍了人流的畅通，由此引发人车争道，不仅影响道路的通行能力，甚至给行人带来危险。例如，嘉陵江大桥桥头设有轨道 2 号线牛角沱站，人流过街量较大，然而桥头没有过街设施，人行过街不便，造成上下班高峰期行人横穿大桥的现象十分严重。

(3) 扶梯和电梯

渝中区的扶梯和电梯主要有凯旋路电梯和两路口皇冠大扶梯，都是承载着山城重庆上半城和下半城之间的老交通工具（图 3-7）。凯旋路垂直电梯于 1985 年 3 月建成运营，凯旋路—较场口，票价为 1 元；两路口皇冠电扶梯于 1996 年 2 月建成运营，扶梯全长 112m，垂直提升高度 52. 7m，坡度 30°，两路口—菜园坝火车站，票价为 2 元，最大人数为 3 万人次/天。

图 3-7　重庆市渝中区扶梯和电梯外景图

注：照片来源于 2013 年 1 ~ 2 月作者实地拍摄和大众点评网。

3.2 渝中区城市综合交通体系的外部接口

3.2.1 五路八桥

渝中区南北方向为嘉陵江和长江所环抱，跨江桥梁与穿越半岛的隧道便成为渝中区对外交通的重要通道。特殊的区位、地形等条件造就了渝中区目前的“五路八桥”对外交通格局（图3-8）。与北侧的江北区交通主要依赖嘉华大桥、嘉陵江大桥、渝澳大桥、黄花园大桥、千厮门大桥；与南侧的南岸区以菜园坝长江大桥、重庆长江大桥、东水门大桥相连；与西侧的沙坪坝、九龙坡区联系则主要依靠中干道、南干道、北干道、长滨路、嘉滨路等5条主要干道，“五路八桥”构成了目前渝中区对外交通最重要的通道。

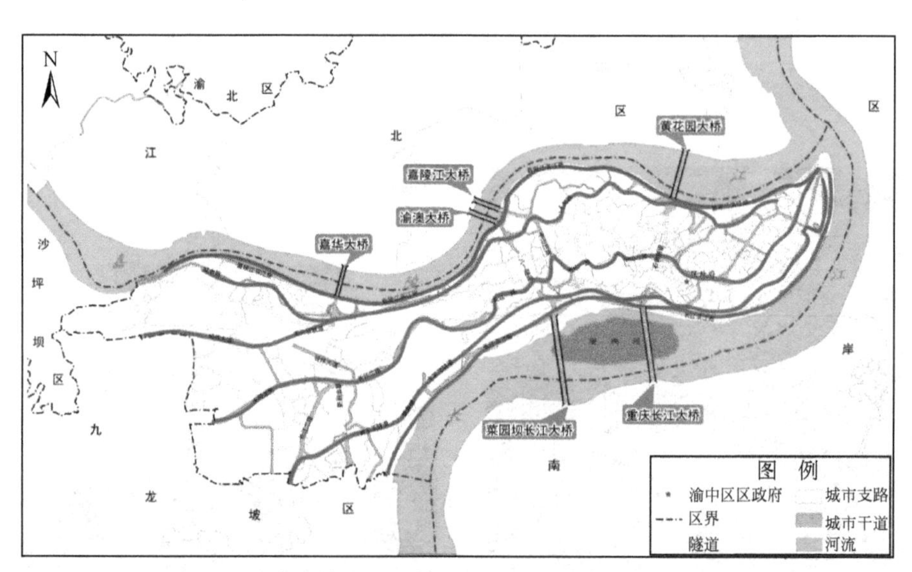

图3-8 重庆市渝中区对外交通“五路八桥”格局示意图

随着渝中区城市建设的快速发展，对外桥梁已经无法满足日益增长的跨江交通需求，必须建设新的对外通道。目前，正处于建设中的是红岩村嘉陵江大桥，红岩村大桥的兴建将对嘉华大桥起到极大缓解作用，届时渝中区对外交通体系将形成“五路九桥”的格局。

3.2.2 长途客运

渝中区最重要的长途汽车站是菜园坝重庆长途汽车站。重庆长途汽车站是一座多层立体汽车站，地上三层可以同时发车，平层和二层发大型汽车，三层发中小车，地下部分则利用地势高差被设计成大型停车库，占地面积7700m^2，建筑面积32 800m^2，每日发送旅客约为1.7万人，以运能大、占地小闻名于同类大城市市中心的大型汽车站。重庆长途汽车站向内与城市中心衔接，对外与成渝高速公路相连，使渝中区的对外交通简捷而快速，改变了城市交通拥挤状况，省去了旅客二次中转。

3.2.3 铁路交通

渝中区的铁路站点只有菜园坝火车站。菜园坝火车站位于渝中区菜园坝长江大桥桥下，建于1959年9月15日，占地面积250 000m^2，采用纵列式布局，包括到发场、交接场、调车场，是全国铁路客运特等站。从2006年10月22日龙头寺的重庆北火车站启用后，菜园坝火车站的功能逐渐减弱，目前菜园坝火车站每天承担的客运任务是28对列车，主要方向是成渝老线、湘渝线、川黔线等，繁忙程度已低于重庆火车北站。虽然客运量有所减少，但火车站客运给菜园坝地区带来的综合交通压力依然较大，加之周边的重庆汽车站、公交车站、出租汽车站等的空间重叠，使菜园坝片区成为重庆市交通最为拥堵的片区之一。

3.2.4 其他对外交通方式

渝中区有2条过江索道即长江索道和嘉陵江索道，其中，嘉陵江索道已于2011年2月28日晚停止运行。长江索道（图3-9）于1987年10月建成运行，全长1166m，日运客：0.3万~0.4万人次，票价：公交IC卡1.8元/次，重庆本地居民2元/次，外地游客：5元/次。

目前渝中区运营的轮渡航线有2条，分别是朝天门—野猫溪，运营时间为6：15~19：15，每半小时一班；野猫溪—朝天门，运营时间为6：00~19：00，每半小时一班，朝天门—江北嘴轮渡现已停航。轮渡客运量为500~700人/天，高峰出现在上午7：00~8：30，每趟平均70~80人。目前轮渡功能以旅游为主，接送往来于朝天门和江北嘴景点的游客（图3-10）。

图 3-9　重庆市渝中区长江索道外景图

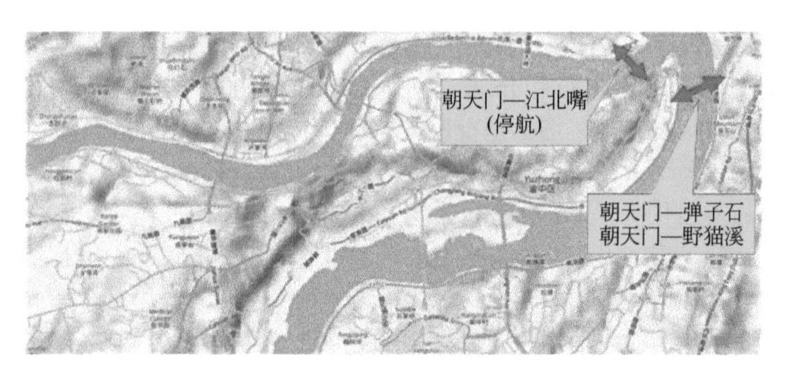

图 3-10　重庆市渝中区轮渡路线示意图

3.3　渝中区城市综合交通出行特征分析

3.3.1　交通出行调查

(1) 调查的目的和意义

近年来，渝中区城市道路交通设施建设不断深化，城市道路交通面貌得到了很大改善。但与此同时，随着城市化进程的加快，居民生活水平不断提高，居民出行方式、生活习惯等也随之发生了较大变化，越来越多的摩托车、小汽车等机动化交通工具进入到了普通家庭，居民娱乐消费出行次数不断增加，同时渝中区还是社会单位聚集的地方，人员通勤频次高，交通需求增长迅速、愈发复杂化，道路交通矛盾凸显。

居民出行调查可以全面地再现城市交通随机易逝、变化多样的特点，能揭示出城市交通症结的原因、内涵、交通需求与土地利用、经济活动的规律。此次调查力求从宏观上掌握渝中区人员出行的基本特征和流动规律，为渝中区城市道路交通设施规划与建设、城市道路交通需求和系统管理提供科学依据。

（2）调查概况

本次调查分为解放碑 CBD 就业人员上下班交通出行情况调查、渝中区居民日常交通出行情况调查和渝中区休闲娱乐出行情况调查三类。调查对象为解放碑 CBD 的就业人员、大坪街道办事处和两路口街道办事处典型小区（共计 14 个）。调查方法包括抽样调查、典型调查和家庭入户调查等方法，发放问卷 3390 份，获得有效问卷 2981 份，样本有效率为 87.94%。

3.3.2　居民出行特征

（1）年龄结构

样本的年龄选择见图 3-11，样本中 40～60 岁居民的比例居多，占总数的 30.78%，其次是 20～30 岁的居民，占总数的 26.95%。抽样年龄段基本合理，具有一定的代表性。

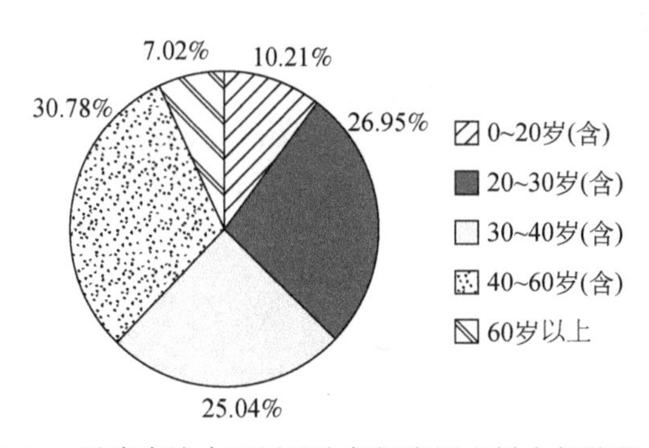

图 3-11　重庆市渝中区居民出行问卷调查样本年龄段分布

（2）性别结构

调查样本中，男性人数为 1717 人，比例占 57.60%，女性人数为 1264 人，比例占 42.40%，性别结构较为合理。

(3) 各职业人数及所占比重

居民的职业是一项重要的社会属性，在调查时将居民职业共分为10类，即①公务员、政府机构管理人员；②教师、医生、科研人员；③工人；④学生；⑤企业职员或办公人员；⑥商业、服务人员；⑦自由职业者；⑧无工作；⑨退休；⑩其他。

从图3-12可以看出，在被调查人员中，以商业、服务人员和企业职员或办公人员居多，共占41.55%，自由职业者的人数也较多，占17.54%，说明调查小区人员以企业、办公和商服人员为主。

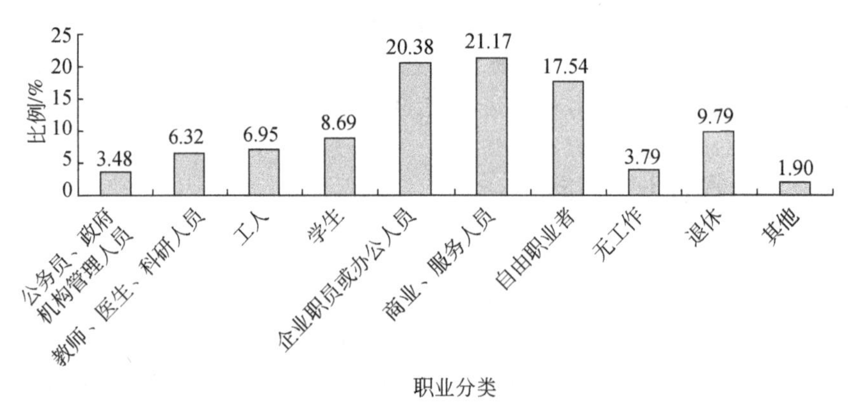

图3-12 重庆市渝中区居民出行调查职业结构比例

(4) 居民出行时间分布

从居民出行的时间分布图（图3-13）中可以看出居民出行呈“两强两弱”的趋势，“两强”指早高峰和晚高峰，居民上班购物等出行时间集中在7：30～

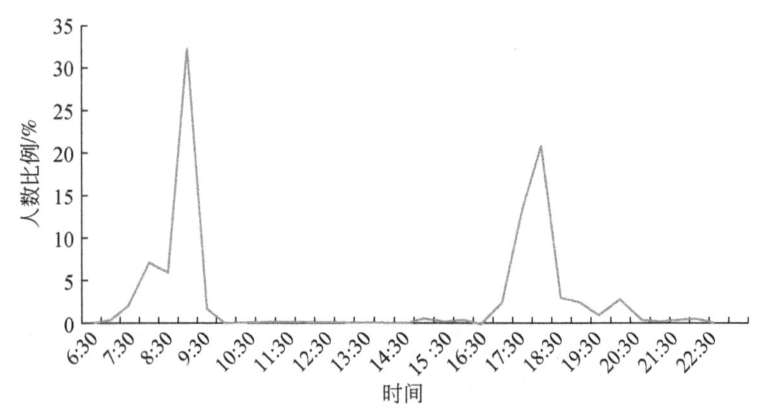

图3-13 重庆市渝中区居民出行时间分布

9：30，回家时间集中在 17：30～19：30，在这两个时间段内，居民对公共交通（包括公交汽车、轨道交通、索道与轮渡）的需求达到了全天的 80% 以上。由于公交供给具有一定的刚性，因此，在早晚交通高峰时段，交通堵塞。

（5）居民交通工具的选择

如图 3-14 所示，渝中区的交通方式属于轻轨/地铁—公交混合类型。2004 年轻轨开通，极大地方便了居民的出行，但大部分居民出行还是愿意选择公交车。根据调查，在出行交通工具中选择公交车的比例为 57.77%，选择轻轨/地铁的比例仅次于公交，为 25.61%，另外有 9.44% 的居民选择步行，选择出租车、私家车和其他交通方式的较少，仅占 7.19%。

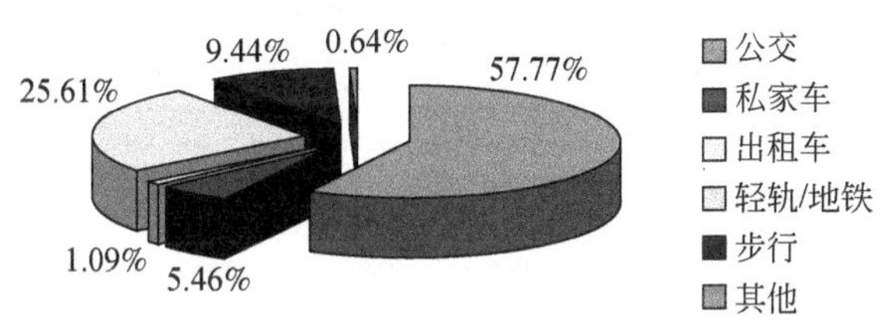

图 3-14　重庆市渝中区居民出行交通工具选择情况

（6）居民交通费用构成

交通方式的选择影响着交通费用。如图 3-15 所示，由于居民日常出行以公交和轨道为主，因此月均交通费用在 50～150 元的比例最大，部分居民出行以步行的方式，交通费较少，在 50 元以下的比例占到 22.16%，还有少部分居民是自驾车出行，交通费则更高，多达 2000 元/月。

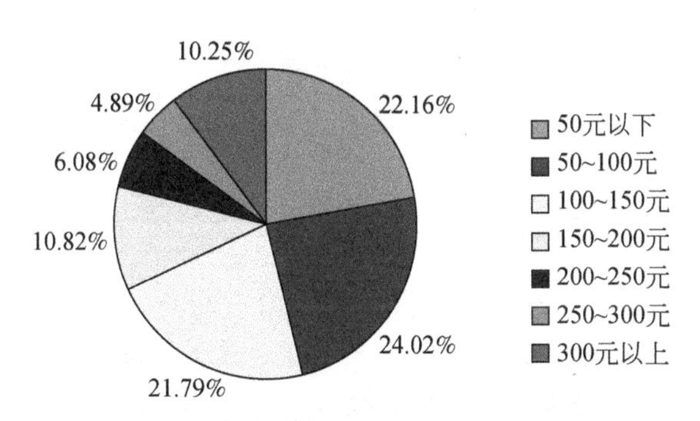

图 3-15　重庆市渝中区居民出行交通费用构成

(7) 交通“源”分析

通过对到渝中区休闲娱乐人群居住地的调查（图 3-16），发现到渝中区人群的居住地 95% 以上为重庆主城区，其他地区的占比不到 5%。来自主城区的人群居住地又可以分为三个档次，第一档次是渝中区本地，占 20. 71%，他们到解放碑多选择步行的方式，第二档次是渝北区、南岸区、沙坪坝区、九龙坡区，分别占 15. 13%、15. 02%、13. 77%、8. 87%，占比超过或接近 10%，第三档次是巴南区、北碚区和大渡口区，比例在 5% 以下。

通过调查还发现 80% 以上的人群到渝中区需要借助公共交通或私人交通，大量的区外人流进入成为了渝中区对外交通转换地（如上清寺、两路口等）交通拥堵的重要原因。因此，渝中区交通线路的设计应完善对外交通通道，优化主城区之间的交通网络，方便人群的出行。

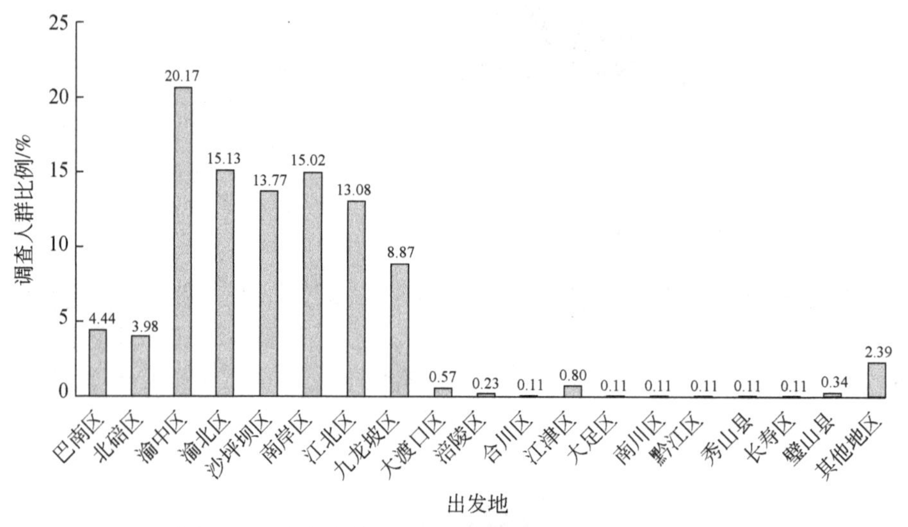

图 3-16　重庆市渝中区居民出行调查人群出发地统计

(8) 居民家庭小汽车拥有数量

调查结果显示，有 77. 30% 的居民家庭尚没有购车，19. 10% 的家庭拥有 1 辆汽车，1. 50% 的家庭拥有 2 辆汽车（表 3-11），说明目前渝中区家庭居民购车比例还不高。但随着居民物质生活水平和收入提高，购车比例将会进一步提高，未来渝中区将面临着数量庞大的私人小汽车所带来的交通挑战。

表 3-11　重庆市渝中区居民家庭小汽车拥有数量统计

拥有车辆数	频率	百分比/%	累积百分比/%
0	2304	77.30	77.30
1	603	20.23	97.53
2	65	2.17	99.70
3	9	0.30	100.00
4	0	0	100.00
合计	2981	100.00	

3.4　渝中区城市综合交通流量及堵点分析

3.4.1　桥梁、主干道及交叉口交通流量分析

(1) 桥梁交通流量特征分析

通过实地调研，渝中区对外联络的六座桥梁的工作日高峰时段的通行能力差异不大，为 5334 ~ 7428pcu/h（图 3-17），其中嘉华大桥流量最大，菜园坝长江大桥流量最小。根据桥梁设计理想通行能力标准（表 3-12），嘉陵江大桥双向、黄花园大桥出渝中单向、重庆长江大桥出渝中单向的现状通行量已经超过设计通行能力标准，而其他桥梁和方向则接近设计通行标准。从图 3-18 中可看出，工

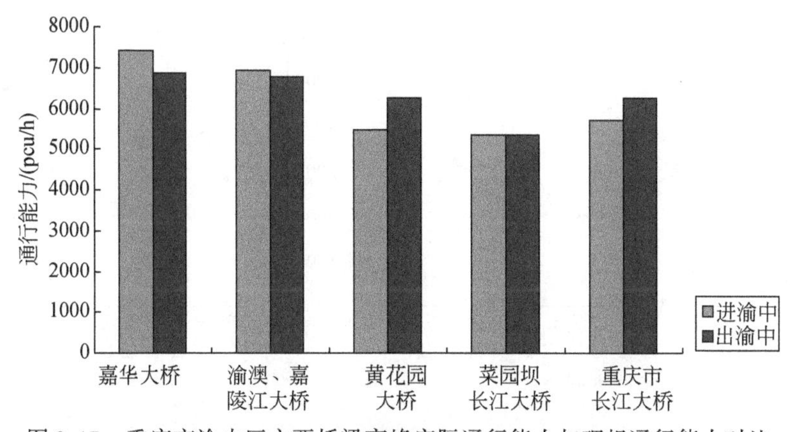

图 3-17　重庆市渝中区主要桥梁高峰实际通行能力与理想通行能力对比

作日（周一至周五）各桥梁交通的早晚高峰现象比较突出，尤其是早高峰时期，各桥梁交通都面临较大的压力。菜园坝长江大桥和重庆长江大桥还呈现出钟摆式往复的特征，即早高峰进渝中车辆多，出渝中车辆少，下午则出渝中车辆多，进渝中车辆少；嘉华大桥、渝澳大桥、嘉陵江大桥和黄花园大桥则进出相对均衡。

表 3-12　理想条件下的通行能力值

标准速度/(km/h)	通行能力/(pcu/h)	临界密度/(pcu/km)	临界速度/(km/h)
120	2 200	36	62
100	2 200	42	53
80	2 000	46	44
60	1 800	50	36

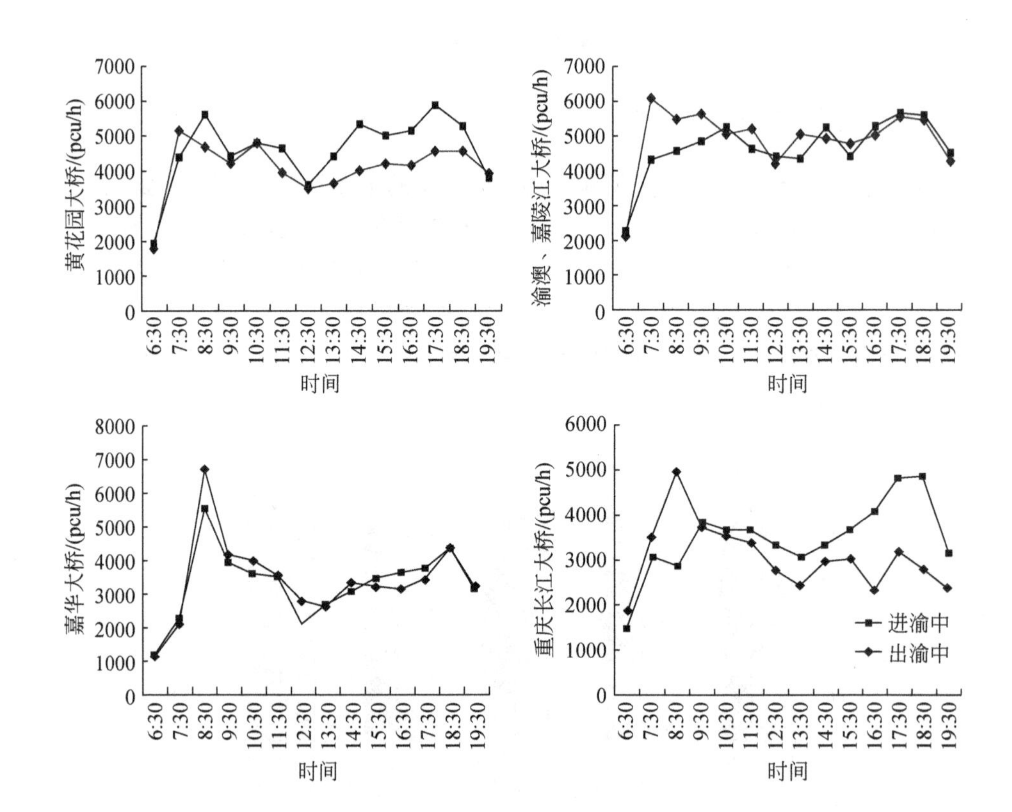

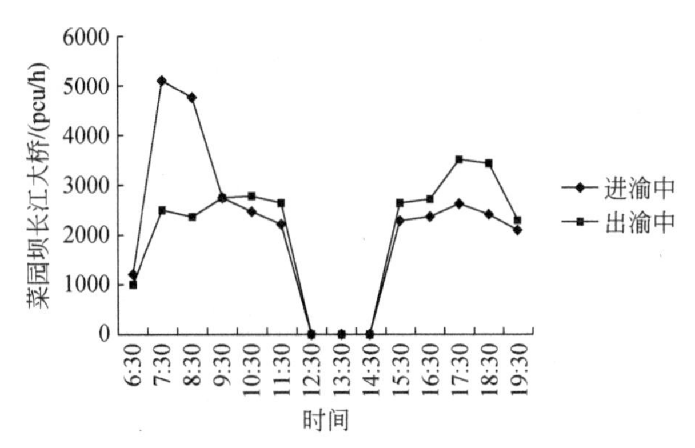

图 3-18　重庆市渝中区桥梁工作日时段交通流量分析图

(2) 主干道交通流量特征分析

通过对渝中区主要道路交通流的调查分析，可以了解道路的流量、流向情况、交通流的时间和空间分布规律、交通组成情况等，进而确定路网交通负荷、服务水平，对整个渝中区的道路交通流进行分析与评价，为渝中区道路交通规划与综合治理提供依据。交通流量调查统计见表 3-13。

表 3-13　重庆市渝中区内部交通主要干道流量调查分析

道路	车流走向	车道数	实际交通量/(pcu/h)	基本通行能力/(pcu/h)	饱和度	服务水平
北区路	西→东	2	2 420	2 100	1.15	E
	东→西	2	2 338	2 100	1.14	E
中山一路	西→东	2	2 227	2 300	0.97	E
	东→西	2	2 129	2 300	0.93	E
临江路	西→东	2	1671	2 100	0.80	D
	东→西	2	1 811	2 100	0.86	D
和平路	西→东	2	1 321	2 098	0.63	B
	东→西	2	1 624	2 098	0.77	C
中兴路	西→东	2	2 104	1 800	1.17	E
	东→西	2	2 434	1 800	0.35	E
新华路	西→东	2	1 783	2 098	0.85	C
	东→西	2	1 883	2 098	0.90	D

续表

道路	车流走向	车道数	实际交通量/(pcu/h)	基本通行能力/(pcu/h)	饱和度	服务水平
民族路	西→东	2	1 783	2 098	0.85	D
	东→西	2	1 875	2 098	0.89	D
沧白路	南→北	2	1 482	2 098	0.71	C
南区路	西→东	2	1 899	2 700	0.70	C
	东→西	2	1 900	2 700	0.70	C
嘉滨路	西→东	2	1 458	2 700	0.54	A
	东→西	2	1 647	2 700	0.61	B
长滨路	西→东	3	1 259	3 600	0.35	A
	东→西	3	911	3 600	0.25	A

注：路段服务水平是根据道路通行能力手册而定的。A 级：V/C<0.5（最大服务交通量与基本通行能力之比，即 V/C），道路运行自由通畅；B 级：V/C=0.5~0.65，道路运行比较通畅；C 级：V/C=0.65~0.8；道路运行开始出现拥堵；D 级：V/C=0.8~0.9，道路运行较拥堵；E 级：V/C>0.9，道路运行拥堵。道路通行能力（pcu）指道路上某一点某一车道或某一断面处，单位时间内可能通过的最大交通实体（车辆或行人）数。

南、中、北三条干道（东西向）是渝中区内部联系的主要道路，交通流量较大，其中北干道上的北区路、中兴路以及中干道交通压力最大，北区路、中兴路高峰时段的小时交通饱和度已经超过 1，中山一路高峰时段的小时交通饱和度接近 1，交通拥堵较为严重；另外，临江路、南干道上的南区路、新华路、民族路以及通往杨家坪、大坪、沙坪坝片区的菜袁路以及长江一路的交通流量也较大，相比较而言，临江的两条干道嘉滨路、长滨路的交通流量较小，交通运行顺畅。主要干道超负荷，而次、支道路也未充分发挥作用。由于受地形条件的制约，次、支道路狭窄、弯曲，建设标准低，容量有限，断头路多、灯控路口少，造成道路行车安全和通达性差，服务水平低，难以发挥交通分流的作用。

(3) 交叉口交通流

本文主要针对上清寺、两路口、临江门、较场口、小什字、储奇门、一号桥、大溪沟、大坪环道九个节点进行高峰时段小时流量调查，调查统计情况见表 3-14、图 3-19。

表 3-14　重庆市渝中区交叉口的交通流量及服务水平表

调查路段	高峰小时进入交叉口的流量/(pcu/h)	交叉口的服务水平
上清寺	5865	E

续表

调查路段	高峰小时进入交叉口的流量/(pcu/h)	交叉口的服务水平
两路口环道	7218	E
临江门	5110	E
较场口	4735	E
小什字	3548	D
储奇门	2548	C
一号桥	4273	D
大溪沟	3701	D
大坪环道	6358	A

注：交叉口的服务水平是用延误来衡量的，A级—表示运行时延误很小，即小于10s/辆；B级—表示交叉口运行基本通畅，每辆车延误为11～20s；C级—表示交叉口运行能力一般，延误在每辆车为21～35s；D级—表示交叉口运行能力较差，周期性出行拥堵，车辆运行时的延误在36～55s；E级—表示交叉口运行能力很差，长期出现拥堵，运行时的延误在每辆车大于56s。

渝中半岛的主要进出节点服务水平普遍较低。由于受到地理条件的限制以及对外通道有限，部分地段成了多个方向进出渝中半岛的交通转换之地，如上清寺、两路口、临江门、较场口等，这四个节点相衔接路段的交通流量都很大，这些交叉点是进入解放碑或朝天门地区的重要通道，当进入解放碑、朝天门的交通高峰汇集在一起时，交通压力突增，形成交通瓶颈，同时由于路口渠化管理存在问题，冲突点较多，导致交通延误较大。

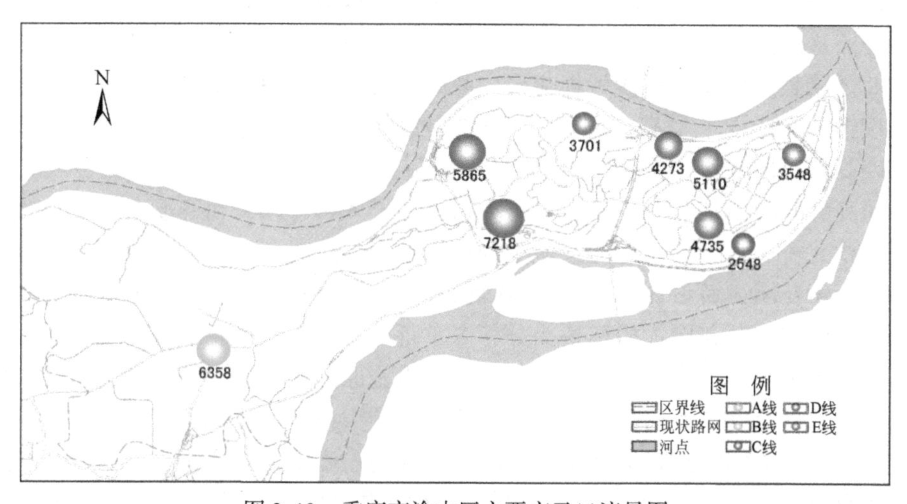

图3-19　重庆市渝中区主要交叉口流量图

3.4.2 主要节点拥堵情况分析

渝中区交通拥堵点主要集中于北区路——一号桥—大溪沟片区、两路口片区、上清寺—牛角沱片区、袁家岗片区、菜园坝片区、中兴路—较场口片区（图3-20）。

图3-20　重庆市渝中区主要拥堵节点分布

（1）北区路、一号桥、大溪沟片区

由于长江和嘉陵江两江分隔，造就渝中区三面环江的半岛格局，形成的路网也是沿着地形等高线依山就势蜿蜒曲折，由江边逐级向山脊延伸，由早期驿道转变为公路最后演变为城市道路，与隔江区域的联系则通过桥梁来承担。

北区路是连接江北、沙坪坝与渝中区的重要通道，由于交通压力过大，承载力过度饱和，造成了早高峰时段一号桥临江门、大溪沟进入渝中区方向交通拥堵，晚高峰时段则转变为临江门、大溪沟出渝中区方向交通拥堵。

早高峰时段由江北五红路、渝鲁大道方向进入黄花园大桥车辆较多，加之黄花园大桥北桥头无灯控设施对进城车辆进行控制，造成黄花园大桥北桥头经常发生堵塞，黄花园大桥设计流量为5000辆，但现高峰流量已达到8000辆以上，为严重饱和状态。黄花园大桥南桥头分三个车行方向。一是往黄石隧道方向。由于黄石隧道为两车道，通行缓慢且隧道内由于设施原因极易引发交通事故，因此往黄石隧道方向容易发生突发性堵塞，造成黄花园大桥进城方向积压。二是往大溪沟方向。由于大溪沟路口为连接人民路、人和街、嘉滨路的重要节点，加上大溪沟周边有巴蜀中学、人和街小学、42中等市级重点学校，且学校都无停车条件，全部为占道停车，接送学生车辆的乱停、乱行极易引发黄花园大桥往大溪沟方向交通堵塞。三是往一号桥临江门方向。由于一号桥至临江门路段为城区老道路，拓宽困难，现仍然为双向四车道，加上长上坡容易出现客车抛锚，且车流量巨大，因此早高峰时段由黄花园大桥进入临江门时常发生交通堵塞，车辆尾部倒灌回一号桥路口。

晚高峰时段北区路压力主要集中在黄花园大桥出城方向。由于江北大桥道路过于狭窄，且公交车站过多，严重影响了由临江门、大溪沟、石板坡往江北出城方向的车辆通行。

（2）两路口片区

渝中半岛道路路网连通性差，导致两路口要承担大量交通转换的压力。据统计，2009 年与 2008 年相比，除中山二路交通量基本保持不变以外，两路口地区其他路段的交通量均大幅度增长，长江一路增加 17.7%，中山三路增加 7.2%，菜园坝长江大桥增加49.8%。两路口环道进出口较多，车辆进出严重影响环道的通行能力，并存在较大安全隐患。环道内往中山路方向和往菜园坝大桥方向的车流与长江路进城车流交叉；菜园坝大桥进城车流与环道内车流交叉；南区路上口往中山支路车流与环道内往中二路车流交叉；新开的三院门诊路口车辆进出、各路口导向车道变更车道等都影响环道的通行能力。此外，环道上开行的公交线路条数过多，站点布局不合理，公交车对其他车辆干扰较大。目前两路口环道周边共设置了 8 个公交车站，环道公交车线路高达 40 多条。

（3）上清寺、牛角沱片区

早高峰时段：渝澳大桥进城往向阳隧道方向和上清寺转盘方向由于车流量过大导致交通堵塞严重；渝澳大桥往向阳隧道方向由于四新路口存在车辆交汇、向阳隧道占道公交停车站等因素，造成车辆通行速度受阻；渝澳大桥往上清寺转盘方向由于渝澳大桥引桥道路狭窄（两车道）、美专校街内公交车驶出变更车道、李子坝方向驶往上清寺转盘方向车流量过大等因素，造成车辆通行速度受阻，早高峰时段堵塞现象尤为突出；上清寺转盘内驶往中山四路（求精中学、人民小学、中山四路小学）接送学生车辆过多，对中山三路驶往上清寺转盘车辆造成通行影响，造成中山三路驶往上清寺转盘方向堵塞严重。

平峰时段：由于上清寺转盘驶往中山三路上行方向由 4 车道变为 2 车道、401 占道公交停车站以及美专校街上口车辆交汇等因素，导致中山三路上行通行速度受阻。

晚高峰时段：渝澳大桥进城往向阳隧道方向和上清寺转盘方向由于车流量过大交通堵塞严重。渝澳大桥往向阳隧道方向由于四新路口存在车辆交汇、向阳隧道占道公交停车站等因素造成车辆通行速度受阻，晚高峰时段堵塞现象尤为突出；渝澳大桥往上清寺转盘方向由于渝澳大桥引桥道路狭窄（两车道）、美专校街内公交车驶出变更车道、李子坝方向驶往上清寺转盘方向车流量过大等因素造成车辆通行速度受阻；上清寺转盘驶往嘉陵江大桥方向堵塞严重；由于上清寺转盘驶往嘉陵江桥头方向晚高峰时段车流量极大以及两侧嘉滨路驶往嘉陵江大桥产生的车辆交汇等因素，导致上清寺转盘驶往嘉陵江大桥方向通行速度受阻。

（4）袁家岗片区

菜袁路上行方向堵塞严重。嘉华大桥经嘉华隧道驶往菜袁路上行方向和菜袁路上行方向车流量大，且在煤田宾馆处存在车辆交汇现象；袁家岗U形下穿道道路狭窄（2车道），且在下穿道出口有占道公交停车站和马家堡下行车辆影响，导致通行速度受阻。

奥体支路双向堵塞严重。重医大门出租车、患者看病车随意上下客以及驶往重医内车辆在大门处领取停车卡对奥体支路通行造成极大影响；重医大门横道线行人过街以及奥体支路行人横穿公路现象严重影响车辆通行速度；原高新区辖区奥通物流路口，大货车乱停、车辆掉头左转现象突出，导致渝州宾馆旧大门驶往奥体路方向通行速度受阻。

袁家岗立交堵塞严重。由灯塔路口经袁家岗立交驶往出版社路口方向车辆，在袁家岗立交桥上（九龙坡辖区）与大公馆转盘驶往出版社路口方向车辆以及谢家湾驶往出版社路口方向车辆存在严重的车辆交汇，导致通行速度受阻。

（5）菜园坝片区

菜园坝片区包含有菜园坝火车站，公交枢纽站、长途汽车站、货运运输站、水果市场、塑料市场、皮革市场等，是渝中区最重要的货物集散区域，该片区人流密集，车流量大，在春运、暑运时极易发生交通堵塞。原因是菜园坝地区道路基础设施不够完善，人流过大，人车争道矛盾十分突出，人车混行引发道路不畅及交通事故频发。菜园坝水果市场、塑料市场、皮革市场等，每天都有大量的货运车辆出入，特别是一些外地大型货车，在菜园坝地区狭窄、多弯、坡陡的道路上，不仅挤占道路资源，影响其他车辆通行，而且易发生交通事故，且抛锚后不易撤除，时常造成交通堵塞。

（6）中兴路、较场口片区

中兴路是解放碑中央商务区最主要的进出通道之一，特别是中兴路拓宽改造以后，许多驾驶员都放弃以前的道路而选择中兴路进出解放碑，导致交通总量增加，潮汐现象较明显（表3-15）。交通总量增加是中兴路高峰期间拥堵的直接原因；中兴路拓宽改造后全线没有安装护栏，行人随意横穿公路干扰机动车通行，产生严重安全隐患。高峰期间行人过街需求很大，交通流不足2分钟就需要间断15秒，导致停车延误。

表3-15 重庆市渝中区中兴路拓宽改造前后流量变化统计表

时段	方向	2008年3月	2010年8月	增长率/%
早高峰	上行	1211辆	2976辆	146
	下行	1100辆	1548辆	41
晚高峰	上行	1119辆	1319辆	18
	下行	1600辆	2950辆	84

3.5 渝中区解放碑商圈停车位配置问题分析

作者及其课题组于2013年1月调查了商圈范围内58栋配有停车场的商住类重点楼宇，获得了大量关于相关楼宇的停车位数量、停车配置和停车收费等一手数据。同时还针对商圈范围内的上班族（自驾出行）和休闲娱乐人群（自驾出行）发放了820份停车行为选择的问卷，回收率达97.5%，有效率达93.17%，符合一般社会调查的基本要求，数据可靠。

3.5.1 解放碑商圈停车存在问题分析

目前，商圈可用于车辆停放的停车场主要分为两类，一类是室内停车场（属建筑或经营单位配套建设的停车场），数量比例较高；另一类是路内停车场（即占道临时停车场）。调查表明：解放碑商圈的机动车室内停车场共58处，拥有8111个停车位，总面积约35.17万m^2，主要分布在邹容路、青年路和八一路等，其中停车位超过100个的停车场23处，停车位超过200个的14处，机械式停车场仅1处。

（1）停车位供需矛盾较大

解放碑商圈是渝中区的核心，其车流量约为1.8万辆/天，机动车保有量与停车位之比约为2.21∶1，与国际上要求的1∶1.2差距较大，停车供需矛盾突出。按照国家标准《城市道路交通规划设计规范》（GB50220—95）规定，城市公共停车场用地总面积按规划人口0.8～1m^2/人的标准设计，一座写字楼每100m^2的建筑面积配备机动车位的指标是0.5个，娱乐性质建筑的指标是1.5～2

个，餐饮性质的指标是2.5个。解放碑商圈承担着商务、金融的重要功能，所调查的重点楼宇均具商用性质，但是按照《重庆市建设项目配建停车位规划管理暂行规定》（渝规发〔2006〕28号），商业办公类建设项目停车位配比能够达到0.5个/100m^{2}以上的商圈内重点楼宇停车场仅两处，没有住宅类建设项目停车位配比能达到0.34个/100m^{2}以上；另外，国际公认的每辆机动车应配备1.15～1.3个停车位，按每辆车约20%的需滞，对解放碑商圈每日的车流量统计，计算出现阶段解放碑商圈需要的停车位至少应达到2.16万～2.81万。实际供给与现实需求差距较大，在解放碑商圈形成了巨大的停车压力。

（2）优良停车场过分集中于核心街道

结合商圈内重点楼宇停车场用地位置图（图3-21），将商圈内重点楼宇停车场依据其到解放碑中心的最优距离和停车设施配置等状况进行权重计算，并按照“优”“良”“中”“差”将各停车场分等定级（图3-22），得出以下结论。

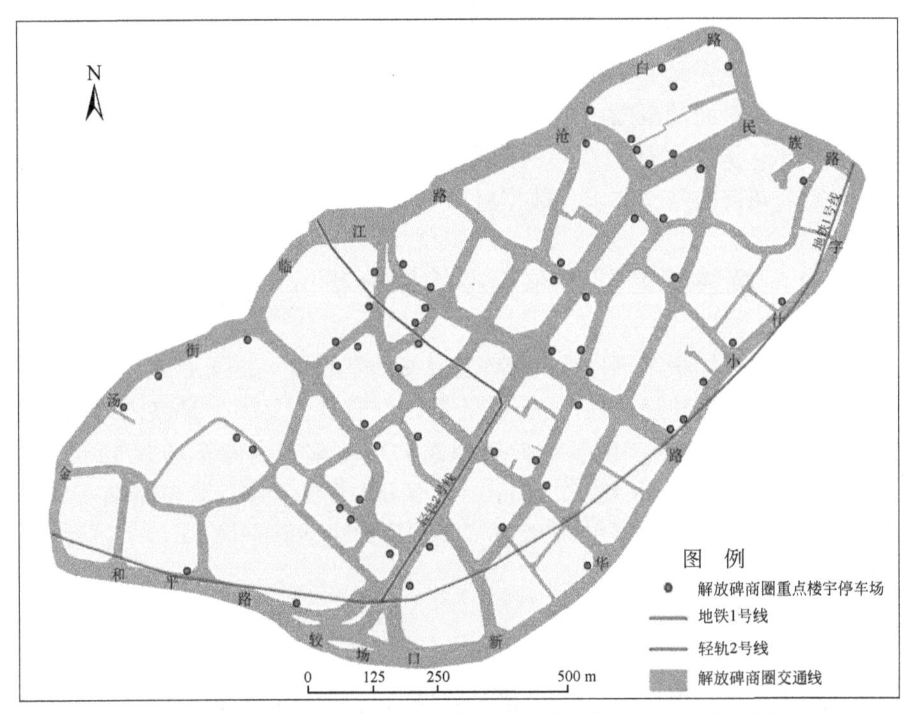

图3-21　重庆市渝中区解放碑商圈重点楼宇停车场用地位置图

1）“优”和“良”停车场多集中于商圈核心区，且多为商业金融用地。这类停车场距解放碑中心的最优距离最近的仅30.23m，最远的也只有462.15m。解放碑中心作为渝中区CBD的核心，其商业金融对于交通的便捷度要求较高，

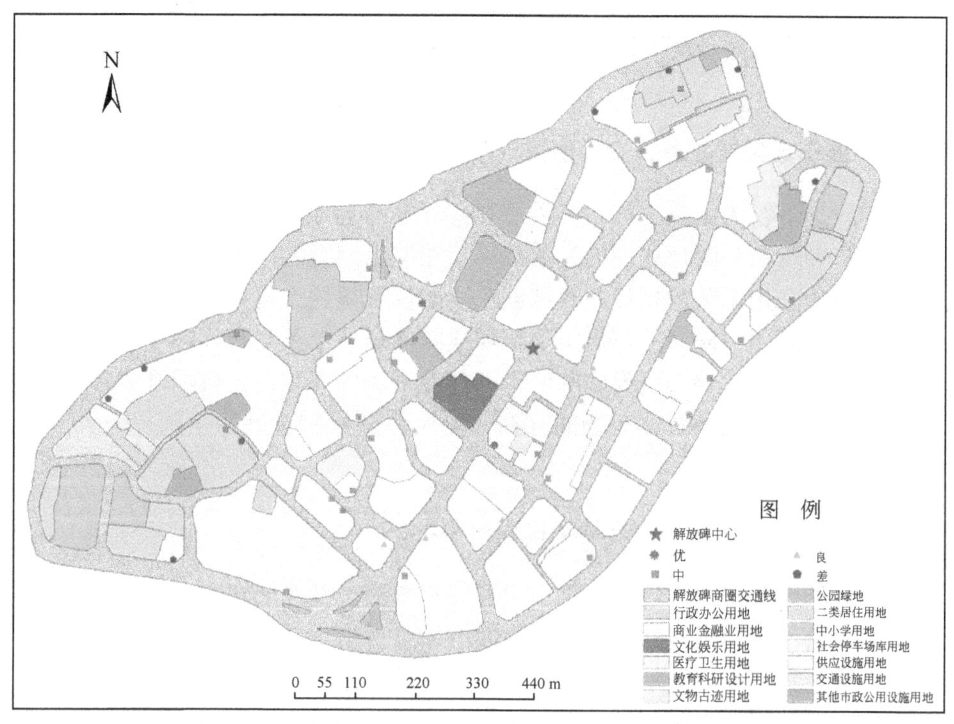

图 3-22　重庆市渝中区解放碑商圈停车场等级分布示意图

商业形成时间最早，部分停车场配套设施较为陈旧，但是其地理位置优越，辐射范围较大，能够极大方便停车者购物或者从事商业活动。因此，综合停车场的便捷程度和地理位置的繁华程度等，商圈核心区的“优”“良”等级停车场居多。不过，停车场过分集中于核心街道会对解放碑商圈的交通行驶造成巨大压力，特别是在节假日，五一路、八一路出现严重的人车混杂，在交通安全和人身安全方面都存在着隐患。

2）“中等”停车场能较好满足停车需求，但其设施配置落后。综合评价为“中”的停车场距解放碑中心位置较为适中，停车收费基本在 3 元/h 左右，价格合理。停车位数量能基本满足本路段的停车需求，但是其大部分停车场是 20 世纪 90 年代修建的，由于整体建设较早，停车场布局较少，配建停车位较低或零配建，甚至没有配备咪表系统和自动取卡装置，停车效率较低，无法有效地分担解放碑商圈核心区的停车需求。另外，在这些停车场的分布地带，有许多是单行道，人流和车流都较大，也可能会对停车行为造成影响。

3）综合评价为“差”的停车场主要布局在商圈外围，主要辐射居住用地。这类停车场距解放碑中心最短距离为 702. 75m，最长距离为 990. 55m，主要服务于布局在商圈周围的居住小区。其停车位的配比按照居住用地确定，数量较少，辐射能力有限，对解放碑商圈购物、商业贸易人群的吸引力较低，其最近的步行时间约在20分钟。

(3) 停车场配置较差，设施使用不平衡

停车设施被视为配建工程，不受重视，开发商会为了追求短期经济效益降低成本，减少泊位数和降低相应的配置标准。在整个商圈的停车场调研中发现使用能够提高土地利用系数的现代化机械停车库的仅有纽约大厦和合景聚融广场停车库，使用能够降尘、防滑的环氧防滑地坪漆的停车场仅英利国际购物中心等少数几个停车场，大多数停车场设施陈旧，部分停车场内部布局比较混乱。停车标志缺乏或不明显，周边免费停车场的存在，致使部分停车设施的使用率大大降低，使用不平衡。

(4) 停车用地扩展困难，停车位供应不足

商圈内的土地商业价值高，处于商业投资考虑，开发商在资金投入上往往注重商业价值高的建筑投入而降低停车设施所需资金投入。原有的建成区改扩建成本高，在商业化程度较高的解放碑商圈将有限的土地用于停车场建设，高额的土地成本成为制约停车场扩建和交通系统重构完善的重要因素之一。

(5) 重点路段车流量大，现有停车位不能满足需求

将解放碑商圈各路段的车流量和停车场数量（表3-16）进行比较发现，停车场的设置不合理，车流量大的地方，如较场口、临江门和小什字等，停车场的数量显然不能满足需求。这些地方作为出入渝中区的主要路口，在高峰时期车流量分别达到4735pcu/h、5110pcu/h和3548pcu/h，各路段至少应配备340个停车位，现阶段的停车位配置严重不足。

表3-16 重庆市渝中区解放碑商圈各路段停车场及用地情况

路段名称	停车场数量/个	车流量/(pcu/h)	泊位数/个	面积/km^2	路段名称	停车场数量/个	车流量/(pcu/h)	泊位数/个	面积/km^2
八一路	7	2420	1007	6.30	民生路	4	1364	290	0.97
沧白路	3	1492	64	0.18	民族路	8	1829	1153	4.32
大同路	2	1647	90	0.35	青年路	3	1321	704	2.80
和平路	1	1473	48	0.30	四贤巷	1	1173	15	0.04
较场口	1	2367	320	1.06	五四路	1	1490	92	0.55

续表

路段名称	停车场数量/个	车流量/(pcu/h)	泊位数/个	面积/km^2	路段名称	停车场数量/个	车流量/(pcu/h)	泊位数/个	面积/km^2
九尺坎	2	1458	23	0.07	五一路	1	1379	100	0.29
莲花池	1	1175	28	0.10	新华路	5	1833	517	1.92
临江路	2	1741	212	1.03	新民街	2	1099	54	0.20
民权路	5	2388	2055	9.73	中华路	1	2104	50	0.27
邹容路	8	2434	1289	4.71					

3.5.2　解放碑商圈停车存在问题原因分析

(1) 缺乏系统有效的停车管理

一方面，由于过去片面强调经济增长速度，一味追求经济发展指标，而停车场作为公共配套设施建设工程大、建设周期长、投资效益不高，因而政府不愿投入过多资金。另一方面，社会经济发展的速度远超出对停车需求的预测，缺乏针对渝中区商圈停车规范和鼓励政策、城市停车场规划及交通影响研究。此外，在规划与建设经营管理上，也不能做到统一管理，政出多门或者多头管理的现象比较严重，管理效果得不到有效保证。

1）政策法规不完善。虽然重庆市已出台了部分与停车场管理相关的地方性法规，如《重庆市主城区城市公共停车场管理办法》（渝府令〔2002〕141 号）和《重庆市建设项目配建位暂行规定》（渝规发〔2006〕26 号）等。但是其条例内容相对宽泛，没有对停车设施的建设与经营进行比较完备的规范；也没有国家统一标准指导的行业规范要求，导致执法部门执法依据不足，执法缺乏力度。

2）停车设施投资收益率较低。停车收费标准普遍偏低，不能适应形势需要。目前重庆市仍执行的是 2002 年颁布的《重庆市机动车停放服务收费管理办法》（渝价〔2002〕721 号），其规定为：室内一级和室内二级的停车场两小时内小型车收费分别为 3 ~ 5 元/h 和 2 ~ 4 元/h，超出两小时后 2 元/h；室外一级和室外二级的停车场两小时内小型车收费分别为 2 ~ 3 元/h 和 1 ~ 2 元/h，超出两小时后 1 元/h。根据实地调查 58 处停车场显示：一半以上的停车场收费两小时以内是 4 元/h，超过两小时 2 ~ 4 元/h。一方面，即使按照现有 4 元/h 左右的停车收费标准，大概 1300 万左右的投资，投资回收期在 8 ~ 10 年，高额的成本投入，较长的投资回收期也使许多开发商不愿投资于停车场建设。另一方面，大量非法低费用停车场和部分免费停车位的存在，对合法的收费停车场造成冲击，也严重打击了投资者的投资信心。

3）管理体制不顺。目前参与停车管理的既有渝中区停车管理办公室和公安交通管理局等执法管理者，又有停车设施的经营管理者，两者在管理方面有交叉也有疏漏，甚至有时候出现政出多门或互相推脱责任造成停车问题无人管理的局面。

（2）城市规划指导性不强

现行的《重庆市城乡总体规划（2007—2020 年）》对交通的规划只涉及公共交通、轨道交通和客运枢纽等动态交通的规划，没有涉及作为静态交通的停车场规划。在《重庆市渝中区分区规划（2004）》中对于停车场的规划也只是说要充分利用城市地下空间，结合交通流量的分布，合理布置地下停车场库，没有谈及具体应如何考虑车流量而合理选址布局。停车场的选址和规划作为一种典型静态交通，通过影响车流量大小在一定程度上会对动态交通系统产生影响。合理的城市规划能够引导城市空间的未来布局。

（3）高昂的土地成本制约

高度城市化区域，可供新建、新开发的土地稀缺，城市更新改造成本高。渝中区的土地供应十分有限，从 2006 年开始，供地数量不断减少，到 2010 年，土地供应数量仅为 20.87hm^2，其中经营性用地为 11.63hm^2，相比其他区域供地数量最少。目前，渝中区的土地价格为 200～334 万元/hm^2，相比其他周边地区 20～34 万元/hm^{2}平均地价高出了约 10 倍。高昂的土地成本使得开发商不愿意配套修建投资回报周期长的停车场，政府也无力承担高昂的公共建设成本。

3.5.3 解放碑商圈停车需求预测

目前，造成解放碑商圈内停车困难的原因主要是停车位数量不足，现有停车位与人们的停车需求之间差距较大。因此，需要对解放碑商圈的停车需求进行预测，以指导停车设施布局规划和规模设计。

基于相关分析法的多元回归分析模型通过分析自变量与因变量之间的线性关系，从城市停车需求的本质及其因果关系中发现停车需求量与城市经济活动及土地使用变量之间的函数关系，突出了城市内人口、建筑面积、职工岗位数和停车收费等对停车设施需求影响较大的参数。选取可量化因素，建立多元回归模型：

$$P_i = A_0 + A_1X_{1i} + A_2X_{2i} + A_3X_{3i} + A_4X_{4i} + A_5X_{5i}$$

式中，P_i为预测年第 i 区的高峰停车需求量（标准泊位）；X_{1i}为预测年第 i 区的工作岗位数；X_{2i}为预测年第 i 区的人口数；X_{3i}为预测年第 i 区的建筑面积；X_{4i}为预测年第 i 区的零售服务人员；X_{5i}为预测年第 i 区的车流量；A_t（$t=0$，1…，5）为回归系数。

根据最小二乘原理计算矩阵，计算得出：

$$P_i=-7527.79+0.319X_{1i}+0.009X_{2i}-0.001X_{3i}+0.021X_{4i}+1.957X_{5i}$$

目前解放碑商圈范围内约有 6.8 万个工作岗位，人口总数约 14.77 万人，规划建筑面积为 403 万 m^2，零售服务人员共约 6.61 万人。渝中区的民用汽车拥有量为 10.92 万辆，其中解放碑商圈的车流量约为 1.8 万辆/天。用多元回归分析计算出解放碑商圈的停车需求约为 48 077 个停车位，但现在整个商圈范围内只有约10 000个停车位，停车位的供需矛盾十分突出。

3.5.4　完善解放碑商圈停车位配置措施

（1）布置临时停车场，增加停车泊位以缓解供需矛盾

由于土地开发时序或其他原因，解放碑商圈内有一些已拆迁但尚未开发的闲置土地，可以改造为临时公共停车场，短期内缓解商圈停车紧张的状况。例如，新华路雅兰电子城旁的拆迁空地和正阳街拆迁空地等，将这些空地进行平整铺上水泥，可以短期内增加商圈范围的停车泊位数。政府要加强对开发商的监督职责，敦促停车场按规划建设，可以选择拆迁量较小和旧城改造计划涉及的公共停车场进行提档升级或新建。

（2）改善停车诱导系统，促进区域内停车供求平衡

城市停车诱导系统通过智能探测技术、通信技术，获取各处停车场的联网数据，通过语音合成技术实时地提供停车场（库）的位置、车位数、空满状态等信息，从而达到指引驾驶者选择停车泊位的目的。其不仅可以缓解停车供需关系在时间和空间上分布的不均衡，还提高停车设施使用率、增强区域内交通系统的运行效率。目前重庆市公共停车楼场建设管理办公室已开发出一套重庆免费停车地图应用软件，能够清晰地选择所在区域的免费停车地点。但是，这套系统仅仅显示了路面的免费停车信息，且存在数据不准确的问题。建立一套实时、准确的综合停车信息查询系统十分必要，利用 GIS 结合车载导航系统发布信息，包括停车场位置、剩余泊位数、服务半径和周边服务设施分布情况等，能够更充分、全面地提供停车泊位供给信息，提高停车场利用率，方便和诱导停车者及时做出停车选择，促进区域内停车设施的供求平衡。

(3) 建设立体停车库，单位土地面积上增加停车供给

解放碑商圈的土地价格昂贵、土地使用密集、停车用地极其有限，建造造价较低、车位密度大的立体停车库是解决停车供需矛盾突出的最有效手段之一。立体停车库包括了地下停车库、机械停车库和巷道立体车位等，其车位密度大，能有效节省占地面积，充分利用有限的土地和空间。一般来说，相同容量的立体停车库比平面停车场节约占地面积57%～80%，可以节约大量的土地使用费等开支，总体成本低于同等规模平面停车库。这对解决解放碑商圈土地价格昂贵、停车用地不足等问题十分重要。

(4) 建立差别化停车消费政策，提高停车泊位周转率

大幅提高商圈核心街道停车收费标准和长时间收费费率，提高“限时段占道停车标准”，增加停车泊位使用频率。同时，在商圈的外围和次核心街道的轨道交通和公共交通车站提供足量低价，甚至免费的停车场。通过差别化停车消费政策，解决当前商圈核心区停车泊位供小于求或驾驶者长时间占用停车泊位的问题，引导驾驶者在商圈外围或次核心街道停车，从而缓解核心区域停车难的现状。

(5) 兼具现实性和预见性地进行城市规划，满足未来停车需求

在进行城市规划设计时，应在分析现状可利用停车资源基础上，考虑区域停车规划的测算，完善停车资源分配。依据不同地块土地用途，包括对商住混合项目、办公项目以及工业区的测算，把未来几年停车需求量测算在内，利用数学规划方法，在需求已知的情况下，以满足总社会成本最小为目标，制定最佳停车供应量，较为长远地解决停车需求问题。

3.6 本章小结

基于实地调查数据，从车流、人流两个角度对渝中区城市综合交通体系及其外部接口进行分析，得出如下结论。

1）渝中区城市综合交通体系主要包括道路交通体系、轨道交通体系和慢行交通体系。渝中区公共汽车线路多，站点布局密集，但部分路线与轨道线重合，不利于常规公交运营，因此可对此部分线路进行整合。出租车在渝中区交通中占较高比例，但依旧不能满足居民需求。轨道交通因具有容量大、可达性强和通勤时间短的优势，成为渝中区居民出行的重要交通方式，但部分轨道站点（如大溪沟站、牛角沱站和佛图关站）的接驳状况较差，应配合轨道站点建设公交站点和停车场等接驳设施。慢行系统包括人行步道及过街设施。渝中区人行步道数量多且布局混乱，缺乏统一的协调与规划，部分过街设施没有与其他交通方式形成较好衔接，阻碍人流通畅。渝中区城市综合交通体系的外部接口主要包括五路八桥、长途客运、铁路交通和其他对外交通方式（索道、轮渡）。五路八桥、长途客运、铁路交通以及索道、轮渡等是渝中区重要的对外通道，这些对外通道吸引了过多的外部输入客流，从而影响了市民通勤和日常交通行为。

2）居民的交通方式以“公交+轨道”为主，其他交通方式为辅，出行时间呈潮汐式变化，早高峰和晚高峰时段出行量最大，出行量时间分布不均。在空间分布上，渝中区外来客流集中在主城其他区域，主要包括渝北、沙坪坝、南岸、江北和九龙坡五大片区。交通流的空间分布不均是渝中区对外交通转换地（如上清寺、两路口等）出现拥堵的重要原因。

3）人流量的时空分布不均已导致对外交通的八座桥梁现状通行量超过设计通行能力标准，同时南、中、北三条干道和上清寺、两路口、临江门、较场口等交叉口的交通压力较大，形成五大拥堵片区：北区路——一号桥—大溪沟片区、上清寺—牛角沱片区、袁家岗片区、菜园坝片区、中兴路—较场口片区。

第4章　重庆市渝中区城市空间及其利用现状评价

伴随着我国城市化进程不断推进，城市规模加速扩张，城市内部空间结构也发生着巨大转变，城市发展已经从简单的外延式扩张转变为内涵式发展，即通过城市空间结构的优化调整实现城市发展。城市空间结构是城市中各要素的空间位置关系及他们间的相互联系。空间要素及其结构对于城市发展具有决定性的意义，其优化程度直接影响城市运行效率。因此，优化城市空间结构，提高城市内部空间结构绩效已成为当前城市发展面临的重要问题。为此，探析渝中区城市空间结构形成过程、城市土地利用数量结构、空间分布变化特征以及城市空间结构演化影响因素，对于优化渝中区城市用地结构和产业体系，促进城市可持续发展具有重要意义。本章在剖析渝中区的空间结构特点和用地现状的基础上，着重开展其居住空间和商业空间利用现状评价。

4.1　渝中区城市空间体系构成及特点

4.1.1　渝中区城市空间形成过程

渝中区城市空间发展历时2000多年，虽然一直作为重庆辖区治所驻地，但是直至近代由于社会经济落后，人口较少，城市发展缓慢，渝中区城市空间有限，主要局限于渝中区东部两江交汇地带的三角形区域，大致包括现今的朝天门、解放碑、上清寺、望龙门、南纪门、七星岗、大溪沟等街道范围。

1929年重庆市建市，渝中区城市空间得到较大扩展，特别是陪都时期，重庆市城市空间突破半岛范围，开始向其他区域发展，大致扩张到现今的大坪街道佛图关区域。

20世纪50年代初，重庆城市发展按照“大分散、小集中、梅花点状”和“向西发展”的原则，推动城市建设，主要发展现今的沙坪坝区、江北区和南岸区，渝中区城市拓展仍然缓慢。根据《重庆市渝中区公社规划图》，1960年渝中区城市规划范围仍然限于新中国成立前的建设区域，西部边界仅达到佛图关地带，即现今两路口街道中部区域。随着国家加快落实三线建设，重庆主城区发展沿两江三线（长江、嘉陵江及成渝、襄渝、川黔铁路线）展开，促进了大批工业型中小城市迅速成长，同时也带动了中心城区的发展（图 4-1），截至 1994 年年末，渝中区已经实现了全域城市化。

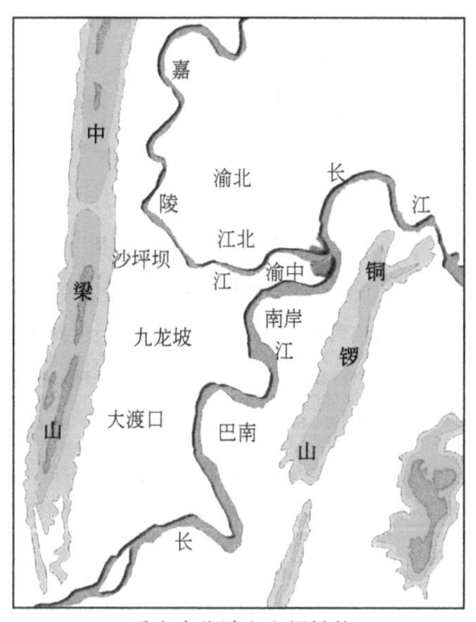

重庆古代城市空间结构

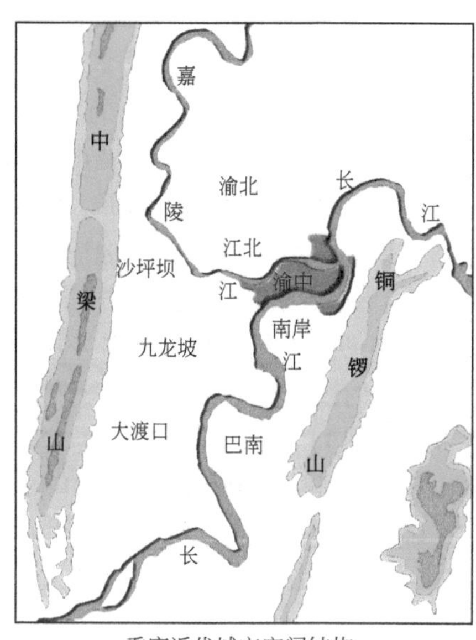

重庆近代城市空间结构

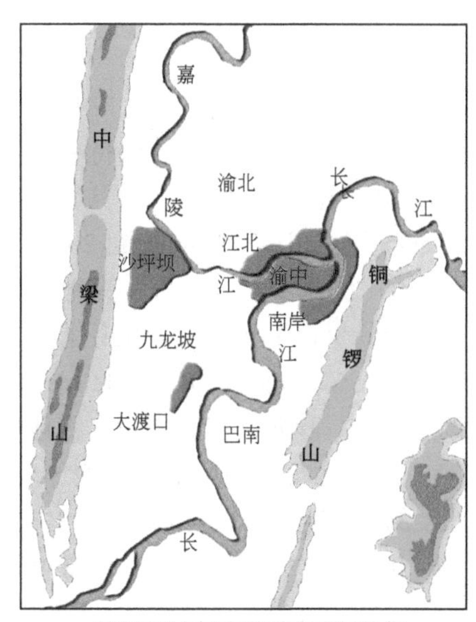

重庆20世纪60年代城市空间结构

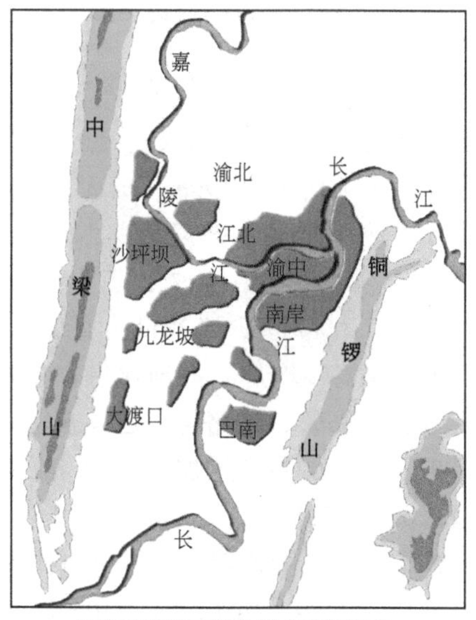

重庆20世纪80年代城市空间结构

图 4-1　重庆城市空间结构演化示意图

4.1.2 渝中区城市空间结构演化分析

城市空间体系演化是一个动态变化过程，包括外部的扩展和内部的重构，分别以“增生”和“替代”的方式形成新的形态。渝中区已经完全城市化，因此主要探讨其城市空间结构演化的“替代”过程。每个城市都有其独特的历史地理背景和社会经济发展水平，城市空间结构分析对于优化城市内部各种物质要素的空间组合，优化城市总体布局，实现城市的可持续发展具有重要作用。自1995年以来，渝中区城市更新速度加快，城市各类用地占城市建设用地总面积的比例在城市更新中不断发生变化。本文根据重庆市渝中区 1995 年、2000 年、2006 年、2011 年四期 TM 遥感影像，采用遥感影像处理系统 ERDAS-IMACE8 对重庆市渝中区三个时段的遥感影像进行处理，按照《城市用地分类与规划建设用地标准》(GB50137—2011)，利用 ArcGIS 9.3 对处理后的四期影像进行人工解译，得到重庆市渝中区 1995 年、2000 年、2006 年和 2011 年城市土地利用数据库。对上述三个时段四期城市土地利用图进行空间叠加分析，运用信息熵、均衡度和优势度指数反映渝中区城市土地利用数量体系特征，并引入景观生态学中的分离度指数和重要度指数对渝中区城市土地利用空间格局进行定量分析。

(1) 城市土地利用数量结构分析

通过对比重庆市渝中区 1995 年、2000 年、2006 年和 2011 年土地利用结构数据可知（表4-1 和图4-2)，近 17 年来渝中区居住用地比例总体保持稳定，略有下降，占地比例由 1995 年的35.39%减少到2011 年的35.20%；公共管理与公共服务用地比例呈下降趋势，占地比例由 1995 年的 23.78%减少到 2011 年的16.99%，年均减少0.40%；工业物流仓储用地比例减少幅度较大，占地比例由1995 年的7.09%减少到2011 年的1.45%，年均减少0.33%；商业服务业设施用地面积比例稳步增加，占地比例由 1995 年的 6.78%增加到 2011 年的 12.66%，年均增长0.35%；道路与交通设施用地比例总体保持稳定，略有增加，占地比例由 1995 年的 16.21%增加到 2011 年的 17.33%；绿地与广场用地比例增加较快，占地比例由 1995 年的 10.62%上升到 2011 年的 15.54%，年均增加 0.29%；公用设施用地比例增长较快，但是占比较少，占地比例由 1995 年的 0.13%上升到2011 年的0.83%，年均上升 0.04%。

根据建设部出台的《城市用地分类与规划建设用地标准》(GB50137—2011)，规划居住用地比例为 25%～40%，公共管理与公共服务用地为 5%～8%，工业用地为 15%～30%，道路与交通设施用地为 10%～25%，绿地与广场用地为10%～15%。对比渝中区的用地结构，可以看出，居住用地与道路交通设施用地比例均符合国家标准，绿地与广场用地比例略超国家标准，而工业用地比例则远低于国家标准。渝中区的用地结构特征与其城市发展定位有关，渝中区被定为长江上游现代服务业核心区，必须大力发展高端产业，提升城市形象品质。因此，劳动密集型、污染型的企业必须退出渝中区，要稳步推进金融业、商贸业、文化产业等第三产业的大力发展，同时积极改善城市生态环境。

表4-1　重庆市渝中区1995年、2000年、2006年和2011年城市土地利用结构表

单位：hm^2，%

土地利用类型		1995年	2000年	2006年	2011年
居住用地	面积	659.96	644.23	680.10	652.67
	比例	35.39	34.54	36.64	35.20
商业服务业设施用地	面积	126.45	131.90	203.88	234.70
	比例	6.78	7.07	10.98	12.66
公共管理与公共服务用地	面积	443.47	453.07	271.50	315.09
	比例	23.78	24.29	14.63	16.99
公用设施用地	面积	2.45	2.56	14.05	15.43
	比例	0.13	0.14	0.76	0.83
道路与交通设施用地	面积	302.18	302.13	294.75	321.30
	比例	16.21	16.20	15.88	17.33
绿地与广场用地	面积	197.99	204.05	276.89	288.04
	比例	10.62	10.94	14.92	15.54
工业物流仓储用地	面积	132.17	127.19	114.98	26.85
	比例	7.09	6.82	6.19	1.45

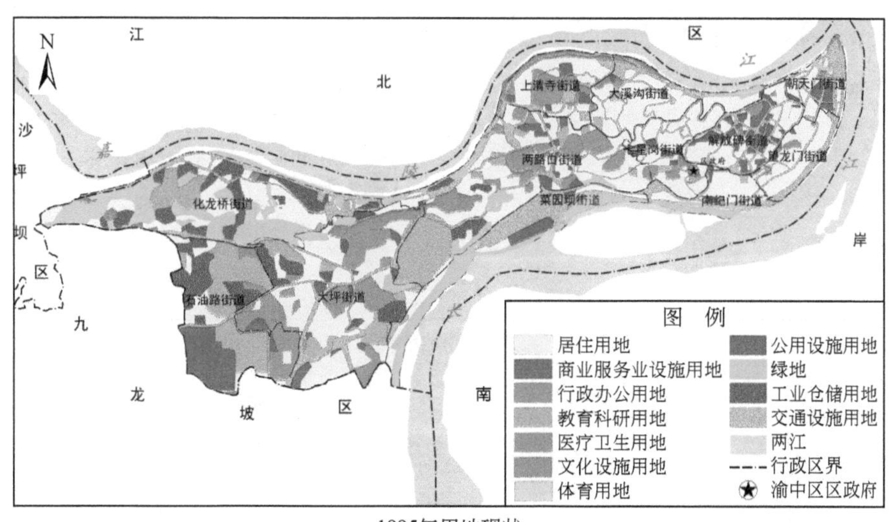

1995年用地现状

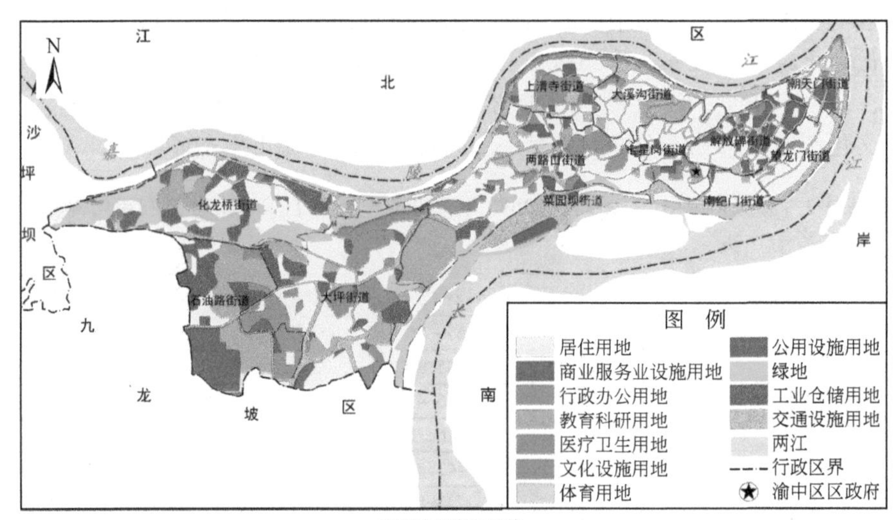

2000年用地现状

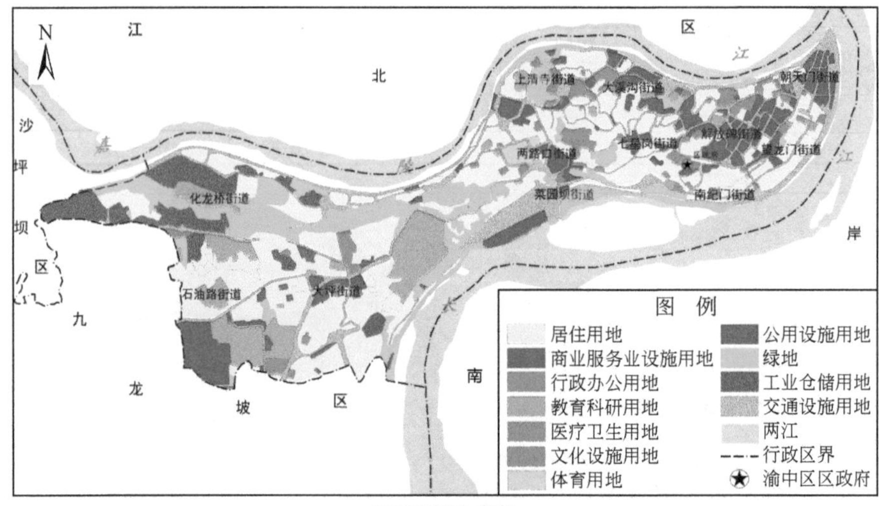

2006年用地现状

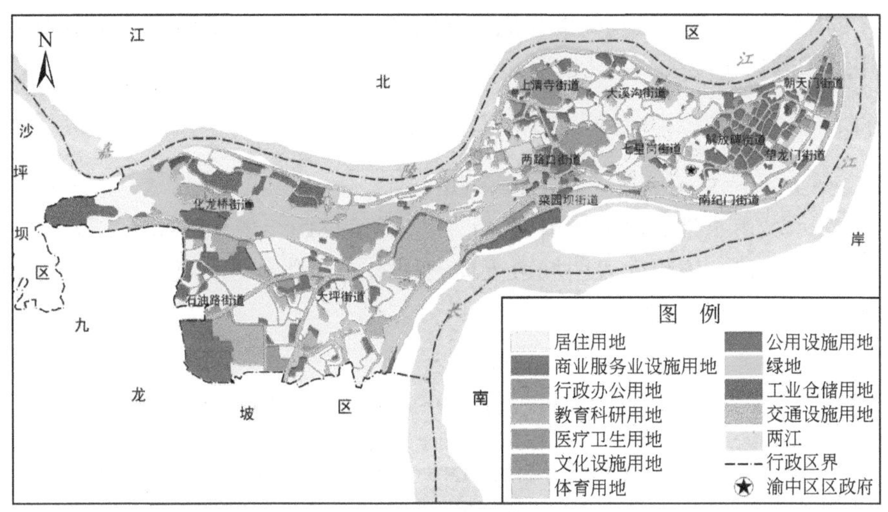

2011年用地现状

图4-2 重庆市渝中区1995年、2000年、2006年和2011年城市土地利用现状图

(2) 城市土地利用结构信息熵分析

城市土地利用系统是自然、人类、社会、经济和技术等合成的开放的复杂系统，具有耗散结构的特征，在人为和非人为的干扰下，不断发生着结构上的演替和变化。为评价渝中区城市空间结构的演化特征，引入信息熵指标对渝中区城市空间土地利用结构进行定量评价。

假设一个城市用地面积为 A ，根据城市用地分类将其划分为 n 种类型，参照《城市用地分类与规划建设用地标准》（GB50137-2011）中城市建设用地分类，同时为了便于统计不同时期土地利用数据，将工业用地和物流仓储用地合并，因此 $n=7$。若某种类型的用地面积分别为 $A_1, A_2, \cdots, A_n$ ，则 $A=A_1+A_2+\cdots+A_n=\sum_{i=1}^{n}A_i(i=1,2,\cdots,n)$，则各土地利用类型占城市土地面积的比例 $P_i=\frac{A_i}{A}=\frac{A_i}{\sum_{i=1}^{n}A_i}$，依据信息熵概念，则城市土地利用结构的信息熵 H 为

$$H=-\sum_{i=1}^{n}p_i*\ln(p_i) \tag{4-1}$$

式中，H 为城市土地利用结构的信息熵，显然 $H\geqslant 0$，它反映城市土地利用空间结构的有序程度，即土地利用的复杂度与多样性，熵值越大，有序度越低；反之，有序度越高。

由于按照土地利用类型计算的城市土地利用空间结构的信息熵值没有考虑到

数量 n 的影响，因此引入均衡度和优势度的概念。基于信息熵函数构造出城市土地利用结构的均衡度公式 J 为

$$J = -\frac{\sum_{i=1}^{n} p_i * \ln(p_i)}{\ln(n)} \tag{4-2}$$

式中，J 表示城市土地利用的均衡度，它是实际信息熵与最大信息熵之比。显然，J 值变化于 0 ~ 1，J 值越大表明城市土地利用的均质性越强。优势度的意义与均衡度相反，其计算公式为

$$I = 1 - J = 1 + \frac{\sum_{i=1}^{n} p_i * \ln(p_i)}{\ln(n)} \tag{4-3}$$

式中，I 为优势度，反映区域内一种或几种土地利用类型支配该区域土地类型的程度。

根据上述公式计算出 1995 年、2000 年、2006 年和 2011 年四期渝中区城市土地利用信息熵、均衡度和优势度，见表 4-2 和图 4-3。

表 4-2　重庆市渝中区城市土地利用结构信息熵、均衡度和优势度

年份	信息熵	均衡度	优势度
1995	1.6210	0.8330	0.1670
2000	1.6274	0.8363	0.1637
2006	1.6770	0.8618	0.1382
2011	1.6246	0.8349	0.1651

从表 4-2 和图 4-3 可知，渝中区城市土地利用空间结构信息熵呈现先增长后降低的现象，四期的 H 平均值为 1.6375。信息熵的变化表明渝中区城市土地利用系统经历了“有序—无序—有序”的逐步调整过程。在 1995 ~ 2006 年时段的初期，渝中区城市建设不足，城市结构延续以往，总体上呈现出有序状态；重庆直辖以后，国家、重庆市逐步加大对渝中区的扶持力度，提升渝中区的战略地位，渝中区城市建设与改造步伐加快，城市土地利用空间结构逐渐呈现无序状态；2006 年以后，渝中区进一步加快城市更新改造速度，“退二进三”稳步推进，逐渐形成以“第三产业”为主导的产业格局，截止到 2011 年，各区域功能定位基本成型，土地利用变化趋向平衡，城市土地利用空间结构信息熵向有序状态发展。

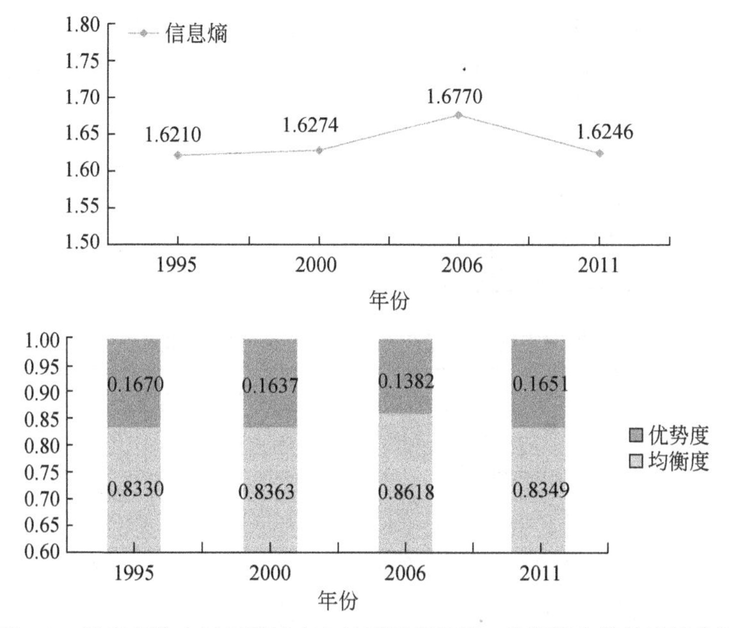

图4-3　重庆市渝中区四期城市土地利用信息熵、均衡度和优势度演化图

(3) 城市土地利用空间格局分析

城市空间结构在空间上是由诸多大小不一的斑块所组成，受自然、社会、经济等因素影响，不同地类占地比例与空间分布呈现差异性，随着时间的变化，区域土地利用空间结构呈现一定规律性。这里引入景观生态学中的分离度指数与重要度指数对渝中区城市土地利用空间格局进行定量分析。

分离度指数 F_i 反映了区域内各类用地中同类型斑块在区域景观中的空间分散或集聚程度，其计算公式为

$$F_i = \frac{D_i}{S_i} \tag{4-4}$$

式中，D_i 为土地利用类型 i 的距离指数，$D_i = 1/2\sqrt{\frac{N_i}{A}}$；$S_i$ 为土地利用类型 i 的面积指数，$S_i = A_i/A$；其中，N_i 为土地利用类型 i 斑块总个数，A_i 为土地利用类型 i 的面积，A 为该区域土地总面积。

重要度指数 I_v 表示某种类型用地在区域土地利用过程中所处的地位和重要程度，其计算方法为

$$I_v = D + B = \frac{N_i}{N} \times 100\% + \frac{A_i}{A} \times 100\% \tag{4-5}$$

式中，D 表示区域土地利用变化过程中特定土地利用类型图斑数占所有图斑数的

比例，N_i 为土地利用类型 i 斑块数，N 为该区域全部图斑总数，B 表示特定土地利用类型图斑面积占所有图斑总面积的比率，A_i 为土地利用类型 i 的总面积，A 为该区域总面积。

基于 ArcGIS9.3 软件，对 1995 年、2000 年、2006 年和 2011 年四期城市用地现状图进行属性数据操作，汇总统计各土地利用类型图斑数，由公式 4-4、4-5 计算得到渝中区城市土地利用空间分离度指数和重要度指数（表 4-3）。由于渝中区道路交通已成网络，因此道路与交通设施用地不纳入计算范围。

表 4-3　重庆市渝中区城市土地利用分离度指数和重要度指数

土地利用类型	1995 年		2000 年		2006 年		2011 年	
	分离度	重要度	分离度	重要度	分离度	重要度	分离度	重要度
居住用地	0.4303	74.89%	0.4434	74.22%	0.2815	71.14%	0.3747	76.41%
商业服务业设施用地	1.5462	25.50%	1.4825	25.67%	0.9331	45.05%	0.9837	46.36%
公共管理与公共服务用地	0.4795	45.93%	0.4694	46.29%	0.7141	50.00%	0.7547	43.92%
教育科研用地	0.6483	18.09%	0.6125	19.00%	0.6713	17.20%	0.9223	20.91%
医疗卫生用地	0.7557	6.53%	0.7529	6.53%	2.3021	8.33%	1.9671	5.96%
行政办公用地	2.2273	14.43%	2.2449	14.53%	3.8681	12.37%	3.1522	9.56%
公用设施用地	15.2428	0.82%	14.6046	0.82%	5.0857	5.56%	6.8377	7.24%
绿地	0.7151	20.44%	0.6939	20.69%	0.4261	28.02%	0.8812	65.35%
工业仓储用地	0.9241	14.39%	0.9604	14.08%	0.6755	11.87%	3.1053	2.00%

注：公共管理与公共服务用地中还包括其他用地，在此只计算其中主要用地，即教育科研、医疗卫生和行政办公用地。

通过表 4-3 可知，重庆市渝中区城市土地利用空间分离度指数和重要度指数都发生了较大变化。

居住用地的分离度总体呈现下降趋势，重要度指数总体呈上升趋势，在区域内占绝对主导地位。渝中区作为重庆主城核心区，随着社会经济的持续发展，渝中区常住人口自 1995 年以来一直保持较高水平，使得居住用地占地比例始终处于 35%左右，从区域分布上看渝中区居住用地主要分布于东部的七星岗街道、大溪沟街道、望龙门街道、南纪门街道，中部的两路口街道的部分区域以及西部的大坪街道。

商业服务业设施用地分离度总体较高，但呈下降趋势，重要度指数呈现快速提升的发展趋势。随着渝中区持续推进“退二进三”和加快第三产业结构的发展，截止到 2011 年，渝中区第三产业增加值占 GDP 的 94.4%，极大地推动了渝中区社会经济的进步。商业服务业设施用地比重迅速提高，基本形成了以解放碑为核心，朝天门、两路口、大坪为次中心的商业体系。

公共管理与公共服务用地分离度持续上升，2011 年达到 0.7547，重要度指数总体上保持稳定。早期由于缺乏统一规划，公共管理与公共服务用地呈现分布广、单块面积小的特点，集约利用水平低下，后来随着城市规划水平的提高，更新改造速度的加快，公共管理与公共服务用地分布日趋合理，呈现分布区域化、单块面积大的特点。教育科研、医疗卫生、行政办公用地必须根据区域发展需要，进行配套建设，使得公共管理与公共服务用地的空间布局不至于过分集中，同时又能满足社会服务需求。

绿化与广场用地分离度指数略有上升，重要度指数提高较快。2000 年以前渝中区绿化用地仅零星分布于沿江个别区域及城市中心少数地区，由于商业服务业发展水平较低，广场用地有限。随着社会经济的进步，市容市貌的明显改变，绿化与广场用地的加快建设，逐渐形成高密度的城市绿心和沿江、佛图关—鹅岭绿化带。

工业仓储用地比例大为降低，其重要度指数由 1995 年的 14.4% 下降到 2011 年的 2%，分离度指数则有极大提高，由 1995 年的 0.92 上升到 2011 年的 3.11。1995 年工业仓储用地主要分布于化龙桥、石油路等区域，大坪、两路口和菜园坝等街道也有零星分布，随着渝中区城市更新改造，产业结构优化升级，工业用地逐渐退出渝中区，截至 2011 年年末，工业仓储用地仅零星分布在化龙桥、石油路和大坪地区，占地比例极小。

4.1.3　渝中区城市空间演化影响因子分析

城市空间结构的形成、演化并不是各用地类型在空间上的随机组合分布，而是一系列相关因素综合影响的结果。作为人类社会经济行为的“空间投影”，城市空间在集中与分散交替融合中演绎其发展轨迹，每个要素系统都存在促进和影响其发展的动力因素及其作用机制。城市空间结构的发展演化是由各种内部力量和外部力量综合作用的结果。综合影响城市空间的演化因素，选取主要影响城市空间演化的指标，采用主成分分析法，对渝中区城市空间结构演化的主要驱动因素进行分析。

(1) 影响因子指标体系构建

影响城市空间利用的因素很多，包括自然地理环境、社会经济、制度、政策和环境等各方面的因素。城市中的生产和消费活动加大了城市用地的需求，引起城市用地结构的变化，因此，城市用地体系主要是由市场需求决定的，政策、制度等因素对城市用地体系的影响会体现在其他社会经济活动中。鉴于渝中区的实际情况以及数据搜集的可得性、主导性、代表性和针对性等原则，共遴选出 14

个指标作为渝中区城市空间结构演化的影响因子（表4-4），这些变量指标包括人口、社会经济、产业结构、交通发展、生态环境等影响城市空间演化的因子。

表4-4　重庆市渝中区城市空间结构演化影响因子指标体系

指标	单位	指标	单位
总人口（X_1）	万人	财政收入（X_8）	万元
人均GDP（X_2）	元	第二产业产值比重（X_9）	%
地区生产总值（X_3）	万元	第三产业产值比重（X_{10}）	%
城镇居民人均可支配收入（X_4）	元	第二、三产业比（X_{11}）	-
固定资产投资（X_5）	万元	交通运输产值（X_{12}）	万元
社会消费品零售总额（X_6）	亿元	人均公共绿地面积（X_{13}）	m^2
房地产开发投资额（X_7）	万元	绿化覆盖率（X_{14}）	%

（2）影响城市空间结构演化因子的主成分分析

主成分分析法（PCA），是通过降维思想，对原有指标变量进行线性组合，将原有大量、冗余的数据简化为少数的综合性指标。通过统计软件SPSS18.0对城市空间演化影响因子指标数据进行主成分分析，其步骤是：①梳理指标原始数据，进行标准化处理；②计算相关系数矩阵（表4-5）；③计算特征值和主成分贡献率（表4-6）；④计算主成分旋转载荷矩阵（表4-7）。

从表4-5可知，X_2与X_3、X_4、X_5、X_6、X_8、X_{12}，X_{13}与X_{14}等这些变量之间的相关系数都达到了0.95以上，即人均GDP与地区生产总值、城镇居民人均可支配收入、固定资产投资、社会消费品零售总额、房地产开发投资额和交通运输产值，人均公共绿地面积与绿化覆盖率之间有较强的正相关，而X_9与X_3、X_4、X_{13}、X_{14}之间的相关系数达到-0.9，表明第二产业产值比重与地区生产总值、城镇居民人均可支配收入、人均公共绿地面积、绿化覆盖率之间呈现较强的负相关性。由于指标变量之间存在着复杂关系，且具有信息重叠，因此有必要进行主成分分析。

根据主成分因子提取要求，对特征值大于1，累计贡献率大于80%的主成分因子进行提取，形成第一主成分因子、第二主成分因子和第三主成分因子。由表4-6可知，第一因子贡献率达到60.866%，第二、三因子贡献率达到27.340%和9.139%，前三个因子累计贡献率达到97.344%，很好地反映了原始变量的信息。

通过表4-7可知，第一主成分中人均GDP（X_2）、地区生产总值（X_3）、固定资产投资（X_5）、社会消费品零售总额（X_6）、房地产开发投资额（X_7）和财政收入（X_8）、人均公共绿地面积（X_{13}）和绿化覆盖率（X_{14}）等因子载荷较高，均达到0.8以上，这些因子主要反映经济发展水平和生态环境状况；第二主成分中总人口（X_1）载荷较高，达到0.928，主要反映人口状况；第三主成分中第三产业产值比重（X_{10}）、第二、三产业比（X_{11}）载荷较高，其中第三产业比重载荷达到0.972，这些因子反映产业构成状况。

表 4-5　城市空间结构演化影响因子相关系数矩阵

	X_1	X_2	X_3	X_4	X_5	X_6	X_7	X_8	X_9	X_{10}	X_{11}	X_{12}	X_{13}	X_{14}
X_1														
X_2	0.409													
X_3	0.513	0.977												
X_4	0.577	0.965	0.992											
X_5	0.422	0.988	0.962	0.949										
X_6	0.537	0.980	0.992	0.996	0.966									
X_7	0.146	0.921	0.870	0.819	0.936	0.851								
X_8	0.376	0.996	0.974	0.958	0.986	0.975	0.935							
X_9	-0.685	-0.794	-0.889	-0.911	-0.763	-0.881	-0.577	-0.775						
X_{10}	-0.249	-0.156	-0.180	-0.159	-0.189	-0.159	-0.160	-0.148	0.123					
X_{11}	-0.543	-0.665	-0.739	-0.777	-0.621	-0.749	-0.445	-0.649	0.880	-0.358				
X_{12}	0.505	0.972	0.966	0.978	0.954	0.988	0.826	0.966	-0.843	-0.130	-0.733			
X_{13}	0.648	0.923	0.976	0.982	0.917	0.969	0.789	0.914	-0.928	-0.220	-0.761	0.931		
X_{14}	0.701	0.895	0.941	0.970	0.879	0.960	0.696	0.879	-0.936	-0.190	-0.795	0.949	0.967	

表 4-6　主成分特征值与贡献率

成分	特征值	贡献率/%	累计贡献率/%
第一主成分	8.521	60.866	60.866
第二主成分	3.828	27.340	88.205
第三主成分	1.279	9.139	97.344

表 4-7　旋转后因子载荷矩阵

变量	第一主成分	第二主成分	第三主成分
X_1	0.117	0.928	-0.185
X_2	0.947	0.308	-0.006
X_3	0.889	0.449	-0.011
X_4	0.849	0.525	0.010
X_5	0.944	0.290	-0.052
X_6	0.881	0.469	0.005
X_7	0.980	-0.009	-0.050

续表

变量	第一主成分	第二主成分	第三主成分
X_8	0.959	0.272	-0.001
X_9	-0.607	-0.749	-0.077
X_{10}	-0.129	-0.109	0.972
X_{11}	-0.493	-0.671	-0.533
X_{12}	0.876	0.440	0.028
X_{13}	0.791	0.591	-0.054
X_{14}	0.728	0.671	-0.022

1）经济因素。渝中区城市空间结构伴随着经济快速发展而发生着快速演化。自1995年以来，渝中区经济发展取得了巨大的成绩（图4-4），2011年渝中区地区生产总值达到665.29亿元，较1994年增长达10倍，年均增长率达到16.96%。经济的快速增长是以土地、资金、技术等其他资源的投入以及政策的调整为基础的，生产要素投入及政策调整为城市的更新发展创造了物质基础和政治环境，城市更新带动城市用地变更，城市用地变更又驱动城市内部功能区空间分布的变化，继而推动了城市空间结构的形成、转变与重构。总之，经济发展水平在很大程度上决定了城市用地规模、增长速度以及城市空间结构的演化程度，渝中区正是基于快速的经济增长，得以推动城市空间结构向更加合理有序的方向发展。

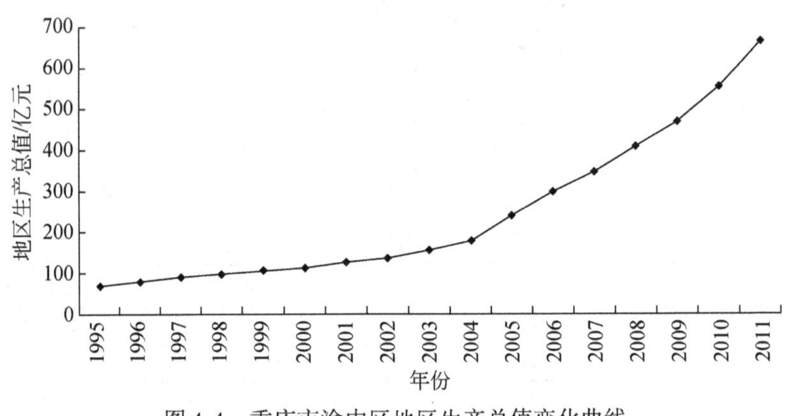

图4-4　重庆市渝中区地区生产总值变化曲线

2）生态环境因素。生态环境的改善是渝中区城市空间结构演化的一个重要因素。随着渝中区不断加大对生态环境的投入力度以及城市公园、沿江绿化带的建设力度，推动了渝中区城市用地结构的演化，同时，部分居住用地、工业仓储用地以及公共管理与公共服务用地等不断转变为城市绿地，极大地增加了城市绿地面积，2011 年城市绿地达到288.04hm²，较1995 年增加了90hm²，占城市用地比例达到15.54%。同时，随着生态环境空间结构的转变，对环境要求较高的部分居住用地、科研用地的空间结构也随其转变，进一步影响到城市空间结构的演化。

3）人口因素。渝中区城市空间结构演化的另一个重要影响因素是人口的变化。自1995 年以来，渝中区城市常住人口增长近7 万人，同时人口的空间分布及结构也随之发生变化。人口数量的增长，推动着居住用地的增加；人口空间分布的不趋同，促使居住用地的空间分异；人口结构的变化，推动着居住小区层次性的出现以及用地功能的分化。

4）产业结构。通过主成分分析可知，产业结构也是渝中区城市空间结构演化的一个主要影响因素。自1995 年以来渝中区通过产业结构的优化升级，第二、三产业之比从1995 年的28∶72 提升到2011 年的5.60∶94.40。大量的工业仓储用地退出渝中区，“退二进三”步伐加快，使得城市空间结构发生了巨大变化，大量腾挪出来的工业仓储用地转变为商业服务业用地、城市绿地、居住用地以及公共管理与公共服务用地。

4.1.4　渝中区城市空间结构特点与演化趋势分析

通过对渝中区四期三个时段城市空间结构演化的分析发现，渝中区城市空间结构具有以下特点和演化趋势。

（1）城市土地利用结构日渐合理，不断向有序状态发展

随着社会经济的持续发展，渝中区的用地属性不断相互转换。2006 年以来，随着城市改造更新速度加快，工业仓储用地快速减少，商服用地快速升高，道路交通、公用设施和绿地等用地稳步增长，公共管理与公共服务用地集约利用程度提高，用地总量呈下降趋势。渝中区城市空间利用结构与城市产业发展方向相协调。通过对渝中区城市空间利用信息熵分析，在“有序—无序—有序”的逐步调整过程中，城市空间利用系统有序度逐渐增强，不确定性减小，城市空间利用结构日趋合理。

（2）城市空间利用功能趋向集聚，逐渐形成功能分区

通过对渝中区空间利用分离度的分析，用地类型分离度总体呈现上升趋势，各功能用地向集聚化发展，逐渐形成功能分区。1995～2000 年间空间利用变化不大，主要以居住用地为主，未形成明显分区。2006年以来，城市空间利用功能快速趋向集聚化，形成了以解放碑CBD为主的核心商业圈，以朝天门、大坪环岛、两路口文化宫为中心的区域商业中心；东部区域形成以解放碑商圈为核心包括七星岗、南纪门、望龙门等居住聚集区，中部区域形成以鹅岭为核心的居住聚集区，西部区域形成以大坪环道商业中心为核心的居住聚集区；形成了以重庆市人民政府—重庆市大礼堂—三峡博物馆，大田湾体育馆—文化宫—巴蜀中学，大坪医院—后勤工程学院，重庆医科大学等为组团的行政办公、教育医疗和文化娱乐用地区。

（3）逐渐形成以“居住、商服”为主导，道路交通为骨干、公共管理与公共服务用地相配合的用地结构体系

随着渝中区产业结构的优化升级，工业用地快速减少。同时，居住用地保持较高比例，逐渐形成了以居住用地、商服用地为主导的功能分区，空间布局符合伯吉斯（Burgess）的同心圆结构模式。渝中区道路交通用地规模持续增长，2011年占地比例达24.52%，随着城市轨道交通和街巷支路的兴建，交通承载力大为增强，呈现出立体化和网络化的特征。公共管理与公共服务用地总体呈现下降趋势，但仍然占较大比例，2011年占比达到17.91%，且以教育医疗行政用地为主，配合以居住和商服为主导的城市空间利用体系，为人民生活提供了极大的便利。

（4）空间利用效益水平提高，商服产业推动经济发展

通过城市更新改造和产业升级，渝中区空间利用效益水平得到极大的提高。虽然渝中区工业用地急剧减少，2011年占地比例仅为1.23%，但是工业产值总体呈现上升趋势，2011年为1.46亿元，较1995年增长了6.67倍，不过工业的GDP贡献率极其低下，2011年仅为2.20%。随着渝中区用地结构的优化调整，商业、服务业设施用地快速增长，产业结构进一步优化，2011年第三产业的GDP贡献率达到94.40%，其中，金融、商贸、商务服务三大重点产业增加值占GDP的69.60%。

（5）城市社会经济发展与生态建设协调发展

渝中区加快产业升级，推动第三产业大发展的同时，积极协调经济发展与生态环境的关系，大力提升城市品质，优化康居乐业环境。随着渝中区城市更新速度加快，生态环境建设加快推进，高密度的城市绿心和沿江（长江—嘉陵江）、佛图关—鹅岭绿化带的建设，渝中区生态环境发生了巨大变化，到2011年，全区绿化覆盖率达到 37.10%，人均公共绿地面积达到 $6m^2$，促进了渝中区社会经济与生态环境的协调发展。

4.2　渝中区城市空间利用现状评价

4.2.1　城市空间利用评价单元划分和方法选择

（1）评价单元划分

基于区块尺度进行都市核心区的城市空间集约利用评价，关键在于确定评价单元，需要着重考虑以下几个因素：①地块功能的主导性，即地块内部应该具有某一功能的主导；②评价单元规模适宜，不能过大或过小；③地块内部不宜存在主干道路，使其分离。渝中区呈狭长走势，地势条件起伏大，区域内交通线路复杂，将渝中区分割为大小不一的地块单元（黄林秀和何建，2015）。因此，基于渝中区紧凑型、高密度开发城市空间利用本底特征，根据其土地利用类型、城市空间开发特征的相似性与差异性原则，以渝中区城市道路骨干路网为边界，适当兼顾行政区划的相对一致性和完整性，将渝中区城市空间按自东向西的方向划分为 64 个评价单元（DK1、DK2、…、DK64）。

（2）评价方法选取

城市空间集约利用评价是一项复杂的系统性工作，涉及面广，内涵丰富，具有一定程度的抽象概念，体现了多目标多属性决策特性。如何将抽象化的复杂问题转化为具体化、数值化的研究问题，采用合适的研究方法至关重要。目前，针对城市土地/空间集约利用评价，学者们进行了广泛的研究，基于不同的视角，采用了不同的研究方法。本章基于地块尺度视角对都市区城市空间集约利用进行评价，即对 64 个评价单元的空间集约利用水平进行衡量。由于每一个评价单元具有物元特性，且每一个评价单元的集约利用水平受多种因素影响，具有事物模糊性特征，因此，本章在物元分析基础上，应用模糊数学方法，构建模糊物元模型，对渝中区 64 个评价单元进行空间利用集约度评价。与其他评价方法相比，基于地块尺度采用模糊物元模型进行空间集约度评价具有明显优势：①综合性强。物元分析通过对每个评价指标进行分级区间界定，运用关联函数计算得到每一个评价单元的单指标土地集约利用水平，再通过数理模型对多个指标进行集成运算，从而得到集约利用的综合水平。②针对性强。对每一个评价指标的影响分析，阐明内部影响机理，能够有效地反映地块集约利用水平的结构。③目标性强。引入贴近度，使得评价有了目标定位，便于对比分析地块集约利用程度。具体而言，参照张先起等（2005）和周伟等（2011）的研究成果，应用复合模糊物元，从优隶属度模糊物元与差平方复合模糊物元以及欧式贴近度等方面对渝中区空间集约利用程度进行评价。

（3）评价步骤

1）构建复合模糊物元。在物元分析中，所描述评价单元 A 及其描述指标特征 B 和其量化值 x 组成物元 $R=(A, B, x)$，被称为物元三要素。如果物元模型中的量化值 x 具有模糊性，则称为模糊物元。评价单元 A 有 n 个特征 B_1，B_2，…，B_n及其相应的量化值 x_1，x_2，…，x_n，则称 R 为 n 维模糊物元。若有 m 个评价单元 A，每个评价单元具有 n 个特征，则称有 m 个评价单元的 n 维复合模糊物元 R_{mn}，即

$$R_{mn}=\begin{bmatrix} & A_1 & A_2 & \cdots\cdots & A_m \\ C_1 & x_{11} & x_{21} & \cdots\cdots & x_{m1} \\ C_2 & x_{12} & x_{22} & \cdots\cdots & x_{m1} \\ \vdots & \vdots & \vdots & & \vdots \\ C_n & x_{1n} & x_{2n} & \cdots\cdots & x_{mn} \end{bmatrix}$$

式中，R_{mn}为 m 个评价单元的 n 个模糊特征的复合物元；A_i为第 i 个评价单元（$i=1, 2, \cdots, m$）；C_j为第 j 个指标特征（$j=1, 2, \cdots, n$）；x_{ij}为第 i 个评价单元第 j 个特征对应的模糊量化值。

2）确定从优隶属度模糊物元。各单项指标相应的模糊值从属于标准方案各对应评价指标相应的模糊量值隶属程度，称为从优隶属度。根据其含义，结合城市土地集约利用水平的内涵，即指标数值越大越集约，因此以越大越优的原则构建从优隶属度模糊物元$\overline{R}_{mn}$。

$$\overline{R}_{mn}=\begin{bmatrix} & A_1 & A_2 & \cdots\cdots & A_m \\ C_1 & \beta_{11} & \beta_{21} & \cdots\cdots & \beta_{m1} \\ C_2 & \beta_{12} & \beta_{22} & \cdots\cdots & \beta_{m1} \\ \vdots & \vdots & \vdots & & \vdots \\ C_n & \beta_{1n} & \beta_{2n} & \cdots\cdots & \beta_{mn} \end{bmatrix}$$

式中，β_{ij}为从优隶属度，$\beta_{ij}=X_{ij}/\max(X_{ij})$。

3）确定差平方复合模糊物元。依据差平方复合模糊物元的含义，其是由标准模糊物元 R_{0n}与复合从优隶属度模糊物元$\overline{R}_{mn}$中各项差的平方（Δ_{ij}）所组成。即 $\Delta_{ij}=(\mu_{0j}-\mu_{ij})^2$，则差平方复合模糊物元 R_Δ可表示为：

$$\overline{R}_{\Delta}=\begin{bmatrix} & A_1 & A_2 & \cdots\cdots & A_m \\ C_1 & \Delta_{11} & \Delta_{21} & \cdots\cdots & \Delta_{m1} \\ C_2 & \Delta_{12} & \Delta_{22} & \cdots\cdots & \Delta_{m1} \\ \vdots & \vdots & \vdots & & \vdots \\ C_n & \Delta_{1n} & \Delta_{2n} & \cdots\cdots & \Delta_{mn} \end{bmatrix}$$

4）确定贴近度。贴近度是指被评价物元与标准物元两者互相接近的程度，其值越大表示两者越接近，反之则相离较远，依据贴近度的大小对各物元进行排序从而进行类别划分。这里采用欧氏贴近度 ρ 作为评价标准，进而构建贴近度复合模糊物元 R_{ρ} 如下：

$$R_{\rho}=\begin{bmatrix} & A_1 & A_2 & \cdots\cdots & A_m \\ \rho_j & \rho_1 & \rho_1 & \cdots\cdots & \rho_1 \end{bmatrix}$$

其中，$\rho_j=1-\sqrt{\sum_{i=1}^{n} w_i\Delta_{ij}}$ （$j=1$，2，…，m）。

4.2.2　城市空间利用评价指标体系构建

（1）指标体系构建

城市空间利用系统是一个复杂的系统，表征其利用水平需要构建一整套切合实际的指标体系，以切实反映都市核心区地块尺度的空间集约利用水平。指标选取遵循科学、全面、系统和有层次、有目的、有代表性原则，同时综合考虑指标数据的可获取性和指向性。基于地块尺度进行空间集约利用评价时，指标的构建需要反映评价单元（地块）的空间利用状况。总结相关研究成果（谢敏等，2006），结合社会经济发展和城市空间利用实际情况，从空间利用强度（B1）、空间承载强度（B2）和空间产出效益（B3）三个方面选取 7 个指标构成渝中区地块尺度的城市空间集约利用评价指标体系（表 4-8）。

为使渝中区城市空间集约利用水平具有可比对象，对地块尺度城市空间集约利用评价指标体系的各项指标进行标准化数值分级，参考相关研究成果（常青等，2007；周子英等，2007），结合《重庆市城市规划管理技术规定（2012 年）》《重庆市城乡规划绿地与隔离带规划导则》以及 64 个评价单元的数据分布情况，为每一项指标确立三个临界值，作为评价单元空间集约利用水平的等级划分标准。

(2) 权重确定

指标权重反映了各项指标在城市空间集约利用中所起的重要性程度。客观确定各项指标权重对于准确科学地评价城市空间集约利用水平至关重要。这里采取客观赋权法中的熵权法进行权重确定，熵权法能尽量消除各指标权重计算的人为干扰，使评价结果更符合客观实际。同时，为消除指标量纲或指标测度量级的不同而造成的影响，使各项指标数值具有可比性，需要对指标数据进行无量纲标准化处理，即标准化后的指标值 $x_{ij}' = (x_{ij} - m_{min})/(m_{max} - m_{min})$，其中 x_{ij} 为实际指标值，i 为评价单元个数，m_{max} 为第 j 个指标的最大值；m_{min} 为第 j 个指标的最小值。对标准化后的指标数值进行熵值处理，得到地块尺度的城市空间集约利用评价指标权重（表4-8）。

表 4-8　地块尺度城市空间集约利用评价指标体系

目标层（A）	准则层（B）	权重	指标层（C）	权重	指标测度与说明	Ⅰ级	Ⅱ级	Ⅲ级
城市空间集约利用目标体系	空间利用强度（B1）	0.4348	综合容积率（C1）	0.1440	指居住区域内总建筑面积与土地面积的比值	1	2	3
			地下空间开发率（C2）	0.1439	已开发地下空间量占地下空间理论开发量比重（%），城市地下空间开发量为可开发总面积乘以开发深度的40%，重庆主城区以10m为开发深度标准（李晓红等，2005）	10%	20%	30%
			区域停车位配比（C3）	0.1469	建筑物停车位数量与建筑总面积的比值（个/100m^2）	0.2	0.35	0.5
	空间承载强度（B2）	0.2804	人口密度（C4）	0.1429	采用土地利用类型估算法计算渝中区各评价单元的现状人口密度（人/hm^2）	100	200	300
			绿地覆盖率（C5）	0.1375	区域内绿化用地面积与土地面积的比值（%）	10%	20%	30%
	空间产出效益（B3）	0.2848	平均综合地价（C6）	0.1381	平均地价反映评价单元的经济发展水平（元/m^2）	5000	7000	9000
			周边环境满意度（C7）	0.1467	居住小区内居住人员对周边设施、环境满意程度（%），根据随机抽取居住小区居民问卷调查所得	50%	70%	90%

4.2.3　渝中区城市空间利用评价过程与结果

对渝中区64个评价单元和3个临界标准值进行数据统计整理，构建渝中区城市空间集约利用的复合模糊物元模型，进而确定渝中区城市空间集约利用的从优隶属度模糊物元模型和差平方复合模糊物元，通过欧式贴近度公式，确立各评价单元和临界标准的欧式贴近度ρ，并与经过熵权法确立的城市空间集约利用评价指标体系权重相乘，得到各评价单元和临界标准的城市空间集约利用评价指数，即

$$R_{\rho}=\begin{bmatrix} & A_1 & A_2 & A_3 & \cdots & A_{64} & \text{标准 I} & \text{标准 II} & \text{标准 III} \\ \rho_j & 0.4812 & 0.5003 & 0.3819 & \cdots & 0.1985 & 0.2521 & 0.3975 & 0.5089 \end{bmatrix}$$

按照三个临界标准值将渝中区城市空间集约利用水平划分为四个等级，即低度集约、中度集约、适度集约和高度集约（表4-9）。

表4-9　重庆市渝中区城市空间集约利用水平等级标准

等级	低度集约	中度集约	适度集约	高度集约
临界标准ρ	$\rho<0.2521$	$0.2521\leqslant\rho<0.3975$	$0.3975\leqslant\rho<0.5089$	$0.5089\leqslant\rho$

结果显示，总体上，渝中区城市空间利用处于中度集约以上水平。其中，高度集约的有2个单元，适度集约的有15个单元，中度集约的达到26个单元，低度集约的有21个单元。从空间分布来看，空间集约利用程度呈现出东高西低，自东向西起伏延伸的特点。高度集约地块（DK5、DK7）位于解放碑商圈（集中于罗汉寺—大都会广场—太平洋百货区域等），适度集约地块主要分布于渝中区朝天门、解放碑以及大溪沟（巴蜀中学—黄花园大桥—第四人民医院等）和上清寺（建设路—人民村小区等）等区域，中度集约地块主要分布于望龙门、上清寺（重庆市大礼堂—三峡博物馆—求精中学）、大溪沟（人民公园—大唐广场—人和街小学—罗家园社区）、两路口（文化宫—少年宫—中山小学—太平洋广场—第三人民医院—国际村—王家坡社区）、大坪（大坪中学—凌云阁—万友康年）以及石油路（重庆医科大学—渝州宾馆）等地；低度集约利用地块主要分布于中部的两路口（奥体中心—枇杷山正街—鹅岭—后勤兵工程学院—李子坝公园等）、菜园坝火车站区域、大坪（佛图关社区—马家堡社区—煤建新村—红楼医院—菜袁路—黄杨路等）、石油路（五一技校—金银湾等）以及化龙桥区域（图4-5）。

同理，分别计算城市空间集约利用目标体系准则层——空间利用强度（B1）、空间承载强度（B2）和空间产出效益（B3）三者的熵权，并构建准则层

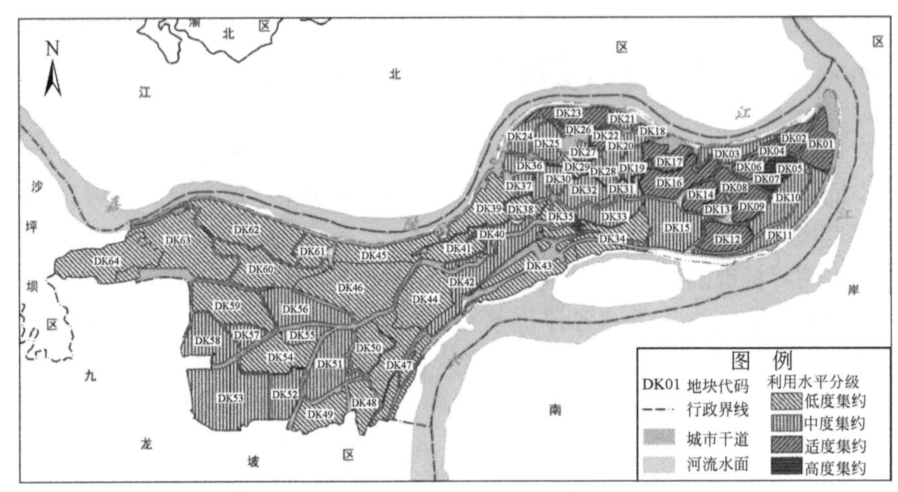

图 4-5 重庆市渝中区地块尺度城市空间集约利用水平分布图

的贴近度指数（图 4-6）。通过对各准则层的贴近度指数分析，渝中区空间利用强度、空间承载强度走势趋近，总体上呈东高西低的态势，变化不突出；而空间产出效益呈东高—中低—西高的分布态势。

通过对渝中区城市空间集约利用水平以及各准则层的分布状况分析，结合渝中区各地块的实际情况，可以发现：渝中区各商圈和新兴居住小区的空间集约程度高，这些区域地下空间开发率和容积率、停车位配比和人口密度等指标均呈现高位状态；而渝中区原有居住小区和公园地区的集约利用水平低下，虽然这些区域绿化覆盖率较高，但是由于建设时期早，建设标准低，或公园地区对建设发展的限制，因此容积率、地下空间开发程度、人口密度等指标值较低。

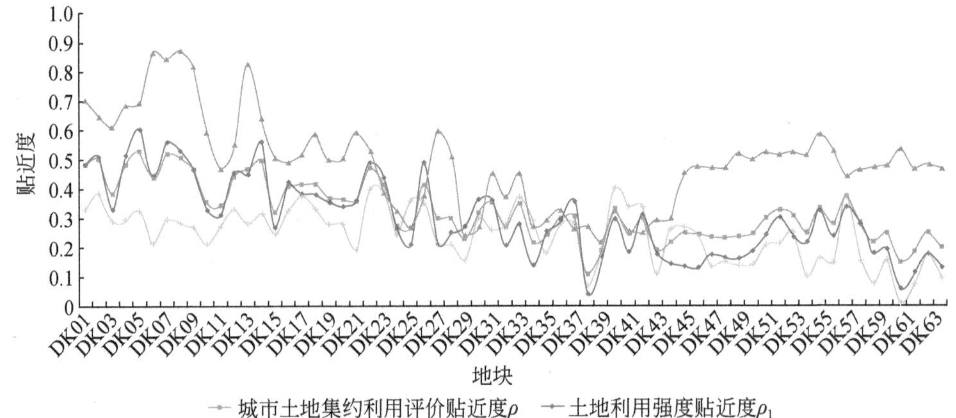

图 4-6 重庆市渝中区城市空间集约利用水平

4.3　渝中区城市居住空间利用现状评价

4.3.1　渝中区城市居住空间分布特征

根据2011年城市土地利用现状数据，渝中区居住用地总规模为652.67hm^2，居住片区数量为190个，单个居住片区平均面积为3.44hm^2。其中，大坪街道居住用地面积最大，为187.60hm^2，其次为两路口街道，居住用地面积为93.58hm^2；菜园坝街道居住用地面积最小，仅为6.04hm^2。渝中区东部片区（朝天门、解放碑、南纪门、七星岗、望龙门）居住用地面积为140.75hm^2，占全区居住用地的21.57%；中部片区（大溪沟、菜园坝、上清寺、两路口）居住用地面积为194.97hm^2，占29.87%；西部片区（大坪、化龙桥、石油路）居住用地面积为316.94hm^2，占48.56%（表4-10，图4-7）。从图4-7可知，渝中区居住用地主要分布在中西部片区，在空间分布上呈现出西部片区>中部片区>东部片区的趋势。从居住片区平均面积来看，西部片区单个居住片区平均面积较大，而东、中部片区较小。

表4-10　重庆市渝中区2011年居住用地分布情况

街道名称	居住用地面积/hm^2	居住片区数量	居住片区平均面积/hm^2
菜园坝街道	6.04	4	1.51
朝天门街道	13.70	4	3.43
大坪街道	187.60	43	4.36
大溪沟街道	61.14	14	4.37
化龙桥街道	70.42	14	5.03
解放碑街道	19.67	7	2.81
两路口街道	93.58	43	2.18
南纪门街道	25.25	7	3.61
七星岗街道	50.03	15	3.34
上清寺街道	34.21	9	3.80
石油路街道	58.92	12	4.91
望龙门街道	32.10	18	1.78
全区	652.67	190	3.44

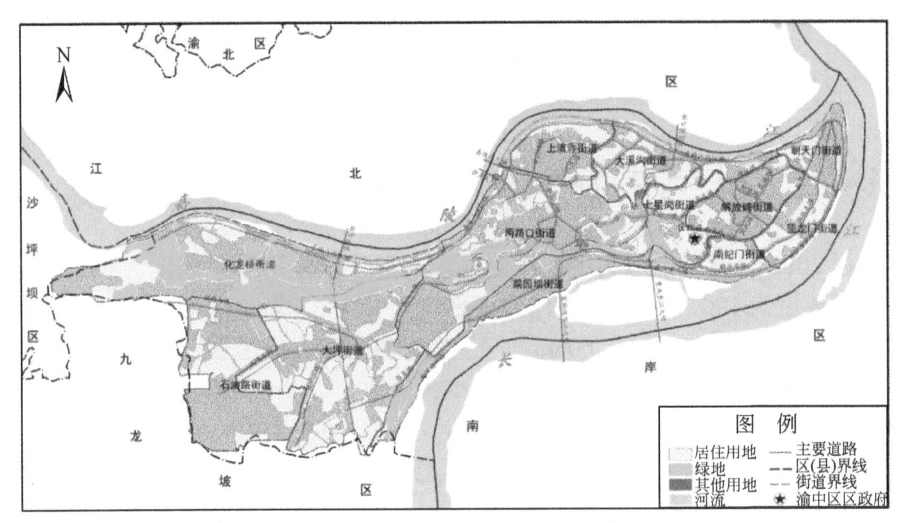

图 4-7　重庆市渝中区居住空间分布图

4.3.2　典型街区概况及样点调查

根据重庆市渝中区居住空间分布特征（图 4-7），按照典型代表性原则，选取地处西部片区且居住用地面积在所有片区中最大的大坪街道和地处中部地区在所有街道中居住片区数目最多的两路口街道为典型调查区域，开展地块尺度（居住小区）居住空间集约利用程度评价，并以此探究渝中区地块尺度居住空间集约利用分布规律及其影响因素。

（1）典型街区概况

大坪街道位于渝中区西部，东临两路口街道和菜园坝街道，南接九龙坡区谢家湾街道，西接石油路街道，北接化龙桥街道（图 4-8）。大坪街道是渝中区地域最大、人口最多、社会资源比较丰富的街道，占地面积为 3.20km^2，辖区内有 8 个社区、基本单位 841 家。2011 年年末，常住人口 8.17 万人，户籍人口 5.85 万人。大坪街道地处重庆主城区的几何中心，紧邻成渝高速公路起始端，是主城核心区的主要过境通道和各方联系的枢纽，是渝中核心区向外拓展最为临近的陆地空间和最具发展潜力的地区。

两路口街道位于重庆市渝中区中部偏东，东连七星岗街道，南接菜园坝街道，西临上清寺、王家坡街道，北靠大溪沟街道（图 4-8）。街道辖区面积 2.05km^2，辖中山二路、枇杷山正街、重庆村、桂花园新村、铁路坡、国际村、王家坡等7个社区居民委员会。2011年年末，户籍人口5.32万人。辖区以中山二路、中山三路、中山支路、长江一路四条交通主干线为框架，形成一个三角地带，是主城区纵贯南北、横穿东西的重要陆上枢纽。

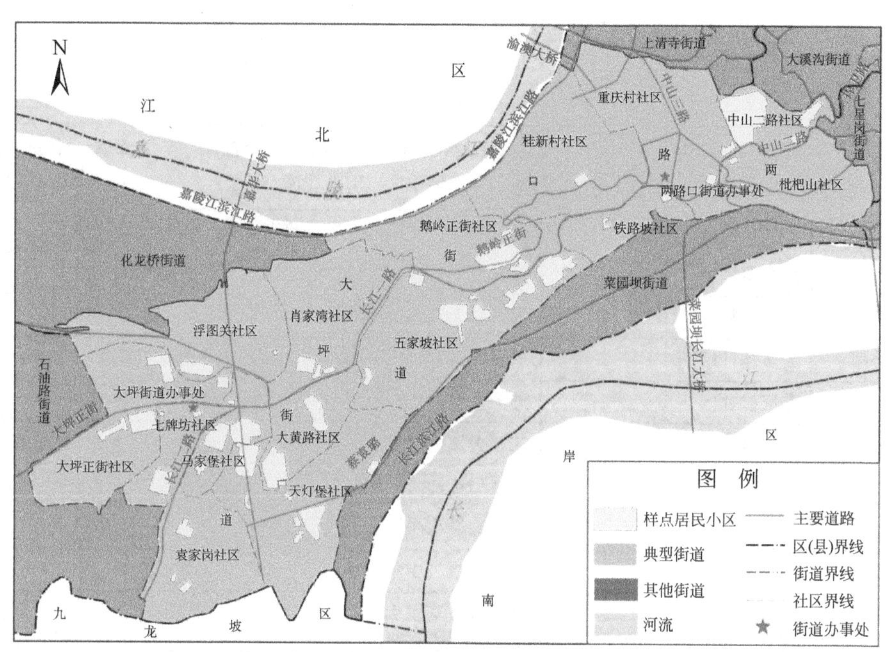

图4-8　重庆市渝中区大坪、两路口街道地块尺度居住空间分布图

(2) 数据收集与调查

以重庆市渝中区1∶10 000城市土地利用现状图为工作底图，根据大坪街道和两路口街道办事处提供的两个典型街区范围图，对典型街区范围内15个社区（表4-11）共计49个（地块）居住小区进行实地调查，调查信息包括：①小区基本情况（小区名称、详细地址、物业类型、入住时间、总户数、闲置户数、居住人数）；②空间利用强度状况（用地规模、建筑面积、容积率、绿化用地面积、道路用地面积、其他设施用地面积、车位数量、地下空间面积、地下空间高度）；③空间利用经济状况（住宅销售价格、二手住宅销售价格、住宅出租价格）；④空间利用配套状况（公共交通便捷程度、周边环境满意度）。采用ArcGIS 9.3软件将调查信息与工作底图进行链接，制作渝中区典型街区居住空间利用数据库。

表 4-11 重庆市渝中区典型街区居住空间情况表

典型街区	社区名称	住宅小区数量	住宅小区名称
大坪街道	正街社区	4	东方巴塞大厦、长城小区、军代局小区、莲花国际
	袁家岗社区	4	骄阳天际、俊豪时代、世纪花城、袁家小苑
	肖家湾社区	3	拓展大楼、创景大厦、康德糖果盒小区
	天灯堡社区	7	大黄路 28 号院、星月湾、渝中名都、半岛深蓝、中交二航局、交巡警小区、喜业花园
	七牌坊社区	4	时代新都、凌云阁小区、华普鼎秀、煤炭设计院小区
	马家堡社区	3	现代大厦、万有康年国际公寓、大坪兵工小区
	浮屠关社区	2	都市春天、港务集团住宅区
	大黄路社区	3	长城锦泰利园、兰波·红城丽景、竞地城市花园
两路口街道	重庆村社区	2	港天大厦、光彩大厦
	桂新村社区	1	花园大厦
	王家坡社区	7	钱塘·玫瑰湾、凤凰台小区、E 动力广场、铂金时代、春语江山、鹰冠小区、万国商厦
	铁路坡社区	2	广璐大厦、中华广场
	枇杷山社区	2	嘉多利、华安大厦
	中山二路社区	3	渝开发、名仕城、重庆医科大附属儿童医院
	鹅岭正街社区	2	鹅岭山庄、宏岭高地

4.3.3 空间集约利用评价指标体系构建

利用 ArcGIS 9.3 软件构建典型街区地块尺度居住空间集约利用评价数据库，以居住小区为评价单元，采用极值法对原始数据进行无量纲化处理，并运用层次分析法（analytic hierarchy process，AHP）确定各指标的权重（Eeturck，1987），根据各因素层和因子层指标权重和标准值，采用多因素综合评价法，计算每个评价单元的综合分值，对地块尺度城市居住空间集约利用状况进行评价。借鉴当前城市土地/空间集约利用指标选取的经验（吴得文等，2011；李澜涛等，2009；周璐红等，2012），遵循综合性、层次性、系统性、独立性和可操作等原则，在投入状况—使用强度—产出水平基本框架内，着重体现居住空间的多维立体性（地上空间、地下空间），再从结构合理性、功能满足性、环境友好性三个方面建立重庆渝中区典型街区地块尺度居住空间集约利用评价指标体系。根据渝中区典型街区地块尺度居住空间集约利用评价目标（A 层），从居住小区空间投入状况指标（B1层）、空间利用强度指标（B2层）和空间利用效益指标（B3层）三个方面构建渝中区典型街区居住空间集约利用评价因素层指标，综合表达渝中区典型街区居住空间集约利用的内在关系结构；并从可操作性角度根据各因素在渝中区典型街区居住空间集约利用中的特点，选取绿化率（C11）、公共设施占地比例（C12）、公共交通便捷程度（C13）、容积率（C21）、住宅闲置率（C22）、人均建筑面积（C23）、地下空间开发率（C24）、住宅地价实现水平（C31）、周边环境满意度（C32）、停车率（C33）等10个因子层指标，最终形成了1个目标层（A层）、3个因素层（B层）和10个因子层（C层）的城市居住空间集约利用评价指标体系（表4-12）。

表4-12　重庆市渝中区典型街区地块尺度居住空间集约利用评价指标体系及其权重表

因素层（B）	权重	因子层（C）	权重	指标测度方法	说明
空间投入状况（B1）	0.3180	绿化率（C11）	0.3108	绿化用地面积与土地面积的比值（%）	
		公共设施占地比例（C12）	0.1958	道路、文体场所等公共设施面积占土地总面积的比例（%）	反应投入居住空间的社会物化劳动量
		公共交通便捷程度（C13）	0.4934	居住小区到周边最近主要公共交通站点便捷程度（%）	根据居住小区到周边最近主要公共交通站点距离、公共交通数量及类型（公交、轨道交通）等综合赋值
空间利用强度（B2）	0.4934	容积率（C21）	0.3925	指居住小区总建筑面积与土地面积的比值（%）	
		住宅闲置率（C22）	0.1650	闲置户数与总户数的比值（%）	
		人均建筑面积（C23）	0.2775	居住总人数与总建筑面积的比值（%）	
		地下空间开发率（C24）	0.1650	已开发地下空间量占地下空间理论开发量的比重（%）	参照李晓红等（2005）的研究成果，城市地下空间开发量为可开发总面积乘以开发深度的40%，重庆主城区以10m为开发深度标准

续表

因素层（B）	权重	因子层（C）	权重	指标测度方法	说明
空间利用效益（B3）	0.1958	房价实现水平（C31）	0.5396	居住区住宅销售价格（元/m^2）	均为 2013 年二手房销售价格
		周边环境满意度（C32）	0.1634	居住小区内居住人员对周边设施、环境满意程度（%）	根据对居住小区居民实地问卷调查所得
		停车率（C33）	0.2970	指居住小区内居民汽车的停车位数量与居住户数的比率（%）	

4.3.4 居住空间集约利用评价结果分析

（1）典型街区居住空间集约利用总体情况

根据构建的地块尺度城市居住空间集约利用评价指标体系与方法，计算出渝中区大坪街道、两路口街道两个典型街区范围内 49 个居住小区空间集约利用总分值，并运用 Excel 软件的数据分析功能绘制出总分值频率直方图（图 4-9），依据总分频率曲线法，将渝中区大坪街道、两路口街道两个典型街区范围内 49 个居住小区空间集约利用程度划分为四个等级（集约利用、适度利用、中度利用和低效利用），分界点的总分值是 55、45、35，即分值>55 为集约利用，45 ~ 55 分为适度利用，35 ~ 45 分为中度利用，分值<35 为低效利用（表 4-13）。结果表明，渝中区典型街区居住空间集约利用程度呈现内部差异较大的纺锤形分布格局，总分值在 35 分以下的低效利用居住小区数量为 9 个，占评价总量的 18.37%；总分值为 35 ~ 45 分的中度利用居住小区数量为 18 个，占评价总量的 36.73%；总分值为 45 ~ 55 分的适度利用居住小区数量为 14 个，占评价总量的 28.57%；总分值在 55 分以上的集约利用居住小区数量为 8 个，占评价总量的 16.33%。其中，大坪街道范围内，居住小区中处于集约利用水平的占 6.67%；处于适度利用水平的占 26.67%；处于中度利用水平的占 50%；处于低效利用水平的占 16.66%，大坪街道居住空间集约利用程度整体处于中度利用水平。两路口街道范围内，居住小区中处于集约利用水平的占 31.58%，处于适度利用水平的占 31.58%，处于中度利用水平的占 15.79%，处于低效利用水平的占 21.05%，两路口街道的居住用地空间整体集约利用程度处于适度利用水平，但内部极化现象较为严重。

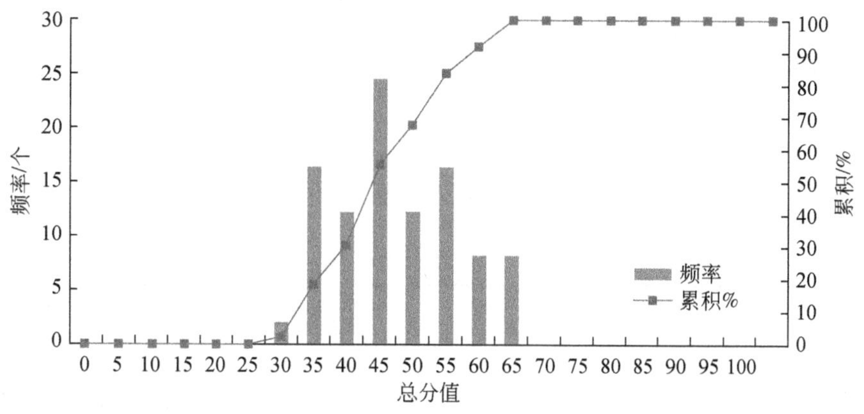

图 4-9　重庆市渝中区典型街区居住空间集约利用总分值分布频率直方图

表 4-13　重庆市渝中区典型街区居住空间集约利用程度统计表

利用程度	分值	数量/个	大坪街道	两路口街道
低效利用	<35	9	长城锦泰利园、兰波·红城丽景、港务集团住宅区、星月湾、袁家小苑	钱塘·玫瑰湾、凤凰台小区、鹅岭山庄、重庆医大附属儿童医院
中度利用	35～45	18	中交二航局、半岛深蓝、万有康年国际公寓、凌云阁小区、渝中名都、现代大厦、长城小区、拓展大楼、骄阳天际、东方巴塞大厦、华普鼎秀、世纪花城、竞地城市花园、煤炭设计院小区、都市春天	鹰冠小区、花园大厦、E 动力广场
适度利用	45～55	14	大黄路 28 号院、创景大厦、俊豪时代、喜业花园、大坪兵工小区、军代局小区、康德糖果盒小区、交巡警小区	春语江山、名仕城、嘉多利、华安大厦、万国商厦、宏岭高地
集约利用	>55	8	莲花国际、时代新都	渝开发、铂金时代、港天大厦、中华广场、光彩大厦、广璐大厦

（2）典型街区居住空间集约利用区域差异

就渝中区典型街区（大坪、两路口）居住空间集约度而言（图 4-10），在区域分布上呈现出沿长江二路由东北、西南两端向中间递减的趋势。居住空间集约利用程度具有“点-轴”式空间分布规律，其中“点”即莲花国际—时代新都—大黄路 28 号院片区、铂金时代—春雨江山片区、广璐大厦—中华广场—渝开发片区三处集约度较高区域，“轴”即大坪正街—长江一路—中山二路一线，是连接渝中区中部和西部片区的主要交通干线。在街区尺度上，大坪街道整体集约利用程度低于两路口街道，且大致以长江一路—黄杨街—菜袁路一线为分界，东南低、西北高，形成西北向东南递减的空间格局；两路口街道居住空间集约利用程度以两路口转盘为中心，呈圈层状向四周递减，且中山二路—中山支路—中山三路以南区域集约度较高。

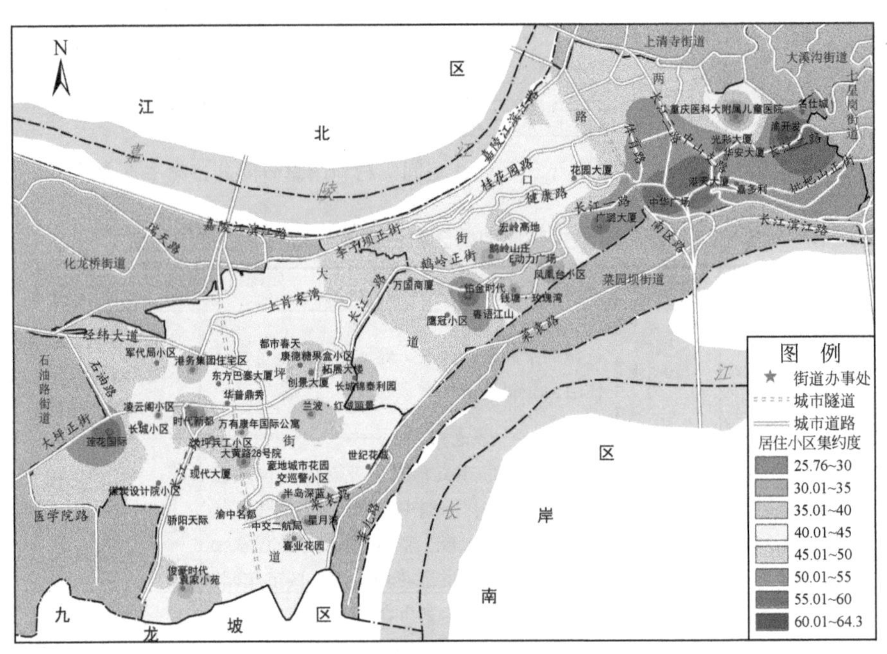

图 4-10　重庆市渝中区典型街区居住空间集约利用程度分布图

就渝中区典型街区居住空间投入状况而言（图 4-11），呈现出以“莲花国际、大黄路院 28 号、都市春天、万国商厦、中华广场、名仕城”为中心的分散型空间格局，空间利用投入水平重心大致位于区域西北部。在街区尺度上，大坪街道居住空间投入状况大致以“长江一路—长江二路、九坑子路—菜袁路”为骨架，呈现“十”字形空间格局；空间投入状况较差的区域主要集中在长江一路—黄杨街—嘉华隧道一线东南片区（长城锦泰利园、兰波 · 红城丽景、中交二航局、袁家小苑），而长江一路—长江二路一线以北区域尤其是长江二路—九坑子路片区是以“莲花国际、军代局小区、煤炭设计院”为中心的高投入区域；两路口街道内则呈现出“多中心链式”空间分布格局，即沿长江一路—中山二路城市道路形成的以“万国商厦、中华广场、港天大厦、名仕城”等为中心的高投入类型居住小区。

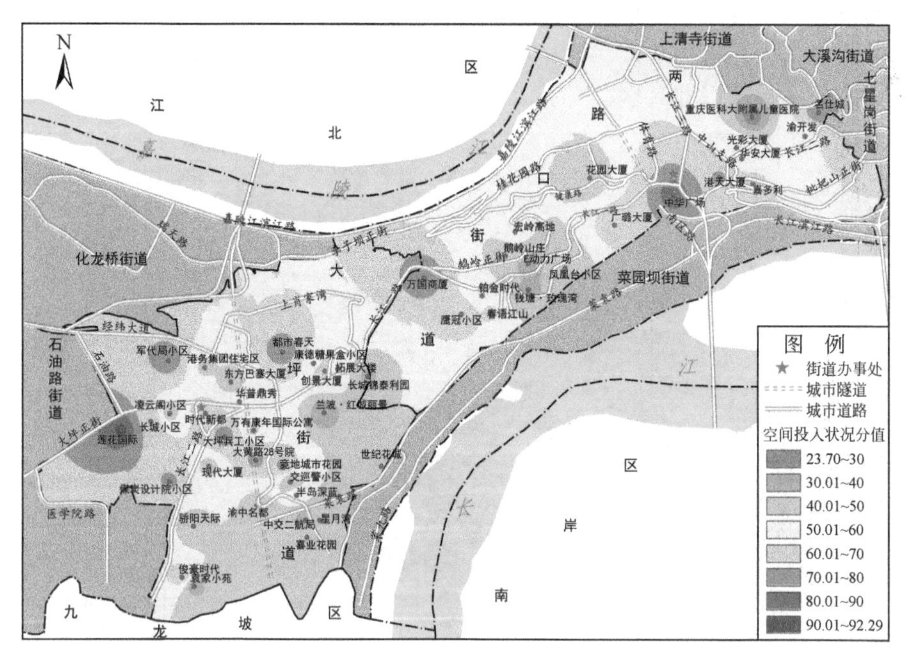

图 4-11 重庆市渝中区典型街区居住空间投入状况分值分布图

就渝中区典型街区居住空间使用强度而言（图 4-12），呈现出自东向西递减的阶梯式空间分布格局，大体分为三个阶梯区域：一级阶梯为空间使用强度较高区域，以渝开发、光彩大厦、中华广场、广璐大厦为中心；二级阶梯为空间使用强度一般区域，以花园大厦、春语江山、创景大厦、世纪花城为中心；三级阶梯为空间使用强度较低区域，以凤凰台小区、都市春天、万有康年国际公寓、煤炭设计院小区、袁家小苑为中心。在街区尺度上，大坪街道居住空间使用强度基本处于三级阶梯，并呈现出以时代新都、喜业花园为高强度中心的“双核心”空间分布格局；两路口街道居住空间使用强度大致呈现“品”字形空间分布格局，以渝开发、光彩大厦为中心的东部片区为空间使用强度较高区域，沿中山二路—中山支路—体育路—长江一路等城市道路以北区域为空间使用强度一般区域，以凤凰台小区、鹅岭山庄、长城锦泰利园为中心的南部片区空间使用强度较低。

就渝中区典型街区居住空间利用效益而言（图 4-13），分值较高的区域基本分布在大坪、两路口两个典型街区及与外部区域交界处，而两个典型街区几何中心的空间利用效益分值较低。其中，大坪正街—长江二路—嘉华隧道以西片区以“煤炭设计院小区、俊豪时代”为中心的居住空间利用效益分值较高，而分值较低的区域主要集中在以港务集团住宅区、华普鼎秀、大坪兵工小区、现代大厦为中心的大坪街道办事处附近；两路口街道春森路—中山支路—枇杷山正街以东的区域形成了以渝开发、名仕城为中心的居住空间利用效益高分值区域，而分值较低区域主要集中在以中华广场为中心的两路口转盘附近和以宏岭高地、鹅岭山庄为中心的长江一路以北片区。

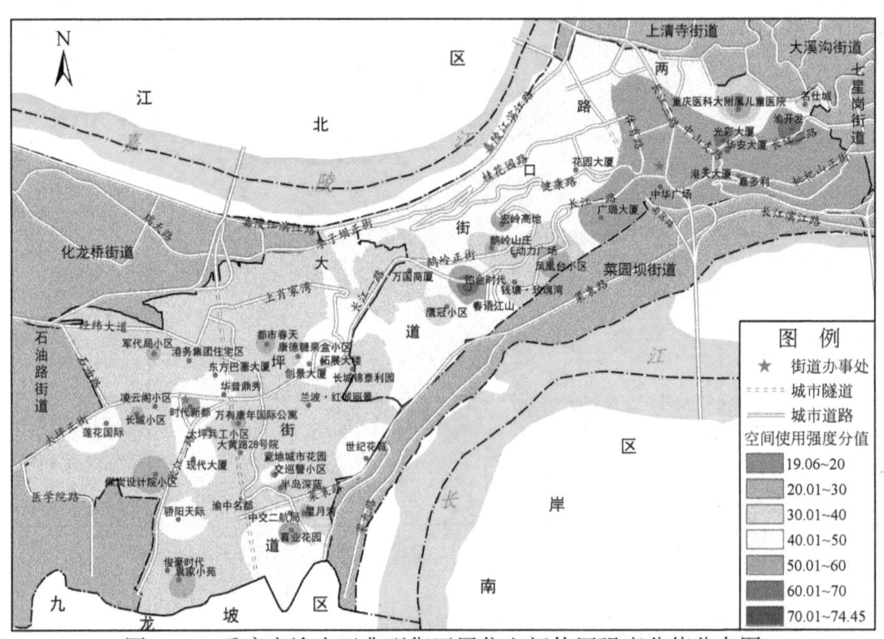

图 4-12　重庆市渝中区典型街区居住空间使用强度分值分布图

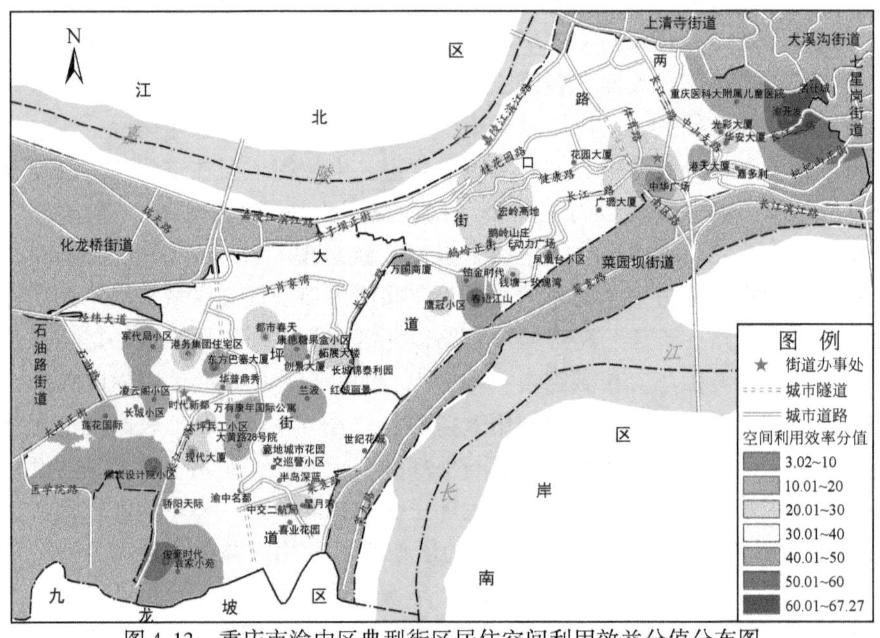

图 4-13　重庆市渝中区典型街区居住空间利用效益分值分布图

(3) 渝中区典型街区居住空间集约利用影响因子分析

典型街区居住用地空间投入状况分值为 23.52 ~ 92.32，分值跨度较大，其主要影响因子是公共交通便捷程度，该因子分值标准差为 12.07，远高于其他两个影响因子，这也是形成多中心分散型空间格局的主要影响因素。典型街区居住用地空间投入状况的空间分布格局在一定程度上也是交通条件区域差异的表现。交通便捷程度是指该住宅小区与周围区域联系的便捷程度。交通可达性是居住用地空间集约利用的关键因素，它包含三方面的内容：距离的远近、道路的畅通程度、交通工具的速度和可获得性，越是经济预算紧张的低收入群体，越看重交通的可达性。在典型街区居住用地多中心分散型空间格局中，莲花国际位于大坪街道西端，是连接石桥铺与大坪的枢纽区域；万国商厦则位于大坪街道与两路口街道交界处，同时也处于主干线长江一路附近，在典型街区内通勤距离比较短，交通可达性较好；中华广场位于两路口附近，背靠菜园坝火车站，交通条件非常优越，而名仕城则位于两路口东端，其交通状况与莲花国际类似。综上可见，“多中心”基本都依托“中山二路—长江一路—大坪正街”这条交通主干道分布，而且基本都位于交通枢纽附近。

典型街区居住用地空间使用强度分值为 18.88 ~ 74.65，主要影响因子是容积率，该因子的分值标准差为 8.97。从原始指标来看，地下空间开发率均值为 36.71%，标准差达到 30.91。所以综上考虑，分别从地上、地下两个维度通过容积率和地下空间开发率反映住宅小区物理空间开发利用情况，容积率和地下空间开发率是测度住宅小区空间使用强度的基础性、决定性指标。重庆渝中区由于地形地貌等自然条件的缘故，历来就是一座典型的山地城市，其空间开发利用尤为艰难，所以典型区域内居住用地容积率均值达到 7.44，但同时由于渝中半岛地质条件复杂，其地下空间开发率均值仅为 36.71%，而且轨道交通也是以发展轻轨为主，自然环境因素成为了制约渝中区居住用地集约利用的瓶颈之一。而典型街区居住用地空间投入状况的自东向西递减的阶梯式空间分布格局，也反映出渝中区城市空间开发利用的演化进程与推进趋势，即以解放碑为核心，沿交通干线梯次推进开发。

典型街区居住用地空间利用效益分值为 2.97 ~ 67.27，主要影响因子是住宅销售价格，分值标准差达到 13.96，住宅销售价格均值为 7278.45 元/m^2，变幅为 4500 ~ 10 500 元/m^2。地价是地块综合价值在市场条件下的直接反应。一般而言，城市旧城中心设施最齐全，配套最好，土地区位最优越，因而地价也最高，而从市中心向外则出现递减的趋势，方位不同，趋势也有所不同。住宅销售价格是以地价与使用强度相结合的楼面地价为基础，一定程度上反映了居住用地空间利用的综合效益。典型街区范围内住宅销售价格虽然大部分区域处于中等水平，但由于住宅市场化和级差地租的作用，空间分异也日趋明显，住宅销售价格呈现出多中心镶嵌型空间分布格局。两路口街道接连渝中区核心区，空间开发利用时间较长，基础设施较完备，价格空间分布基本符合圈层化分布规律，以渝开发、名仕城为中心的东部片区房价最高。大坪街道内由于要开发新的经济中心——大坪商圈，近些年来开发的小区较多，但基础设施并没有跟上住宅小区开发速度，造成房价高值区与低值区交替镶嵌而没有连接成片。

4.4 渝中区城市商业空间利用现状评价

4.4.1 商业空间分布概况

(1) 总体分布情况

城市商业空间，即为零售、办公、金融、宾馆、休闲娱乐等高度集中的地区，是城市商业活动、社会活动、市民活动的核心区域。2011 年全市金融业增加值 704.66 亿元，渝中区金融业增加值达到 211.30 亿元，占全市的 29.99%；年末银行存款余额 3583.80 亿元，占全市的 22.60%；市级以上金融机构 145 家，占全市 90% 以上，为重庆市的金融中心；商品销售总额为 1672.10 亿元，占全市商品销售总额的 16.72%；社会消费品零售总额 414.3 亿元，占全市的 11.88%，为重庆市的商贸中心。四大商圈（解放碑、两路口—上清寺、大坪—鹅岭、菜园坝）销售额 1466.70 亿元，占全区的 87.70%，其中解放碑商圈实现销售额 948.00 亿元，占全区的 56.70%。根据渝中区 2011 年土地利用现状数据，全区商业用地 234.70hm^2，其中东部片区 65.68hm^2，中部片区 62.70hm^2，西部片区 106.32hm^2；共有 125 个商业片区，单个商业片区平均用地面积为 1.88hm^2。从区域来看，渝中区商业用地主要集中在石油路、解放碑、两路口、菜园坝、大坪和化龙桥等街道，其中石油路街道单个商业片区平均用地面积最大（14.39hm^2），而七星岗、南纪门、望龙门、上清寺、大溪沟等东、中部区域单个商业片区平均用地面积较小，尚不足 1.00hm^2。2011 年年末，重庆市渝中区商业用地的空间分布见图 4-14 和表 4-14。

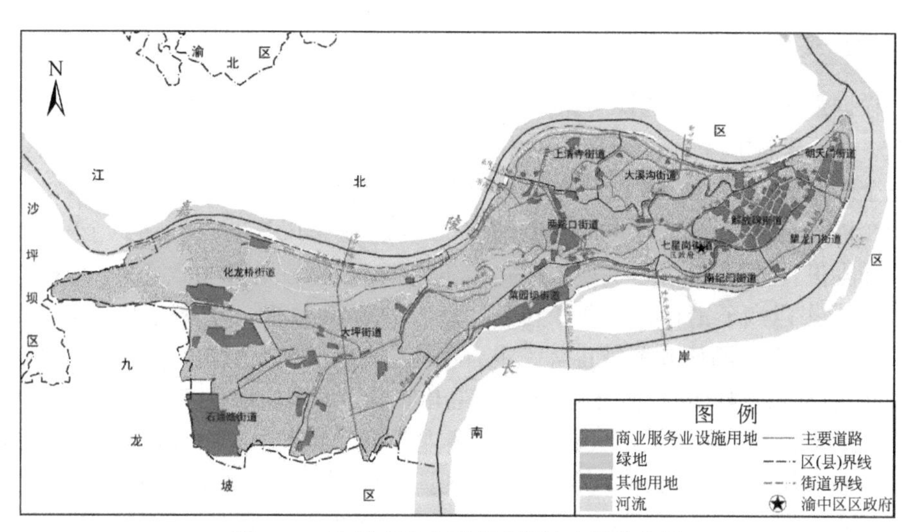

图4-14 重庆市渝中区商业用地空间分布图

表4-14 重庆市渝中区2011年商业用地分布情况

街道名称	商业用地面积/hm^2	商业片区数量/个	商业片区平均面积/hm^2
菜园坝街道	23.95	5	4.79
朝天门街道	13.86	10	1.39
大坪街道	16.86	15	1.12
大溪沟街道	8.25	9	0.92
化龙桥街道	17.49	4	4.37
解放碑街道	43.89	30	1.46
两路口街道	25.94	25	1.04
南纪门街道	0.98	2	0.49
七星岗街道	2.02	5	0.40
上清寺街道	4.56	6	0.76
石油路街道	71.97	5	14.39
望龙门街道	4.93	9	0.55
全区	234.70	125	1.88

(2) 重点商业楼宇分布特征

根据重庆市渝中区统计局提供的《渝中区重点楼宇调查综合报告》(2012 年 8 月) 显示，渝中区 298 栋建筑面积在 5000m^2 以上、具有商业商务功能的独立楼宇是全区发展楼宇经济的主要载体。东部片区是重点商业楼宇的集中片区，总共有 158 栋，其中分布在解放碑街道的有 75 栋，业态以银行、酒店、企业总部、餐饮和零售百货为主；布局在中部片区的重点商业楼宇有 89 栋，其中两路口有 30 栋，业态以汽车销售、设备销售、餐饮、酒店和房地产开发为主；西部片区有 51 栋，业态以酒店和餐饮也等为主，楼宇数量呈现出“东、中、西”梯度递减分布规律 (图 4-15)，其业态分布呈现出东中部为多层次、多元化的银行和企业总部类型，西部则为较单一的综合服务业类型的特征 (表 4-15)。298 栋重点楼宇就业人员近 18 万人，平均就业密度超过 600 人/栋，其中解放碑 75 栋重点楼宇就业人员达到 6.80 万人；从税收来看，298 栋重点楼宇 2011 年共纳税 70.80 亿元，占全区税收的 49.10%。

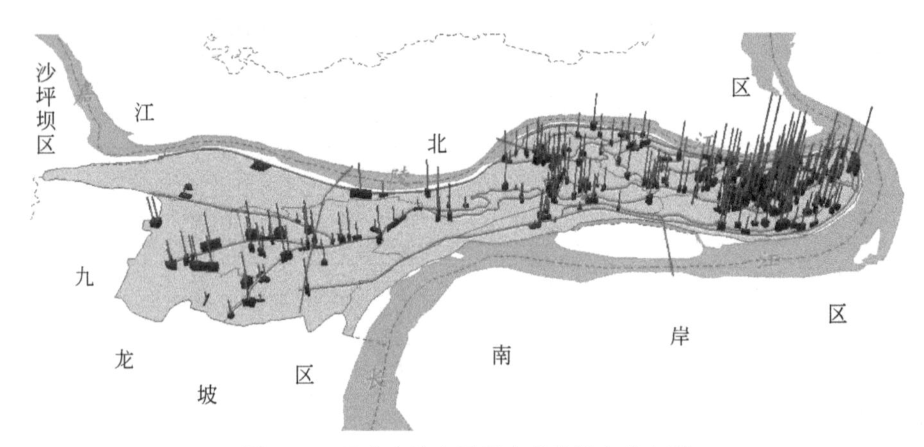

图 4-15　重庆市渝中区重点商业楼宇分布图

表 4-15　重庆市渝中区重点商业楼宇主要业态及其分布

区域	重点商业楼宇数量	主要业态
七星岗街道	22	银行、酒店、企业总部、餐饮、零售百货
解放碑街道	75	银行、酒店、企业总部、餐饮、零售百货
两路口街道	30	汽车销售、设备销售、餐饮、酒店、房地产开发
上清寺街道	29	银行、酒店、房地产开发、企业总部、金融服务

续表

区域	重点商业楼宇数量	主要业态
菜园坝街道	15	酒店、交通运输、零售百货、批发市场
望龙门街道	17	零售百货、批发市场、酒店
朝天门街道	25	批发、零售百货、酒店、银行、餐饮
大溪沟街道	15	企业总部、酒店、零售百货、批发市场
大坪街道	32	酒店、餐饮、超市、材料销售、批发市场
化龙桥街道	4	特色餐饮、房地产开发
石油路街道	15	房地产开发、酒店、餐饮
南纪门街道	19	酒店、餐饮、销售
渝中区	298	

4.4.2 商业空间集约利用评价指标体系构建

城市商业的崛起是现代服务业和现代都市工业集聚和辐射的结晶，也是城市空间集约利用的必然趋势和根本要求。城市商业发展依赖于一定地域范围内土地空间的利用，如何衡量城市商业空间集约利用状况一直受到学界的高度重视。渝中区作为重庆现代服务业和总部经济的核心聚集区，承担着建设以高端商务楼宇集聚为主的“现代服务业高地”和打造以国际金融机构为主要集聚地的“总部经济基地”的历史重任，其土地资源及其可用空间极为稀缺，如何综合多用途集约用地方式，保持和拓展经济社会持续健康发展所必需的空间载体，是伴随渝中区产业升级和功能完善的关键问题之一。通过对渝中区商业空间集约利用状况进行评价，以期揭示城市商业空间集约利用的影响因素，并据此提出改进措施建议。

（1）研究方法与评价指标体系构建

借鉴当前城市土地/空间集约利用评价的一些基本观点，构建基于楼宇/地块尺度的城市商业空间集约利用评价指标体系，采用最大值法对评价指标进行标准化处理，运用层次分析法（analytic hierarchy process，AHP）对相关指标赋权，根据各因素层和因子层指标权重和标准值，采用多因素综合评价法建立城市商业空间集约利用综合评价模型。根据城市商业空间集约利用评价目标（A层），从城市商业空间利用强度指标（B1 层）、空间利用经济指标（B2 层）和空间利用配套指标（B3 层）三个方面构建城市商业空间集约利用评价因素层指标，综合表达城市商业空间集约利用的内在关系结构（乔宏和杨庆媛，2013）。并进一步从可操作性角度根据各因素在城市商业空间集约利用中的特点，选取容积率（C11）、地下空间开发率（C12）、房屋利用率（C13）、就业密度（C21）、单位建筑面积税收总额（C22）、就业人口人均税收额度（C23）、停车位配比（C31）、周边环境满意度（C32）、公共交通便捷度（C33）等 9 个因子层指标，最终形成了 1 个目标层（A 层）、3 个因素层（B 层）和 9 个因子层（C 层）的一整套较为完善的城市商业空间集约利用评价指标体系（表 4-16）。

表 4-16　城市商业空间集约利用评价指标体系及其权重表

因素层(B)	权重	因子层（C）	权重	指标测度方法	说明
空间利用强度指标（B1）	0.5278	容积率(C11)	0.5396	建筑总面积与占地面积的比值	
		地下空间开发率(C12)	0.2970	已开发地下空间量占地下空间理论开发量的比重（%）	参照李晓红等（2005）的研究成果，城市地下空间开发量为可开发总面积乘以开发深度的 40%，重庆主城区以 10m 为开发深度标准
		房屋利用率（C13）	0.1634	建筑物实际使用面积占建筑总面积的比重（%）	
空间利用经济指标（B2）	0.3326	就业密度（C21）	0.1095	建筑物内从业总人数与建筑总面积的比值（人/ $1000m^2$）	
		单位建筑面积税收总额（C22）	0.5815	建筑物从业单位税收总和与建筑面积的比值（元/m^2）	
		就业人口人均税收额度（C23）	0.3090	建筑物内税收总和与总从业人数的比值（万元/人）	

续表

因素层(B)	权重	因子层（C）	权重	指标测度方法	说明
空间利用配套指标（B3）	0.1396	停车位配比（C31）	0.3522	建筑物停车位数量与建筑总面积的比值（个/100m²）	根据中华人民共和国国家标准《城市居住区规划设计规范》[GB50180—93（2002年版）]规定商业购物中心停车位配比为1个/100m²
		周边环境满意度(C32)	0.0887	建筑物内从业人员对周边设施、环境满意程度（%）	根据随机抽取建筑物内从业人员问卷调查所得，其中：很满意（100%）、满意（80%）、一般（60%）、不满意（30%）、很不满意（0）
		公共交通便捷度(C33)	0.5591	建筑物到周边最近主要公共交通站点便捷程度（%）	根据建筑物到周边最近主要公共交通站点距离（步行时间）、公共交通数量及类型（公交、轨道交通）等综合赋值：很便捷100%（0～400m，公交与轨道站点共存，公交线路8路以上）、便捷80%（400～800m，公交为主且线路5路以上）、一般60%（800～1200m，公交线路3路以上）、不便捷30%（1200～1600m，公交线路1路以上）、很不便捷0（1600m以上）

（2）数据类型与来源

根据渝中区统计局提供的渝中区重点商业楼宇清单，以渝中区1：10000城市土地利用现状图为工作底图，对渝中区范围内建筑总面积5000m²以上共计298栋（地块）重点商业楼宇进行实地调查。调查信息包括：商业楼宇基本情况（楼宇功能、主楼高度、从业人员、2011年税收总额、主要业态）、重点楼宇建筑规划与使用情况（规划总建筑面积、规划商务建筑面积、规划商业建筑面积、实际使用面积）、重点楼宇服务配套设施情况（停车配位比、电梯配比、周边环境状况满意度、公共交通便捷度）。采用ArcGIS9.3软件将调查信息与工作底图进行链接，制作渝中区商业空间（重点楼宇）利用数据库。

4.4.3 商业空间集约利用评价结果分析

(1) 渝中区商业空间集约利用状况

根据构建的基于楼宇/地块尺度的渝中区商业空间集约利用评价指标体系与方法，计算出渝中区范围内 298 栋重点商业楼宇空间集约利用总分值，并运用 Excel 软件的数据分析功能绘制出总分值频率直方图（图 4-16），根据商业空间集约利用的实际情况，依据总分频率曲线法，以频率曲线分布突出处为级间分界点，对评价单元集约度进行分值区段划分：将渝中区 298 栋重点商业楼宇空间集约利用程度划分为三个等级（较好、一般和较低）分界点的总分值是 50、30，即分值>50 为空间集约利用程度较好，30 ~ 50 分为空间集约利用一般，分值<30 为空间集约利用程度较低（表 4-17）。结果表明，渝中区重点商业楼宇空间集约利用程度总体较低且差异较大。处于一般以上等级的楼宇数量仅占总量的 50% 左右，近 50% 的楼宇处于较低等级，其中，总分值在 30 分以下的空间集约利用程度较低的商业楼宇数量为 144 个，占评价楼宇总量的 48.32%；总分值为 30 ~ 50 分的空间集约利用程度一般的商业楼宇数量为 131 个，占评价楼宇总量的 43.96%；总分值在 50 分以上的空间集约利用程度较好的商业楼宇数量为 23 个，占评价楼宇总量的 7.72%。从空间分布来看，一般以上等级的楼宇数量存在着东部片区>中部片区>西部片区；从其内部结构来看，西部片区整体较低，东部地区整体较好，中部片区居中。

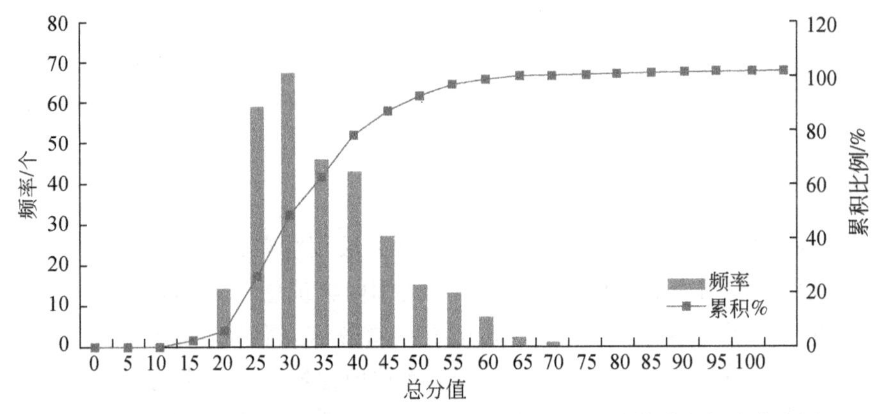

图 4-16　重庆市渝中区重点商业楼宇空间集约利用总分值分布频率直方图

表4-17 重庆市渝中区重点商业楼宇空间集约利用状况 单位：栋；%

利用程度	总分值	东部片区（解放碑、朝天门、七星岗、望龙门、南纪门）		中部片区（上清寺、大溪沟、两路口、菜园坝）		西部片区（大坪、石油路、化龙桥）		渝中区	
		数量	比例	数量	比例	数量	比例	数量	比例
较低	<30	60	37.97	46	51.68	38	74.51	144	48.32
一般	30～50	80	50.63	38	42.70	13	25.49	131	43.96
较好	≥50	18	11.39	5	5.62	0	0.00	23	7.72
合计		158	100.00	89	100.00	51	100.00	298	100.00

解放碑CBD作为渝中区商业空间的核心，是重庆的商务、商贸中心，享有“中国著名商业街”“西部第一街”等美誉。通过对其0.92km^{2}范围内的60栋重点商业楼宇空间集约利用状况分析可以看出，解放碑CBD重点楼宇空间集约利用程度普遍较低且内部差异较大，总分值在30分以下的重点楼宇数量为22栋，占评价楼宇总量的36.67%；总分值为30～50分的重点楼宇数量为34栋，占评价楼宇总量的56.67%；总分值在50分以上的重点楼宇数量仅为4栋，占评价楼宇总量的6.66%。因商务楼宇修建时间及其旧城改造难易程度差异，解放碑CBD范围内60栋重点楼宇空间集约利用在楼宇/地块尺度上呈现出以“小什字洲际酒店、临江路民生商厦、中华路新华国际、较场口国际信托大厦”为中心的分散型空间格局，在道路/街道尺度上形成以“民权路—民族路”和“中华路”为“十字”骨架，“环岛名都—洲际酒店—扬子岛酒店—长江文化用品商场—新华国际—国际信托大厦”和“世贸大厦—新重百大楼—长江文化用品商场—谊德大厦”等重点商务楼宇为连珠的空间格局（图4-17）。

（2）渝中区商业空间集约利用区域差异

渝中区重点商业楼宇空间利用强度整体较高，空间分布上呈现出各街道的地标性建筑的空间利用强度较高，空间利用强度高中心与低中心交错分布的特点。各街道的地标性建筑（如解放碑街道的光大银行大厦、国际信托大厦、日月光广场等，大坪街道的莲花国际、百盛商场大厦等，两路口街道的光彩大厦、新干线大厦等，上清寺街道的世纪环岛、环球大厦等）普遍存在修建时间晚、建筑体量大、占地面积小、地下空间开发深等显著特征，故其空间利用强度较高。渝中区商业空间利用经济效益存在巨大空间差异，其中解放碑—朝天门片区、上清寺—大溪沟片区较高，但每个片区内部差异仍然较大，究其原因与楼宇商业业态存在密切关系。渝中区商业空间利用配套指标分值总体上呈现均衡状态，片区内部差

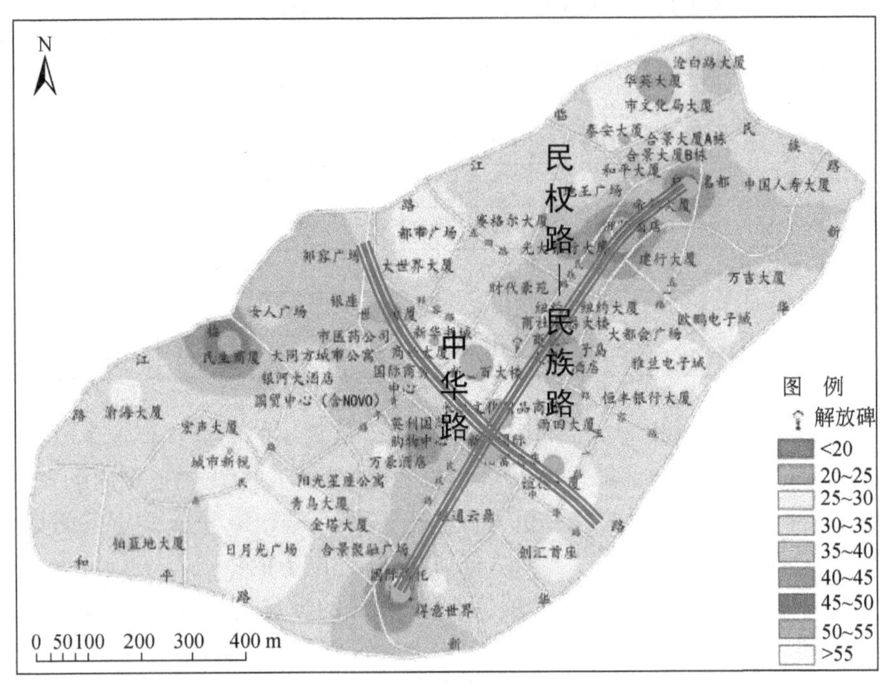

图 4-17　重庆市渝中区解放碑 CBD 空间集约利用总分值分布图

异较小，反映出渝中区基础配套设施总体较为完善。重庆市渝中区商业楼宇空间利用分区域指标统计见表 4-18，从评价指标空间分布来看，渝中区商业空间容积率（图 4-18）呈现自西向东逐渐升高的特征，地下空间开发率（图 4-19）总体上呈现中部>东部>西部，嘉陵江沿线总体高于长江沿线的特征；单位建筑面积税收（图 4-20）区域差异较大，其中解放碑片区、曾家岩—大溪沟、化龙桥片区较高；停车位配比（图 4-21）总体上东部区域低于西部区域，反映了西部区域较东部开发较晚，基础设施完备。

表 4-18　重庆市渝中区商业楼宇空间利用分区域指标统计表

楼宇所在区域	容积率	地下空间开发率/%	单位建筑面积税收/（元/m²）	停车位配比/（个/100m²）
化龙桥区域	1.74	24.84	1750.00	1.10
石油路区域	6.63	16.45	402.88	0.26
大坪区域	10.77	32.54	261.39	0.26
上清寺—牛角沱区域	11.49	33.54	860.85	0.23
两路口中西部—李子坝区域	12.50	31.19	1287.00	0.25

续表

楼宇所在区域	容积率	地下空间开发率/%	单位建筑面积税收/(元/m²)	停车位配比/(个/100m²)
两路口转盘区域	14.45	41.43	897.12	0.21
上清寺—大溪沟西部区域	15.22	50.93	2423.71	0.34
南纪门—望龙门区域	15.57	29.12	400.26	0.15
菜园坝区域（火车站）	16.00	8.38	82.40	0.29
解放碑区域	18.35	47.29	1729.03	0.17
七星岗—大溪沟东部区域	18.98	41.27	502.29	0.15
朝天门区域	19.81	33.69	1179.13	0.11

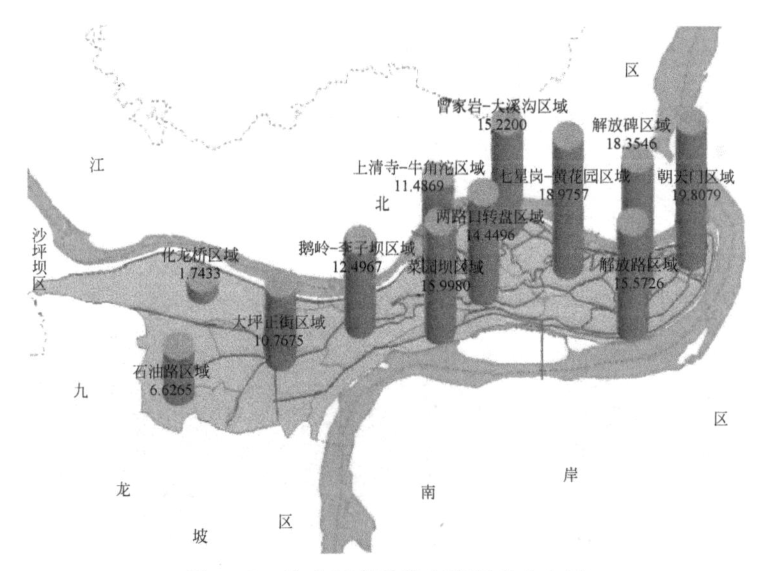

图4-18　渝中区商业楼宇容积率分布图

（3）渝中区商业空间集约利用影响因子分析

渝中区298栋重点商业楼宇容积率为0.48～48.23，平均容积率为15.17。根据丁成日等人的研究结果，纽约CBD的36个地块开发单元平均容积率为14.63；说明渝中区商业楼宇地上空间利用强度较高但内部差异显著。渝中区重点商业楼宇地下空间开发率为0～100%，跨度极大，平均地下空间开发率为36.24%，其中有81栋商业楼宇没有进行地下空间开发，占总数的27.18%；地下空间开发率超过50%的商业楼宇有87栋，占总数的29.19%。从楼宇空间利

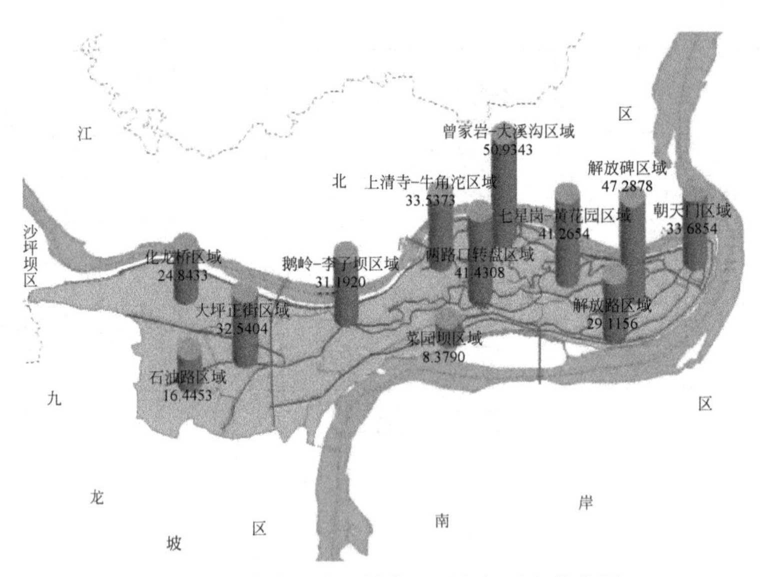

图 4-19　渝中区商业楼宇地下空间开发分布图

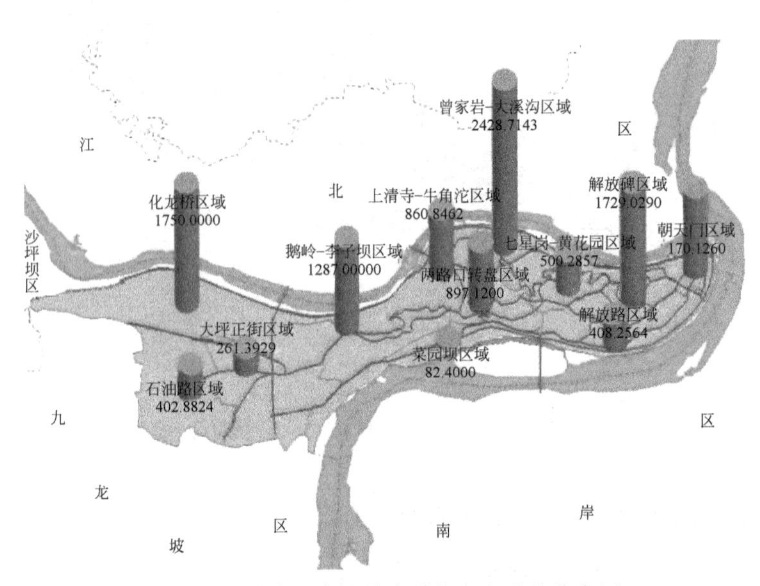

图 4-20　渝中区商业楼宇单位面积税收分布图

用强度指标来看，容积率和地下空间开发率从地上、地下两个维度反映楼宇物理空间开发利用情况，是测度楼宇空间利用强度的基础性、决定性指标。就渝中区商业空间集约利用而言，在注重地上空间开发利用的同时，加强地下空间开发利用是深度挖掘城市空间的主要途径之一。

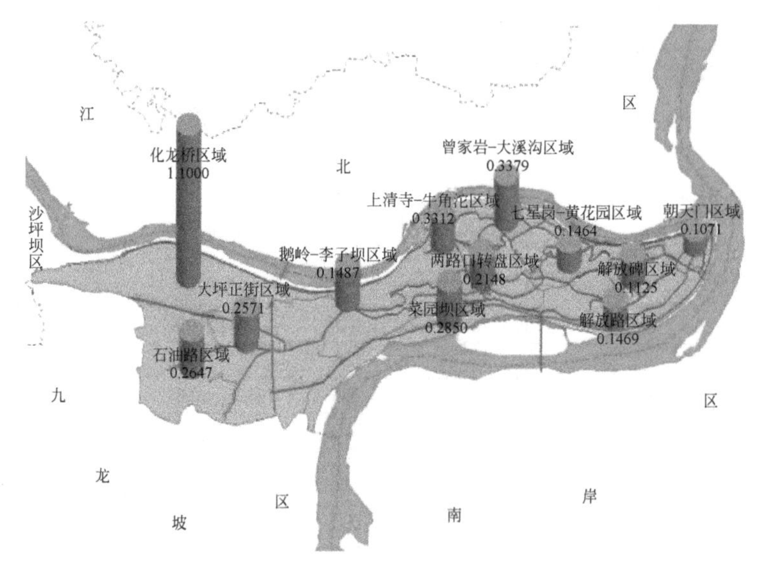

图4-21　渝中区商业楼宇停车位配比分布图

根据商业楼宇主要业态类型，将渝中区298栋商业楼宇划分为企业总部类、银行金融类、商务酒店类、超市卖场类和综合服务类5个类型，不同业态重点商业楼宇经济指标见表4-19。在就业密度方面，表现为企业总部类>银行金融类>商务酒店类>超市卖场类>综合服务类的状况，且银行金融类、综合服务类离散程度较低，内部差异较小。单位建筑面积税收总额方面，呈现银行金融类>企业总部类>综合服务类>超市卖场类>商务酒店类的状况，且银行金融类和企业总部类单位建筑面积税收是其他3类的6～10倍，但商务酒店类和超市卖场类楼宇内部差异较小。就业人口人均税收额度方面，呈现出银行金融类>企业总部类>超市卖场类>商务酒店类>综合服务类的状况，且银行金融类、企业总部类就业人口人均税收额度是其他3类超市卖场类、商务酒店类、综合服务类的8～13倍。其中解放碑CBD的60栋楼宇平均就业密度为21 100人/km^2，而1990年35个国际城市CBD就业密度平均值为47 500人/km^2，其中美国凤凰城最小（为9082人/km^2），美国纽约最大（为238 000人/km^2），香港CBD就业密度为186 876人/km^2。解放碑CBD就业密度仅为国际城市CBD就业密度平均值的40%左右，说明解放碑CBD就业密度较低。就业密度和税收与楼宇主要业态类型存在密切关系，企业总部类、银行金融类、商务饭店类楼宇就业密度和税收远大于超市卖场类与综合类楼宇。在渝中区商业空间开发利用强度较大的情况下，短期内主要通过产业升级，重点发展企业总部类、银行金融类和商务饭店类业态，逐步调控、搬迁邹容路—民族路、中华路、较场口等CBD核心区域部分综合类、超市卖场类企业，提升楼宇空间利用经济效益。同时，结合城市地下空间开发利用，适度增加停车位和改善公共交通便捷程度，美化周边环境。

表 4-19　重庆市渝中区不同业态重点商业楼宇经济指标统计表

业态类型	楼宇数量	就业密度		单位建筑面积税收总额		就业人口人均税收额度	
		均值/(人/1000m²)	标准差	均值/(元/m²)	标准差	均值/(元/人)	标准差
银行金融类	36	23.39	13.51	3 400.31	4 520.61	140 682.43	229 734.49
企业总部类	30	25.55	20.04	2 575.97	3 278.90	111 233.91	210 637.78
商务酒店类	86	17.16	20.83	331.72	711.41	12 436.84	20 059.85
超市卖场类	86	16.11	16.80	389.17	742.76	13 068.58	22 284.68
综合服务类	60	9.52	12.31	393.93	1 150.77	10 412.39	24 121.36

4.5　本章小结

本章针对城市空间结构及城市空间利用现状进行分析，包括对渝中区城市空间结构形成和特点的分析以及居住、商业空间利用现状评价。结果显示，渝中区城市用地在数量结构和空间格局上都发生了规律性的演变，城市空间结构日渐合理，不断向有序状态发展，逐渐形成功能分区；形成了以“居住、商服”为主导，道路交通为骨干、公共管理与公共服务用地相配合的城市用地结构体系；城市空间利用效益水平快速提高，商服金融业成为推动渝中区经济发展主要动力，社会经济与生态环境呈现协调发展的态势；经济因素、生态环境因素、人口因素和产业结构因素是渝中区城市空间结构演化的主要驱动因素。

通过对渝中区典型街区（两路口街道和大坪街道）内 15 个社区，共计 49 个（地块）居住小区的实地调查，对渝中区居住空间集约利用现状进行了评价。结果显示，大坪街道居住空间集约利用程度整体处于中度利用水平；两路口街道的居住用地空间整体集约利用程度处于适度利用水平，但内部极化现象较为严重。从区域分布来讲，呈现出沿长江二路从东北、西南两端向中间递减的趋势。居住空间集约利用程度具有“点-轴”式空间分布规律。

通过对渝中区重点商业楼宇的统计分析，对城市商业空间集约利用现状的评价，结果显示，渝中区重点商业楼宇空间集约利用程度总体较低且差异较大，处于一般以上等级的楼宇数量仅占总量的 50% 左右，近 50% 的楼宇处于较低等级。从空间分布来看，一般以上等级楼宇数量存在着东部片区>中部片区>西部片区的阶梯状分布规律；从其内部结构来看，西部片区整体较低，东部地区整体较好，中部片区居中。

第5章　轨道交通导向下城市综合交通体系与城市空间利用互动关系研究

通过对城市轨道交通与城市空间利用循环互馈机制的理论解析，认识到城市轨道交通与城市空间利用协调发展对促进城市可持续发展具有重要作用。随着城市规模扩张以及人口集聚和机动化进程的快速推进，城市交通与空间利用之间的矛盾不断加剧，正确评估城市交通与空间利用协调互动程度，揭示其内在影响因素显得尤为重要。从系统论的观点来看，城市轨道交通系统与城市空间利用系统的协调互动关系评价，属于复杂系统的多指标综合评价问题。本章在理清城市轨道交通系统与城市空间利用系统互动关系的基础上，应用数据包络分析方法（date envelopment analysis，DEA），从系统综合效率耦合度、纯技术效率耦合度、规模效率耦合度等方面分析重庆市渝中区轨道交通与城市空间利用系统的互动关系，并诊断系统耦合的主要影响因素，为提出改进措施提供依据。

5.1　渝中区城市交通发展特征及其模式选择

5.1.1　渝中区城市交通流量与出行方式分析

根据《重庆市主城区交通发展年度报告（2002年、2007— 2012年）》居民出行调查数据，重庆市主城区公共交通客运量从2007年的13.00亿人次增长到2012年的20.22亿人次，年均增长9.24%；其中地面公交客运量从12.00亿人次增长到17.70亿人次，年均增长8.08%；轨道交通客运量从0.35亿人次增长到2.44亿人次，自2010年开始呈几何级增长趋势。重庆市主城区居民日均出行量从2002年的916.00万人次增长到2010年的1339.00万人次，年均增长率为4.86%，其中渝中区居民日均出行量从2002年的94.00万人次增长到2009年的124.00万人次。在居民人均日出行次数方面，主城区从2008年的2.06次/日增长至2010年的2.25次/日，其中渝中区居民人均日出行次数从2.09次/日增长至2010年的2.26次/日，略高于重庆市主城区平均水平。在居民出行方式构成方面，重庆市主城区居民出行步行比例从2002年的62.67%下降至2010年的47.50%，地面公交出行从27.10%增长至32.80%，出租车出行从4.38%增长至

6.70%，小汽车出行从4.73%增长至11.50%。

表5-1 重庆市主城区居民出行量及其方式结构

年份	主城区交通客运量/亿人次			居民日均出行量/万人次		人均日出行次数/(次/日)		主城区居民出行方式结构/%					
	总量	地面公交	轨道交通	主城区	渝中区	主城区	渝中区	步行	地面公交	轨道交通	出租车	小汽车	其他
2002	—	—	—	916.00	94.00	2.06	2.09	62.67	27.10	0.00	4.38	4.73	1.12
2007	13.00	12.00	0.35	1210.00	127.00	2.18	2.29	50.39	34.30	0.79	5.09	8.15	1.28
2008	15.70	15.20	0.40	1258.00	128.00	2.21	2.31	49.90	33.10	0.90	5.90	9.30	0.90
2009	17.00	16.50	0.42	1271.00	124.00	2.20	2.32	49.70	32.20	0.80	6.40	10.10	0.80
2010	18.50	18.00	0.45	1339.00	—	2.25	2.26	47.50	32.80	0.60	6.70	11.50	0.90
2011	18.30	17.40	0.83	—	—	—	—	—	—	—	—	—	—
2012	20.22	17.70	2.44	—	—	—	—	—	—	—	—	—	—

从重庆市主城区交通客运量构成来看，地面公交从2007年的92.31%下降至2012年的87.54%，而轨道交通从2.69%快速上升至12.07%，自轨道1号线、2号线、3号线和6号线开通以来，重庆主城区轨道交通客运量增长迅速，2002～2010年主城区居民选择地面公交出行比例呈先增后减的趋势，地面公交客运量缓慢下降。主城区居民小汽车出行比例呈稳步增长，而主干道高峰时段小汽车平均车速从2008年的30.12km/h下降至2012年的24.90km/h，居民小汽车出行比例持续增长是造成重庆市主城区城市道路交通压力的主要因素。

从渝中区居民日均出行量和人均日出行次数来看，2007～2010年渝中区居民日出行量基本维持在120万人次以上，说明渝中区居民出行交通量趋于稳定，但人均日出行次数呈缓慢增长趋势。受重庆主城区山地城市的本底特征影响，重庆主城区居民出行交通方式仍然以“地面交通（公交、出租车、小汽车）+步行”为主，“地面交通+步行”出行模式占居民总出行比例的98%以上。

5.1.2 渝中区城市地面公交分布及其流量

重庆渝中半岛南北方向为嘉陵江和长江环抱，跨江大桥与穿越半岛的隧道成为渝中区对外交通的重要通道。特殊的区位、地形等条件造就了渝中区“五路八桥”的道路交通格局，即依赖横跨嘉陵江的嘉华大桥、嘉陵江大桥、渝澳大桥、黄花园大桥、千厮门大桥与北面的江北区相连，依赖横跨长江的菜园坝长江大桥、重庆长江大桥、东水门大桥与南面的南岸区相连，通过东西走向的中干道、南干道、北干道以及长滨路、嘉滨路与西面的沙坪坝区、九龙坡区相连。

根据重庆市公交集团提供的数据，2011 年渝中区有公交线路 128 条，公交站点 228 座。地面公交站点覆盖渝中区全域，并呈现出“东多西少”、“主要分布在主干道路”的特点。根据《2008 年重庆市主城区交通调查报告》中的渝中区典型路段公交线路及客流量调查统计数据，受过江大桥数量限制，相对东西走向而言，渝中区南北向（连接南岸区、江北区）公交线路、客流量较大，其中嘉陵江大桥、渝澳大桥断面公交客流量超过 5 万人次/小时，为主城区公交客流量最为繁忙的线路。公交站点集中分布在解放碑、两路口、上清寺、朝天门和大坪五个商业区和周边的新华路、沧白路、临江路、中山支路、中山三路、上清寺路、长江二路、大坪正街以及沿嘉陵江、长江的嘉滨路和长滨路。渝中区地面公交线路主要以跨区服务为主，多为各公交线路的始发站（终点站），其中，解放碑和朝天门片区的始发站（终点站）线路数量最多。从公交线路走向来看，以东西向的“新华路—民族路—沧白路—临江路—北区路—人民路—嘉陵桥路”一线、“民生路—中山一路—中山二路—中山支路—中山三路—长江一路—长江二路—大坪正街”一线、“陕西路—解放东路—解放西路—北区路—蔡袁路”一线以及“嘉滨路—李子坝正街—龙隐路—红岩路”一线和南北向的“菜园坝立交—牛角沱立交”一线、“中山三路—嘉陵江路”一线、“石黄隧道”一线的公交线路分布最为密集。

表 5-2　重庆市渝中区 2008 年典型路段公交线路及客流量统计表

道路名称	公交线路数量/条	公交车流量/(辆/小时)	客流量/(人次/小时)	道路走向
嘉陵江大桥、渝澳大桥	51	1416	55278	南北走向
长江一路国际村	29	957	43961	东西走向
中山二路	25	701	26210	东西走向
长江大桥北桥头	26	541	20523	南北走向
黄花园大桥	18	369	15864	南北走向
人民路	18	424	15098	东西走向
八一隧道、向阳隧道	18	265	10444	东西走向

5.1.3　渝中区城市轨道交通分布及其流量

截至 2012 年年底，重庆市主城区已运营轨道交通线路 4 条，即地铁 1 号线、轻轨 2 号线、轻轨 3 号线、地铁 6 号线，运营里程达到 131km。其中，地铁 1 号线起点站位于渝中区小什字（小什字—大学城），长约36.80km，于2011年建成通车运营，在渝中区辖区内设有朝天门、小什字、较场口、七星岗、两路口、鹅岭、大坪、石油路等8个站点，与轨道交通2号线和3号线分别在较场口站、大坪站和两路口站实现换乘。轻轨2号线起点站位于渝中区较场口（较场口—新山村），长约19.30km，于2004年建成通车运营，在渝中区辖区内设有较场口、临江门、黄花园、大溪沟、曾家岩、牛角沱、李子坝、佛图关、大坪等9个站点，与轨道交通1号线和3号线分别在较场口站、大坪站和牛角沱站实现换乘。轻轨3号线（二塘—江北机场）自南向北穿越渝中区，长约56.10km，于2011年建成通车运营，在渝中区辖区内设有两路口、牛角沱2个站点，纵向穿过渝中区，并与轨道交通1号线和2号线分别在两路口站和牛角沱站实现换乘。地铁6号线自南向北穿越渝中半岛，在渝中区设有小什字站，并与地铁1号线实现换乘。

表5-3　重庆市主城区轨道交通客运量统计表　　单位：万人

年份	轨道交通2号线			轨道交通1号线			轨道交通3号线		
	年客运总量	日均客运量	最大日客运量	年客运总量	日均客运量	最大日客运量	年客运总量	日均客运量	最大日客运量
2005	827.00	3.50	8.60	—	—	—	—	—	—
2006	2202.00	6.00	14.20	—	—	—	—	—	—
2007	3500.00	9.50	16.00	—	—	—	—	—	—
2008	3988.00	10.90	16.29	—	—	—	—	—	—
2009	4181.00	11.45	18.64	—	—	—	—	—	—
2010	4500.00	12.30	20.00	—	—	—	—	—	—
2011	5625.50	16.00	25.00	1678.81	10.00	19.70	1027.21	8.00	29.60
2012	6901.30	18.91	24.81	6200.37	16.99	35.17	10920.23	29.64	54.23
运载能力	9478.62	—	—	14551.26	—	—	11634.52	—	—

随着重庆主城区轨道交通网络的形成，客流量呈迅猛增长趋势（表5-3）。其中2012年轨道交通3号线年客运总量已达1亿人次，年客运总量达到设计运载能力的93.86%；轨道交通2号线年客运总量达到设计运载能力的72.81%；由于轨道交通1号线采取分段建设，尚未全线开通，2012年客运总量超过6000万人次，仅实现设计运载能力的42.61%。从2012年渝中区主要轨道站点客流量来看（表5-4），渝中区主要轨道站点客流量占重庆市主城区轨道交通客流总量的23.57%，主要轨道站点日均客流量为17.25万人次，如按照居民日均出行量130万人次计算，主要轨道交通站点日均客流量占居民日均出行量的13.27%以上，说明轨道交通已经成为渝中区居民出行的主要公共交通工具之一。其中轨道

交通1号线渝中区主要站点（小什字、较场口）年客运量占1号线总量的27.42%，轨道交通2号线渝中区主要站点（大坪、牛角沱、临江门、较场口）年客运量占2号线总量的38.53%，轨道交通3号线渝中区主要站点（两路口）年客运量占3号线总量的11.92%。在渝中区6个主要站点中，超过1000万人次的站点有4个（小什字、临江门、两路口、较场口），大坪站超过800万人次，而牛角沱站尚未超过400万人次。即客运量主要分布在东部的解放碑CBD（小什字站、较场口站、临江门站）、中部的两路口—上清寺（两路口站、牛角沱站）和西部的大坪（大坪站），在功能定位上，东部解放碑CBD站点为终点站，中部主要为枢纽站（宗会明等，2014a）。

表5-4 重庆市渝中区2012年主要轨道交通站点客运量统计表 单位：万人

车站名称	轨道交通1号线			轨道交通2号线			轨道交通3号线
	小什字站	较场口站	大坪站	牛角沱站	临江门站	较场口站	两路口站
年总客运量	1047.91	652.25	891.39	392.41	1375.28	651.66	1302.09
月均客运量	87.33	54.35	74.28	32.70	114.61	54.31	108.51
日均客运量	2.86	1.78	2.44	1.07	3.76	1.78	3.56

5.1.4 渝中区城市交通模式选择：以轨道交通为骨架、地面公交为补充的公交主导型模式

自2006年以来，随着社会经济的不断发展，重庆市主城区私人小汽车呈现“增量、增速”双增长的局面，私人小汽车占机动车比重从2006年的约30%增长至2012年的49.70%，主城区每年增长的机动车中，70%以上为私人小汽车。机动车的增加，导致车速不断下降，2012年主城区内环以内干道高峰时段平均车速为24.90km/小时，而商圈区域高峰时段平均车速仅为20.60km/h；内环以内区域道路拥堵比重大、程度严重，其中主城5大商圈拥堵最为严重（渝中区解放碑、江北区观音桥、沙坪坝区三峡广场、南岸区南坪、九龙坡区杨家坪）。根据预测，到2020年重庆市主城区居民日均出行量将达到2800万人次左右（周涛和肖艾华，2007），居民出行需求的持续增长和日益严峻的道路交通拥堵问题，导致重庆市主城区交通供需矛盾日趋突出。

就渝中区而言，目前城市路网密度已达到6.25km/km^2，其中解放碑CBD片区已经超过10km/km^2，为全国同类城市最高水平；路网结构不合理（主、次、支路比例为2∶0.93∶1.60，理想的比值为2∶3∶6），道路宽度仅为主城区平均值的1/2，路网交通容量有限，交通压力较大，东中部区域拥堵点较多。面对城市居民日益增长的快速机动化出行需求，从我国大城市交通发展的经验来看，仅

依靠地面常规公交系统很难实现上述需求，且渝中区受山地地形影响，城市开发呈三维用地特征，城市空间利用表现出高密度、紧凑型开发趋势，用地紧凑、人口密集、就业集中的城市土地利用形态以及超负荷的城市道路网络等城市发展本底特征，决定了轨道交通在渝中区城市公共交通出行中将居于核心地位。当前渝中区轨道交通分担率为15%～20%，城市交通结构进入了以轨道交通为骨架的公交导向发展模式阶段（林震和杨浩，2005；张勇，2008）。因此，未来渝中区城市交通模式选择应注重强化地面公交与轨道交通的协同关系，完善轨道交通站点的交通接驳和换乘方式，形成以轨道交通为骨架，地面公交为补充的公共交通体系。

5.2 轨道交通系统与城市空间利用系统互动关系分析思路

根据系统论的观点，城市空间和城市交通作为城市发展的两大基石，始终交织在一起，相互影响、相互促进，存在着深刻的互动关系。随着城市的快速发展，轨道交通作为一种大容量的快速机动化交通工具，通过增强交通可达性影响着城市空间结构与城市成长发展。城市的交通系统在一定程度上决定了这个城市

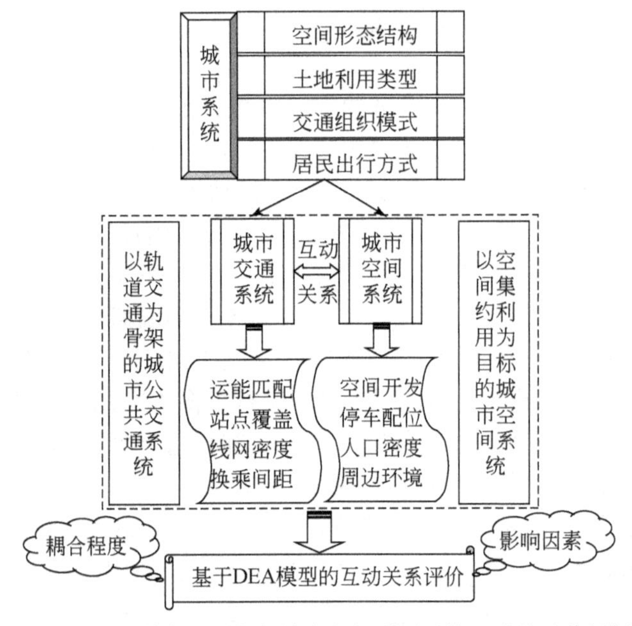

图5-1　城市轨道交通系统与城市空间利用系统互动关系分析框架

的空间布局，通过对交通系统的调整改进引导城市空间结构优化（鲍巧玲，2014）。如何评估城市交通系统与城市空间利用系统的相互影响、相互促进关系是当前城市规划研究的重要内容之一。基于渝中区紧凑型、高密度开发的城市空间利用本底特征，根据土地利用类型、城市空间开发特征的相似性与差异性原则，以渝中区城市道路骨干路网为边界，适当兼顾行政区划的相对一致性和完整性，将渝中区城市空间利用划分为 64 个单元，同时，根据渝中区公共交通导向型的城市交通发展战略模式选择所构建起的以轨道交通为骨架的城市交通系统以及城市交通系统（概括为轨道交通系统）和城市空间利用系统的多指标复杂系统综合评价要求，选择数据包络分析方法（date envelopment analysis，DEA），从系统综合效率耦合度、纯技术效率耦合度、规模效率耦合度等方面分析轨道交通与城市空间利用系统的互动关系，并诊断系统耦合的主要影响因素，为提出后续改进措施提供依据。

5.3　轨道交通系统与城市空间利用系统互动关系评价指标体系构建

5.3.1　评价指标体系选择原则

建立基于 DEA 模型的渝中区轨道交通系统和城市空间利用系统效率耦合度评价指标体系，在选取评价指标时，主要遵循以下原则：①数据的可获得性。某些指标虽然本身具有较好的代表性和可区分性，但是因为数据不完整或者数据不可获得，则无法使用，只能放弃或用相近的指标来代替。②输入、输出指标之间的相关性。决策单元各输入与输出指标之间并不是孤立的，某个指标的确定，会对其他指标的选择产生影响。③指标选择的全面性。所选择的指标应能够较全面地反映研究对象的各方面特征，以便能更全面地对决策单元进行评价。④指标选择的简洁性。在选择指标时，应在充分反映决策单元基本情况的前提下，尽可能地减少原始指标的数量，提高分析问题的针对性，减少计算量。⑤指标的客观性。所选的指标应能真实反映决策单元的现状情况。

5.3.2　渝中区轨道交通系统指标体系构建与分析

根据上述原则，将以轨道交通为骨架的城市公共交通系统评价指标体系分为目标层、准则层、指标层。围绕城市公共交通系统评价目标，从交通承载力、交通线网格局、交通便捷度三个方面构建城市轨道交通系统评价准则层指标，综合表达渝中区城市轨道交通系统的内在结构关系；根据各准则层指标在指标体系中的意义和特点，从操作层面选取了运能匹配度、站点覆盖率、线路交叉系数、道路公交网线路密度、换乘平均间距、交通舒适度等6个指标层指标（黄文娟，2005；姚新虎，2008；莫海波，2006；林国鑫和陈旭梅，2006；刘平和邓卫，2006；单传平，2008；王建军等，2008；方磊，2010），最终形成1个目标层、3个准则层和6个指标层的以轨道交通为骨架的城市公共交通系统综合评价指标体系（图5-2）。

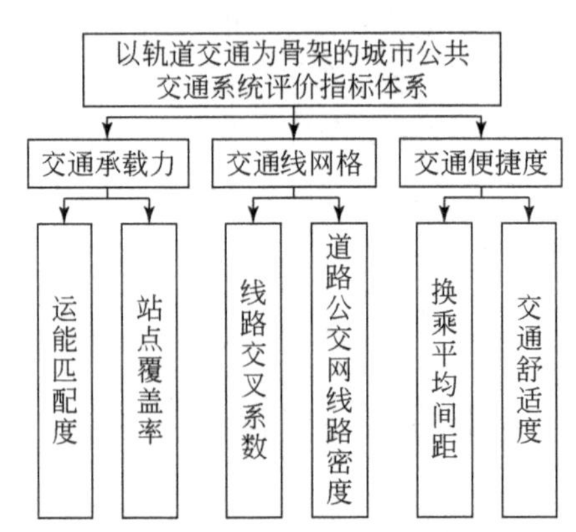

图5-2　以轨道交通为骨架的城市公共交通系统评价指标体系

各指标含义解释与计算方法如下。

1）运能匹配度。指客运高峰小时内，轨道交通换乘枢纽乘客流量与道路公交运输能力的比值，用来衡量道路公交运输能力与轨道交通运输能力的匹配度。

2）站点覆盖率。指公交站点服务面积占城市用地面积的比例，反映区域内站点分布的密度状况，根据渝中区实际情况，其服务半径按500m计算。

3）线路交叉系数。指平均每公里轨道交通线路与道路公交线路交叉条数，线路交叉系数越大，则地面公交为轨道交通集散和接运客流的能力就越大，越有利于两种交通方式的有机结合，更好地为乘客换乘服务。

4）道路公交网线路密度。指每平方公里的城市用地面积上，有公交经过的道路中心线长度总和，反映了居民接近道路公交线路的程度。

5）换乘平均间距。指乘客在各级枢纽步行换乘距离的加权平均值，反映换乘设施布局的合理程度。

6）交通舒适度。反映交通设施为乘客提供的服务水平。根据信息提示、遮掩设施、提供座位等方面综合赋值。

$$\rho = \frac{1}{n} \sum_{i=1}^{N} \frac{p_{iH}}{P_{ib}} \tag{5-1}$$

$$L = \frac{B}{A} \tag{5-2}$$

$$b = \frac{M}{G} \tag{5-3}$$

$$\xi = \frac{D}{S} \tag{5-4}$$

$$h = \frac{\sum_{i=1} L_i N_i}{\sum_{i=1} N_i} \tag{5-5}$$

上式中：ρ 为运能匹配度；N 为轨道交通换乘枢纽数；P_{iH} 为客运高峰小时轨道交通换乘枢纽 i 的换乘客流量，单位为人次/h；P_{ib} 为客运高峰小时为轨道交通换乘枢纽 i 服务的道路公交客运能力，单位为人次/h。L 为站点覆盖率；B 为站点服务面积；A 为城市用地面积。b 为线路交叉系数；M 为与轨道交通线路交叉的道路公交线路总条数；G 为轨道交通线路的总长度。ξ 为道路交通线网密度；D 为道路公交线路经过的道路中心线总长度；S 为道路公交服务的城市用地面积。h 为换乘平均间距；L_i 为轨道交通站点到公交站点 i 的步行距离；N_i 为经过站点 i 的公交线路条数。式中涉及的道路交通客流信息、公交站点及其线路数据主要根据渝中区建设和交通委员会提供的统计报告，并以渝中区 1∶10 000 城市土地利用现状图为工作底图，通过 ArcGIS9. 3 软件进行空间叠加分析处理，计算出 64 个决策单元的评价指标值（表 5-5）。

表 5-5　重庆市渝中区以轨道交通为为骨架的城市公共交通系统评价指标体系数据表

决策单元编号	运能匹配度/%	站点覆盖率/%	线路交叉系数/(条/km)	道路公交网线路密度/(km/km^2)	换乘平均间距/m	交通舒适度/%
DK01	46. 81	74. 68	0. 10	30. 62	444	94. 29
DK02	59. 70	95. 25	0. 10	46. 47	427	96. 36
DK03	43. 42	75. 60	36. 59	53. 76	338	94. 55
DK04	73. 17	100. 00	0. 10	53. 16	318	94. 87
DK05	65. 13	100. 00	8. 95	49. 74	297	100. 00
DK06	76. 57	100. 00	18. 43	59. 82	352	100. 00
DK07	94. 05	100. 00	6. 34	42. 16	315	95. 38
DK08	79. 23	100. 00	39. 97	53. 01	290	96. 67
DK09	96. 09	100. 00	24. 38	27. 22	289	96. 92
DK10	31. 11	71. 89	35. 94	35. 03	314	90. 00
DK11	13. 41	27. 24	0. 10	23. 66	445	80. 00
DK12	56. 37	98. 11	38. 16	34. 53	314	92. 73

续表

决策单元编号	运能匹配度/%	站点覆盖率/%	线路交叉系数/(条/km)	道路公交网线路密度/(km/km^2)	换乘平均间距/m	交通舒适度/%
DK13	95.47	100.00	36.43	43.79	251	100.00
DK14	82.89	100.00	13.65	54.76	268	98.25
DK15	34.29	79.96	19.63	50.95	330	100.00
DK16	39.72	84.96	30.42	57.41	329	90.00
DK17	50.40	100.00	32.35	39.78	310	96.78
DK18	74.60	100.00	17.27	35.95	278	100.00
DK19	14.80	31.95	0.10	38.87	380	72.85
DK20	26.64	37.84	0.10	29.86	340	86.27
DK21	71.13	100.00	0.10	23.86	269	100.00
DK22	60.95	80.98	0.10	28.46	284	92.46
DK23	0.92	100.00	0.10	14.19	374	76.90
DK24	33.01	100.00	25.48	45.43	252	83.55
DK25	48.83	52.53	0.10	44.65	404	88.00
DK26	11.44	99.76	0.10	22.62	376	83.50
DK27	0.01	0.01	0.10	27.52	556	75.43
DK28	0.01	0.01	0.10	29.83	425	60.00
DK29	0.01	0.01	0.10	41.93	529	81.25
DK30	12.9	14.84	0.10	70.96	363	88.00
DK31	19.41	46.86	10.34	43.77	390	95.56
DK32	21.48	24.71	17.06	56.38	377	88.77
DK33	23.63	36.82	18.26	69.81	391	94.29
DK34	19.37	30.18	34.66	64.32	373	88.89
DK35	86.94	100.00	85.11	91.53	263	100.00
DK36	70.70	89.75	56.86	85.39	307	98.33
DK37	56.54	100.00	32.19	82.06	342	95.47
DK38	58.82	92.11	74.55	82.13	333	92.35
DK39	50.16	89.73	13.75	43.59	362	96.00
DK40	45.54	72.26	56.34	59.37	230	91.32
DK41	97.04	100.00	24.28	54.04	115	100.00

续表

决策单元编号	运能匹配度/%	站点覆盖率/%	线路交叉系数/(条/km)	道路公交网线路密度/(km/km^2)	换乘平均间距/m	交通舒适度/%
DK42	24.02	36.81	69.15	49.62	373	84.00
DK43	13.46	15.48	101.26	43.49	341	95.56
DK44	26.88	45.69	25.54	39.91	419	88.89
DK45	40.72	53.85	19.10	30.43	211	93.33
DK46	29.64	45.43	27.48	40.69	501	95.00
DK47	0.01	0.01	4.81	21.28	709	80.00
DK48	0.01	0.01	0.10	13.58	771	84.68
DK49	51.46	53.04	16.41	26.01	605	100.00
DK50	19.93	23.50	28.48	36.81	640	92.61
DK51	51.31	48.58	39.56	46.11	445	98.74
DK52	48.35	51.95	11.45	26.03	542	93.55
DK53	6.17	6.63	51.41	11.90	316	80.00
DK54	60.21	87.8	28.11	36.94	320	95.26
DK55	88.23	100.00	38.65	52.21	190	100.00
DK56	74.14	68.72	35.60	38.23	199	100.00
DK57	87.65	98.36	17.88	22.44	226	100.00
DK58	10.39	11.66	43.3	10.43	379	92.36
DK59	28.61	32.10	0.10	14.47	374	80.00
DK60	0.01	0.01	0.10	20.93	1056	60.00
DK61	0.01	0.01	0.10	21.36	970	78.60
DK62	0.01	0.01	0.10	14.97	1558	73.79
DK63	0.01	0.01	0.10	10.42	1532	83.25
DK64	0.01	0.01	0.10	6.61	1815	63.31

5.3.3 渝中区城市空间利用系统评价指标体系构建与分析

将以空间集约利用为目标的城市空间利用系统评价指标体系分为目标层、准则层、指标层，从开发强度和综合效益两个方面构建城市空间利用系统评价准则层指标，综合表达渝中区城市空间利用系统的内在关系结构；根据各准则层指标在评价指标体系中的意义和特点，选取了停车位配比、地下空间开发率、综合容积率、人口密度、平均地价、周边环境满意度等6个指标层指标，最终形成1个目标层、2个准则层和6个指标层的城市空间利用系统评价指标体系（图5-3）。

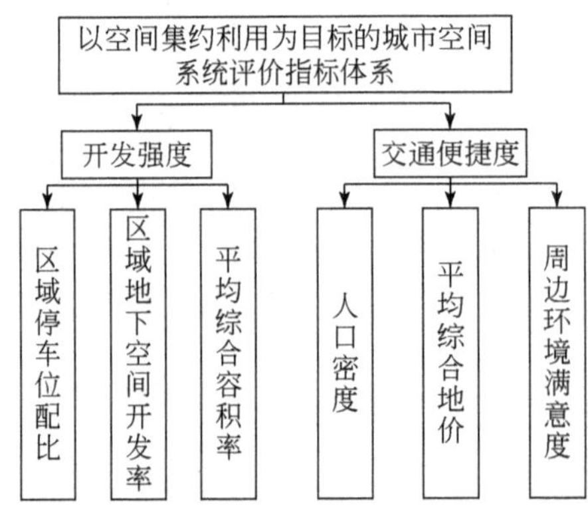

图5-3　以空间集约利用为目标的城市空间利用系统评价指标体系

各指标含义解释如下：

1）停车位配比。指决策单元内停车位数量与人口数量的比率，反映人均拥有停车位的水平。

2）地下空间开发率。指已开发地下空间量占地下空间理论开发量的比重，城市地下空间理论开发量为可开发总面积乘以开发深度的40%，重庆主城区以10m为开发深度标准。

3）平均综合容积率。指建筑总面积与占地面积的比值，反映城市空间集约利用情况。

4）人口密度。指决策单元总人口与建筑总面积的比值，反映各决策单元的人口疏密程度。

5）平均地价。反映决策单元的土地经济价值及经济发展水平。

6）周边环境满意度。反映建筑物内从业人员对周边设施、环境满意程度。

2011年重庆市渝中区64个地块单元城市空间利用指标数值详见表5-6。

表 5-6　重庆市渝中区以空间集约利用为目标的城市空间利用系统评价指标数据表

决策单元编号	区域停车位配比/(个/100m²)	区域地下空间开发率/%	平均综合容积率	平均综合地价/(元/m²)	人口密度/(人/hm²)	周边环境满意度/%
DK01	0.28	24.48	2.79	8371	1827	63.45
DK02	0.21	26.34	4.15	7010	2110	63.31
DK03	0.18	13.65	2.49	6704	1084	59.29
DK04	0.12	27.19	8.30	7794	2398	64.74
DK05	0.31	33.74	3.80	8468	2765	60.85
DK06	0.08	25.63	6.39	11953	1178	72.87
DK07	0.12	42.22	8.27	9977	2376	76.26
DK08	0.11	34.64	7.20	11953	1963	73.68
DK09	0.17	23.93	4.23	10965	1671	67.97
DK10	0.12	13.79	3.55	5899	1036	63.65
DK11	0.17	12.29	2.51	4070	1024	56.45
DK12	0.24	20.59	3.29	4960	1888	65.23
DK13	0.13	20.53	5.77	9770	1833	75.08
DK14	0.21	28.92	5.08	6471	2522	67.90
DK15	0.14	12.58	1.88	4164	624	64.26
DK16	0.16	18.11	4.33	3789	1679	66.10
DK17	0.10	15.94	5.49	3588	1293	89.15
DK18	0.38	16.31	1.20	5861	1092	62.90
DK19	0.15	14.7	3.49	3503	1283	75.68
DK20	0.13	12.92	3.91	3620	1225	73.90
DK21	0.08	16.40	5.16	4915	956	82.85
DK22	0.43	23.34	2.00	4296	2060	69.03
DK23	0.31	20.61	2.13	3978	1572	40.00
DK24	0.16	9.25	2.04	4987	787	22.40
DK25	0.19	5.69	1.09	4433	501	16.40
DK26	0.40	23.21	2.14	3503	2037	41.00
DK27	0.18	5.80	1.18	5078	515	80.00
DK28	0.18	8.22	1.66	3775	718	73.30
DK29	0.10	9.12	3.39	4104	780	15.33

续表

决策单元编号	区域停车位配比/(个/100m^2)	区域地下空间开发率/%	平均综合容积率	平均综合地价/(元/m^2)	人口密度/(人/hm^2)	周边环境满意度/%
DK30	0. 22	14. 94	2. 51	4892	1289	14. 56
DK31	0. 16	15. 29	3. 29	3911	1273	53. 87
DK32	0. 21	5. 14	0. 92	4056	451	35. 91
DK33	0. 15	10. 92	2. 26	4425	804	48. 79
DK34	0. 13	1. 41	1. 05	3810	321	20. 33
DK35	0. 06	7. 87	4. 25	5971	612	13. 23
DK36	0. 09	9. 92	4. 13	6883	922	14. 32
DK37	0. 12	12. 40	4. 85	4737	1343	14. 13
DK38	0. 02	0. 31	0. 58	5062	26	13. 45
DK39	0. 09	5. 74	1. 60	3503	341	13. 52
DK40	0. 25	14. 87	0. 76	3157	448	33. 87
DK41	0. 18	6. 48	0. 50	3289	216	21. 77
DK42	0. 35	11. 68	0. 78	3860	649	16. 85
DK43	0. 15	5. 22	0. 95	6329	348	11. 67
DK44	0. 16	2. 49	0. 58	3078	219	30. 17
DK45	0. 08	5. 14	0. 95	3206	190	63. 63
DK46	0. 07	3. 56	1. 34	4043	213	57. 95
DK47	0. 07	5. 85	2. 04	3506	328	64. 30
DK48	0. 09	4. 74	1. 62	3605	358	62. 70
DK49	0. 11	4. 80	1. 21	3978	314	72. 43
DK50	0. 12	5. 56	1. 48	4053	414	64. 71
DK51	0. 13	6. 28	2. 71	4088	497	73. 15
DK52	0. 17	11. 80	2. 31	4658	943	60. 14
DK53	0. 07	6. 57	3. 74	4302	579	68. 46
DK54	0. 03	4. 73	4. 95	4444	409	62. 84
DK55	0. 33	12. 48	1. 04	5236	807	70. 72
DK56	0. 18	7. 80	1. 49	4067	631	74. 91
DK57	0. 20	13. 36	2. 46	2963	1181	65. 00
DK58	0. 14	11. 67	2. 28	3278	762	65. 48

续表

决策单元编号	区域停车位配比/(个/100m²)	区域地下空间开发率/%	平均综合容积率	平均综合地价/(元/m²)	人口密度/(人/hm²)	周边环境满意度/%
DK59	0.11	5.18	1.60	2818	414	90.00
DK60	0.30	3.58	0.10	3037	68	78.56
DK61	0.05	0.69	0.44	3967	54	80.39
DK62	0.07	2.91	1.07	2755	176	82.21
DK63	0.24	3.62	0.23	2988	130	85.23
DK64	0.06	2.83	1.70	2855	250	80.64

5.4　渝中区轨道交通系统与城市空间利用系统互动关系实证分析

5.4.1　评价模型选择

数据包络分析（data envelopment analysis，DEA）是以“相对效率”概念为基础，根据多指标投入与多指标产出对相同类型的单位（部门）进行相对有效性或效益评价的一种系统分析方法。DEA 的经济学原理为：将生产技术固定条件下的各种可能投入和产出所形成的集合，称为生产可能性集合（production possibility set）；各种能使产出最大的投入组合，称为生产可能的效率前沿（efficiency frontier）；包络线就是在所有生产可能集合最佳的组合点所形成的边界，它将决策单元（decision making units，DMU）的投入产出项投影到几何空间中，判断其是否位于生产可能集合的前沿面上（梅丽，2008）。当某个 DMU 落在效率前沿边界上，则视 DMU 为有效率单位，其相对效率值为 1，表示在其他条件不变的条件下，该 DMU 既无法减少投入也无法增加产出；若 DMU 落在边界内，则该 DMU 为无效率的单位，给予一个值为 0～1 的效率指标，表示可在产出不变的情况下降低投入，或在投入不变的情况下增加产出。DEA 的优势有以下方面：第一，DEA 可以实现数据处理的多输入/多输出，在处理多输入—多输出的有效性评价方面有绝对优势；第二，DEA 方法不直接对指标数据进行综合，所以无需在建模前对其进行量纲化处理；第三，DEA 方法无须设任何权重假设，每一个权重都是由决策单元的实际数据求得的最优权重，其避免了评价者的主观因素，从而具有很强的客观性。DEA 通过对输入输出数据的综合分析，每个决策单元不仅可以得到综合效率的数量指标，还可进一步分析其纯技术效率、规模效率等获得各决策单元非 DEA 有效的原因的信息以及实施改进的方向。

C2R 模型是 DEA 的基本模型（吴丹，2009），是用来研究多输入多输出的 DMU 同时为规模有效与技术有效的理想方法。其有分式规划和线性规划两种表达形式。

假设有 n 个决策单元 DMU_j，$j=1$，2，…，n，DMU_j 的输入为 $X_j=(x1_j,\ x2_j,\ \cdots,\ xm_j)\ T>0$，输出为 $Y_j=(y1_j,\ y2_j,\ \cdots,\ ym_j)\ T>0$，输入和输出的可变权重向量分别为 $\boldsymbol{V}=(v_1,\ v_2,\ \cdots,\ v_m)\ T$，$\boldsymbol{U}=(u_1,\ u_2,\ \cdots,\ u_r)\ T$，以输入、输出进行“综合”。定义 DMU_j 的效率指数为输出和输入的综合之比。以被评价的决策单元 DMU_0 的效率指数 h_0 为最大目标，以所有决策单元的效率指数 $h_j\leqslant 1$ 为约束，构成 DEA 优化模型。其分式规划形式如下：

$$\begin{cases}\text{Max}\quad h_0=\dfrac{u^TY_0}{v^Tx_0}\\ \text{s. t. } h_j=\dfrac{u^TY_0}{v^Tx_0}\leqslant 1,\ j=1,\ 2,\ \cdots,\ n\\ U\geqslant 0,\ V\geqslant 0\end{cases}\tag{5-6}$$

通过 Charness-Cooper 变换，C2R 模型的分式规划形式（1）可以等价转化为线性规划形式如下：

$$\begin{cases}\text{Max}\quad u^TY_0\\ \text{s. t. } \omega^TX_j-\mu^TY_j\geqslant 0,\ j=1,\ 2,\ \cdots n\\ \omega\geqslant 0;\ U\geqslant 0\end{cases}\tag{5-7}$$

其中 $\omega=tV$, $\mu=tU$, $t=\dfrac{1}{V^TX_0}$ 转化为对偶规划模型如下：

$$\begin{cases}\text{Min}\theta=V_D\theta\\ \text{s. t. } \displaystyle\sum_{j=1}^{n}\lambda_j\chi_j\leqslant\theta\chi_0\\ \displaystyle\sum_{j=1}^{n}\lambda_jy_j\geqslant y_0\\ \lambda_j\geqslant 0\\ j=1,\ 2,\ \cdots,\ n\end{cases}\tag{5-8}$$

利用投入型 DEA 法评价以轨道交通为骨架的城市公共交通系统（T）和以空间集约利用为目标的城市空间利用系统（L）相互间效率的耦合度，将渝中区轨道交通系统（T）与城市空间利用系统（L）看做一种互为输入输出的投入产出系统，将轨道交通作为输入系统，城市空间利用情况作为输出系统，系统的投入产出有效性也就是城市轨道交通对城市空间利用的协调程度，即城市轨道交通系统对城市空间利用系统的综合效率，记为 μ_T，表示对城市空间利用系统而言，城市轨道交通系统的现有效率满足城市空间利用系统的发展水平；μ_T 是由其纯技术效率（α_T）和规模效率（β_T）组成，$\mu_T = \alpha_T \times \beta_T$，其中，纯技术效率是管理和技术水平等因素影响的生产效率，规模效率是指在制度和管理水平一定的前提下，现有规模与最优规模之间的差异。反之，将城市空间利用情况作为系统输入，城市轨道交通作为系统输出，系统的投入产出有效性则为城市空间利用系统对城市轨道交通系统的协调程度，记为 μ_L，表示对城市轨道交通系统而言，城市空间利用系统的现有效率满足城市轨道交通系统的发展水平；μ_L 是由其纯技术效率（α_L）和规模效率（β_L）组成，$\mu_L = \alpha_L \times \beta_L$。城市轨道交通和城市空间利用两个子系统相互协调发展水平的耦合度记为 μ_{TL}。

$$\mu_{TL} = \frac{\min(\mu_T,\ \mu_L)}{\max(\mu_L,\ \mu_T)} \tag{5-9}$$

其具体评价步骤如图 5-4 所示：

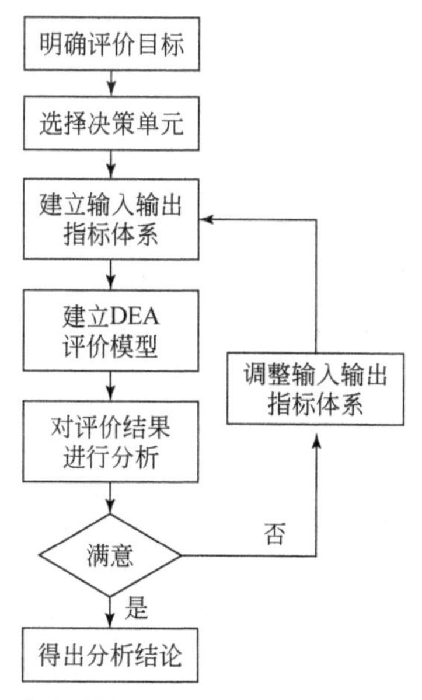

图 5-4　基于 DEA 模型的轨道交通系统与城市空间利用系统互动关系评价步骤

5.4.2　综合效率耦合度评价结果分析

遵循现状主干公路围合、围合区域同质性以及适当兼顾行政区划的原则，将渝中区划分为64个决策单元，并进行横向评价，分析其城市轨道交通和空间利用两个子系统间的效率耦合度以及影响因素。在渝中区全域所划分的64个决策单元中，城市轨道交通系统对城市空间利用系统综合效率协调程度μ_T的DEA有效率为56.25%，城市空间利用系统对城市轨道交通系统综合效率协调程度μ_L的DEA有效率为34.38%，而城市轨道交通与城市空间利用两个系统间综合效率耦合度μ_{TL}的DEA有效率为17.19%。对于城市空间利用系统（L）而言，城市轨道交通系统对城市空间利用系统协调程度μ_T越高，说明城市轨道交通系统的现有效率越能满足城市空间利用系统的发展，即城市轨道交通发展对城市空间利用支持程度越高。对于城市轨道交通系统（T）而言，城市空间利用系统对城市轨道交通系统协调程度μ_L越高，说明城市空间利用现有水平与城市轨道交通承载水平的匹配程度越高，即现有城市空间利用水平对城市轨道交通有效促进程度越大。而对于城市轨道交通-空间利用复合系统而言，城市轨道交通子系统与城市空间利用子系统耦合度（μ_{TL}）越高，整个城市巨系统越能够持续健康协调发展。

基于DEA模型分析结果，渝中区综合效率协调状况呈现出以下特征：①城市巨系统内整体耦合情况差异不大，大致呈现$\mu_{TL} < \mu_L < \mu_T$。②μ_{TL}平均达到0.777，但DEA有效率仅为17.19%，表明整体城市轨道交通-空间利用耦合程度较好，但效率较低，需进一步提高有效性。③μ_L平均达到0.834，而DEA有效率仅为34.38%，耦合程度与有效性相差较大。④μ_T平均达到0.897，且DEA有效率高达56.25%，耦合程度与有效性拟合较好。⑤渝中区μ_{TL}不高有两方面的原因，一方面由于城市空间开发时间较早，辖区面积小，城市扩张受到限制，城市空间集约利用压力较大；另一方面，近年来随着城市轨道交通系统兴建以及地面公交系统的进一步完善，城市综合交通体系发展迅速，而原有空间开发模式已不适应当前的城市综合交通系统。

就渝中区城市综合交通系统与城市空间利用两个系统间综合效率耦合度（μ_{TL}）而言，耦合度较高的区域呈点状分布于东、中、西部（图5-5）。其中西部片区耦合度较好区域主要集中在化龙桥街道、石油路街道，中部片区主要集中在鹅岭正街—菜园坝火车站区域，东部片区主要分布在学田湾正街—七星岗—石板坡立交沿线区域。渝中区μ_{TL}空间分布格局大体呈现以下特征：①以菜园坝立交—牛角沱立交为界，西部片区耦合度高于东部片区，并呈现出片区化分布特征；东部片区主要以学田湾正街、七星岗、石板坡立交为中心，以相连的交通干线为轴线，呈现出点轴分布特征；②以大坪、两路口、解放碑三大片区为核心，沿骨干路网向周边辐射区域耦合度逐级较低。

就渝中区城市综合交通对城市空间利用综合效率协调程度（μ_T）而言，协调效果较差区域主要集中在两大片区：一是以两路口为中心，呈西北—东南对称分布；二是长江一路—长江二路沿线区域。在现有的交通投入水平下，两片区仍需进一步提高空间利用的集约化水平，提高利用效率。就渝中区城市空间利用对城市综合交通综合效率协调程度（μ_L）而言，协调效果较差区域主要集中在渝中区东部解放碑街道、朝天门街道、望龙门街道、南纪门街道以及大溪沟街道东部。该区域一直是渝中区乃至重庆市的经济中心，集聚了大量的人流、物流、信息流，其空间利用集约化程度较高，但是由于渝中区特殊的地理位置约束，相对于较高的空间集约利用水平而言，其综合交通配套建设较为落后，不能满足经济核心对交通设施的需求，仍需进一步完善。

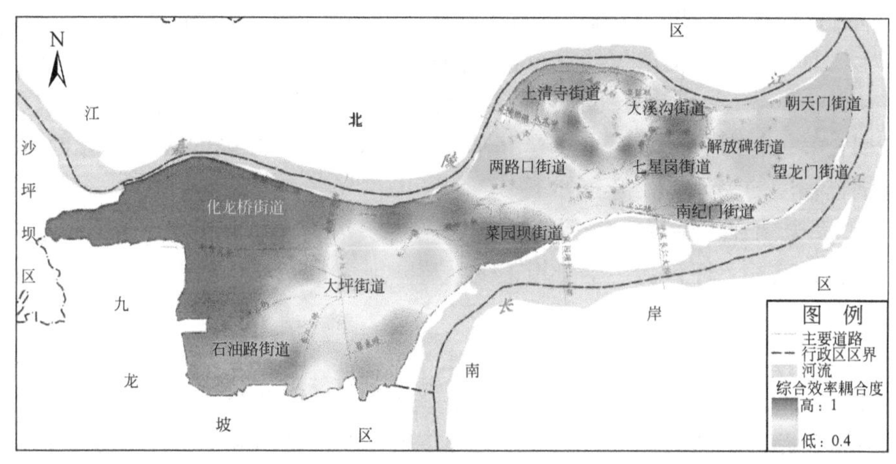

图5-5　重庆市渝中区轨道交通系统与城市空间利用系统综合效率耦合度空间分布图

参考彭沙沙等（2011）、罗铭等（2008）的研究成果，建立渝中区城市轨道交通-空间利用复合系统耦合评价标准（表5-7），对渝中区城市轨道交通系统和空间利用系统耦合情况进行等级划分（表5-8）。

表5-7　重庆市渝中区城市轨道交通-空间利用复合系统耦合评价标准

评价等级	基本不耦合	基本耦合	耦合	完全耦合
指标值	[0, 0.6)	[0.6, 0.8)	[0.8, 1)	1

表5-8　重庆市渝中区城市轨道交通-空间利用复合系统耦合等级划分

耦合评价等级	标准值范围	决策单元个数	耦合度参数均值		
			μ_{TL}	μ_T	μ_L
完全耦合	1	11	1	1	1
耦合	[0.8, 1)	19	0.924	0.945	0.881

续表

耦合评价等级	标准值范围	决策单元个数	耦合度参数均值		
			μ_{TL}	μ_T	μ_L
基本耦合	[0.6, 0.8)	23	0.683	0.826	0.810
基本不耦合	[0.3, 0.6)	11	0.494	0.858	0.636

渝中区城市轨道交通系统和空间利用系统综合效率耦合度评价的整体特征表现为：①耦合评价等级与决策单元数量呈倒“U”形分布；②大石化组团以及上清寺—七星岗片区整体耦合评价等级较高，而鹅岭—两路口片区、解放碑—朝天门片区整体耦合评价等级较低；③渝中区基本耦合与基本不耦合的决策单元占总数的一半以上，且耦合度平均值仅约0.600，整体耦合度提升空间较大（图5-5）。

从评价结果可以看出，64个决策单元中，数量最多的是基本耦合等级，其次是耦合等级，最少的是完全耦合和基本不耦合，两个等级的决策单元数相同。不同耦合程度的决策单元分布如下

1）完全耦合。决策单元个数有11个，占决策单元总数的17.19%，主要分布在经纬大道—大坪正街—李子坝正街、菜园坝火车站以及重庆人民广场—黄花园大桥三个片区。

2）耦合。决策单元个数为19个，占决策单元总数的29.68%，其μ_{TL}平均值为0.924，μ_T平均值为0.945，μ_L平均值为0.881，主要分布在大石化组团的嘉滨路—瑞天路、经纬大道—石油路、大坪正街—医学院路和菜袁路—蔡九路四个区域以及渝中区中部的中山四路—人民支路和七星岗周边地区。

3）基本耦合。决策单元个数为23个，占决策单元总数的35.94%，其μ_{TL}平均为0.683，μ_T平均为0.826，μ_L平均为0.810，主要分布在三个区域，即长江二路—黄杨路—上肖家湾，长江一路—两路口周边，较场口附近的民生路—临江路—沧白路、解放西路—解放东路—道门口。

4）基本不耦合。决策单元个数为11个，占决策单元总数的17.19%，其μ_{TL}平均为0.494，μ_T平均值为0.858，μ_L平均值为0.636，主要分布在两个区域，即渝中区中部鹅岭片区的健康路—体育路—牛角沱立交周边以及东部解放碑—朝天门周边地区。

5.4.3 纯技术效率耦合度结果分析

在渝中区全域所划分的64个决策单元中，城市轨道交通系统对城市空间利用系统纯技术效率协调程度α_T的DEA有效率为67.19%，城市空间利用系统对

城市轨道交通系统纯技术效率协调程度 α_L 的 DEA 有效率为 57.81%，而城市轨道交通系统与城市空间利用系统纯技术效率耦合度 α_{TL} 的 DEA 有效率为 40.63%。对于整个城市空间利用系统（L）而言，城市轨道交通系统对城市空间利用系统的纯技术效率协调程度 α_T 的 DEA 有效率达到 60% 以上，说明城市轨道交通系统作为要素投入，在现有的技术条件下其产出效率较高，即城市轨道交通发展对城市空间利用支持程度较高。对于整个城市轨道交通系统（T）而言，城市空间利用系统对城市轨道交通系统的纯技术效率协调程度 α_L 的 DEA 有效率达到 50% 以上，说明一半以上的城市空间利用现有水平可以推动城市轨道交通承载水平相应提高，即现有城市空间开发模式对城市轨道交通促进程度较为有效。对于城市轨道交通-空间利用复合系统而言，城市轨道交通子系统与城市空间利用子系统纯技术效率耦合度（α_{TL}）较低，整个城市巨系统内部各要素间更加协调。

表 5-9 重庆市渝中区城市轨道交通与空间利用系统纯技术效率耦合等级划分

耦合评价等级	标准值范围	决策单元个数	耦合度参数均值		
			α_{TL}	α_T	α_L
完全耦合	1	26	1	1	1
耦合	[0.8，1)	26	0.899	0.932	0.930
基本耦合	[0.6，0.8)	11	0.709	0.890	0.785
基本不耦合	[0.3，0.6)	1	0.407	1	0.407

基于 DEA 模型分析结果（表 5-9），渝中区轨道交通与空间利用系统的纯技术效率耦合状况呈现以下特征：①处于完全耦合、耦合等级的决策单元数量为 52 个，占总数的 81.25%，说明轨道交通与空间利用系统的纯技术效率耦合度较好；②轨道交通与空间利用系统的纯技术效率除 DEA 有效单元外，耦合情况大体呈现出 $\alpha_L < \alpha_{TL} < \alpha_T$，其整体分布情况与综合效率耦合类型分布状况基本一致；③ α_{TL} 除 DEA 有效决策单元之外平均值为 0.831，耦合度较高，但 DEA 有效率较低，仍有较大提升空间；④ α_T 除 DEA 有效单元之外平均值为 0.858，其 DEA 有效率也较高，但 α_L 除 DEA 有效单元之外平均值为 0.823，表明在现有交通技术水平条件下，城市空间开发仍可进一步挖潜以提高其协调程度。

如图 5-6 所示，就渝中区城市综合交通系统与城市空间利用两个系统纯技术效率耦合度（α_{TL}）而言，空间分布大体可分为高值区、次高值区以及低值区。其中低值区主要分布在渝中区西部长江二路—嘉华隧道—上肖家湾—长江一路以东以南地区以及东部大溪沟街道华福巷—人和街周边区域、临江路—新华路靠江地区；次高值区主要集中在和平路—中山一路—中山三路—上清寺路以西以南地区。渝中区 α_{TL} 空间分布格局大体呈现出以下特征：①由于区域开发时序不同以及区域主导功能差异，耦合度呈现间隔分布特征；②经济中心外围区以及正在开发区域其耦合度总体不高。

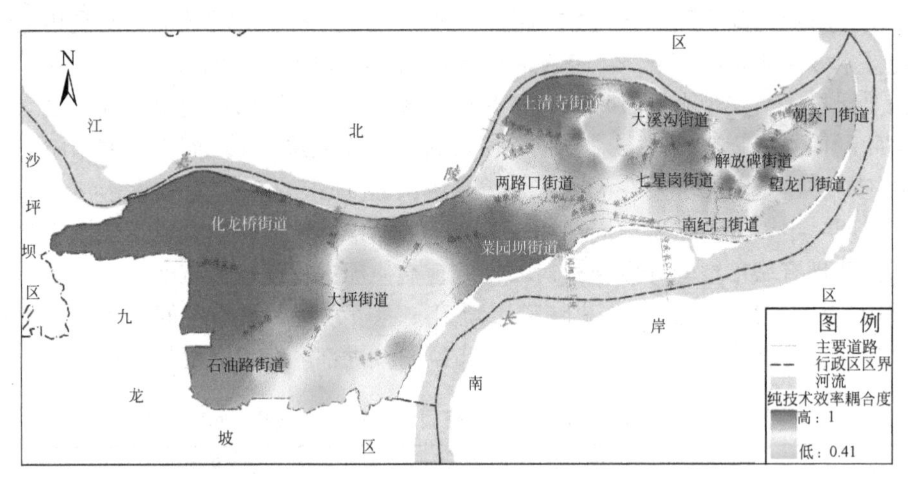

图 5-6　渝中区轨道交通系统与城市空间利用系统纯技术效率耦合度空间分布图

就渝中区城市综合交通对城市空间利用纯技术效率协调程度（α_T）而言，其低值区主要分布在长江一路—长江二路一线以及菜园坝立交—牛角沱一线。其协调程度主要与区域定位及区域空间开发模式有关，即菜园坝立交—牛角沱一线作为渝中区内部以及沟通区间的交通枢纽，其交通要素投入较多，导致 α_T 较低，而长江一路—长江二路一线作为渝中区正在大力开发的区域采取的是 TOD 开发模式，其效率失调的情况只是阶段性的特征。就城市空间利用对城市综合交通纯技术效率协调程度（α_L）而言，低值区主要集中在大溪沟街道西部地区以及临江路—新华路靠江地区，即城市更新中的老旧片区。由此可以看出，城市危旧改造成为 α_L 优化的关键因素，即在现有的交通技术水平下，加快城市更新进程，可进一步提高老旧空间的利用效率。

5.4.4　规模效率耦合度结果分析

在渝中区全域所划分的 64 个决策单元中，城市轨道交通系统对城市空间利用系统的规模效率协调程度 β_T 的 DEA 有效率为 56.25%，且规模报酬最优的决策单元占总决策单元的 54.69%。城市空间利用系统对城市轨道交通系统的规模效率协调程度 β_L 的 DEA 有效率为 34.38%，且规模报酬最优的决策单元占总决策单元的 34.38%。而城市轨道交通系统与城市空间利用两个系统间规模效率耦合度（β_{TL}）的 DEA 有效率为 17.19%。对于整个城市空间利用系统（L）而言，城市轨道交通对城市空间利用的规模效率协调程度 β_T 均值为 0.935，说明城市轨道交通系统的要素投入规模报酬较优，基本能够满足城市空间开发对交通的规模需求。对于整个城市轨道交通系统（T）而言，城市空间利用对城市轨道交通系统的规模效率协调程度 β_L 均值为 0.901，较 β_T 偏低，说明城市空间利用现有水平还没有达到城市轨道交通系统的承载水平，即现有城市空间开发模式对城市轨道交通系统的促进效率不足。而对于城市轨道交通-空间利用复合系统而言，城市轨道交通子系统与城市空间利用子系统的规模效率耦合度（β_{TL}）均值达到 0.854，整个城市巨系统规模效率耦合度较优，但相对于 β_L 与 β_T 的协调程度仍有部分提升空间。

表 5-10　重庆市渝中区城市轨道交通与空间利用系统规模效率耦合情况表

耦合评价等级	标准值范围	决策单元个数	耦合度参数均值		
			β_{TL}	β_T	β_L
完全耦合	1	11	1	1	1
耦合	[0.8，1)	32	0.939	0.960	0.947
基本耦合	[0.6，0.8)	15	0.701	0.870	0.823
基本不耦合	[0.3，0.6)	6	0.519	0.845	0.674

基于 DEA 模型分析结果，渝中区城市轨道交通与空间利用系统的规模效率耦合状况呈现出以下特征（表 5-10）：①渝中区城市轨道交通与空间利用系统的规模效率耦合等级较高，处于耦合、完全耦合的决策单元数量为 43 个，占总数的 67.19%，但仍有 6 个决策单元处于基本不耦合等级；②对于 β_T 而言，β_T 规模报酬随着决策单元纯技术效率耦合程度的提高而呈现出递增趋势，在耦合的决策单元中，其规模报酬处于递增状态的占 56.25%，在基本耦合的决策单元中，其规模报酬处于递增状态的占 46.67%，在基本不耦合的决策单元中，其规模报酬处于递增状态的占 33.33%；③对于 β_L 而言，β_L 规模报酬整体递减趋势随决策单元综合效率耦合程度提高而有所缓解，在耦合的决策单元中，其规模报酬处于递减状态的占 46.88%，在基本耦合的决策单元中，其规模报酬处于递减状态的占 53.33%，在基本不耦合的决策单元中，其规模报酬处于递减状态的占 66.67%。

就渝中区城市综合交通系统与城市空间利用两个系统间规模效率耦合度（β_{TL}）而言（图 5-7），其耦合度较低区域主要分布在两个片区：一是两路口周边地区；二是解放碑街道、望龙门街道东部、朝天门街道西部地区。渝中区 β_{TL} 空间分布格局大体呈现出以下几点特征：①西部地区规模效率耦合情况略优于东部地区；②经济发展水平以及交通区位是影响规模效率耦合度空间分布的主要因素，即极化作用导致效率不平衡。

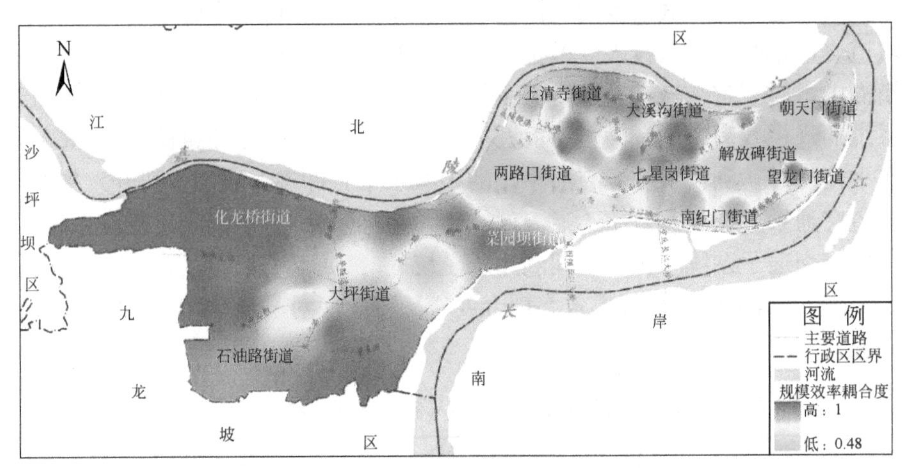

图 5-7　重庆市渝中区轨道交通系统与城市空间利用系统规模效率耦合度空间分布图

就城市轨道交通对城市空间利用规模效率协调程度（β_T）而言，渝中区中部耦合度较低，而东西两端耦合度较高。其原因是：一方面中部地区是渝中区内部东西交通要道以及南北对外交通枢纽，而另一方面该区域集中了鹅岭公园、大田湾体育馆、枇杷山公园等提供居民休闲、休息的公共服务场所，导致渝中区中部交通枢纽的定位与其现有空间利用形式不匹配。而该片区仍处于规模效益递增阶段，说明在现有交通要素投入规模下，该地区空间利用规模效率仍有较大提升空间。就渝中区城市空间利用对城市轨道交通规模效率协调程度（β_L）而言，其低值区主要集中在渝中区东部解放碑 CBD 片区。解放碑 CBD 作为渝中区的核心地区，其开发历史较早，平均容积率达到 17.63，远高于美国纽约 CBD 平均容积率，说明该区域空间要素利用率相对较高。但是其高效率的空间要素投入规模已处于收益递减阶段，即已出现规模不经济的问题，这主要是由于落后的交通系统效率不能满足其空间利用的需要，交通拥堵成为该区域发展的一大瓶颈。

5.4.5　轨道交通系统与城市空间利用系统耦合度影响因素分析

城市轨道交通与城市空间利用两个系统间综合效率耦合度直接与可变规模报酬下的纯技术效率（Vrste）耦合度、规模效率（Se）耦合度成正相关，依据 Vrste 耦合度和 Se 耦合度将渝中区不同综合效率耦合类型的 64 个决策单元进行分类，以考察不同决策单元综合效率耦合类型的影响因素。以纯技术效率耦合度 Vrste 和规模效率耦合度 Se 为变量绘出了 Vrste-Se 分布散点图（图 5-8）。其中以 Vrste 和 Se 的平均值为标准，将 Vrste-Se 空间划分为四个象限：即 Vrste 高于其平均值的为高纯技术效率耦合，低于其平均值的为低纯技术效率耦合度，Se 高于其平均值的为高规模效率耦合度，低于其平均值的为低规模效率耦合度。

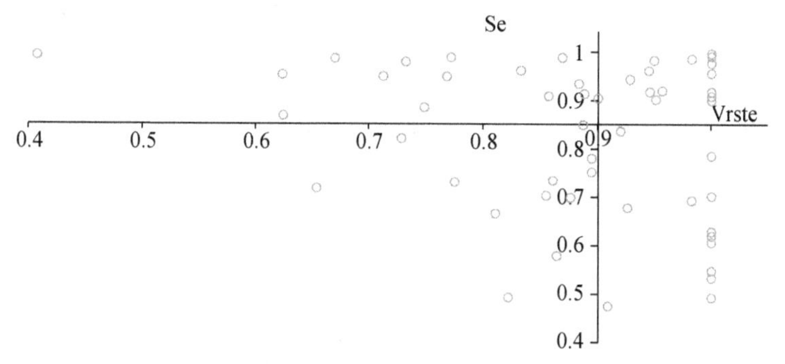

图 5-8　重庆市渝中区轨道交通系统与城市空间利用系统 Vrste-Se 散点图

位于第一象限的决策单元 Vrste 和 Se 都处于较高水平，综合效率耦合度处在较优水平，可称为“H-H”型；位于第二象限的决策单元 Se 较高，但 Vrste 较低，说明决策单元综合效率耦合度不优的主要原因在于纯技术效率耦合度不足，投入要素的使用效率差异较大，可称为“L-H”型；位于第三象限的决策单元 Vrste 和 Se 都较低，决策单元综合效率耦合度不优的主要原因在于投入要素使用没有效率并且规模无效率，可称为“L-L”型；位于第四象限的决策单元 Vrste 较高但 Se 较低，说明决策单元的要素投入不足或者过多从而无法达到最佳的规模报酬状态，导致规模效率差异较大，可称为“H-L”型。

表 5-11　重庆市渝中区城市轨道交通与空间利用系统耦合类型 Vrste-Se 分布情况

单位：%

耦合类型	决策单元数量	H-H		L-H		L-L		H-L	
		数量	比例	数量	比例	数量	比例	数量	比例
完全耦合	11	11	100	0	0	0	0	0	0
耦合	19	15	79	4	21	0	0	0	0
基本耦合	23	0	0	8	35	7	30	8	35
基本不耦合	11	0	0	2	18	5	46	4	36

渝中区 64 个不同耦合类型决策单元的 Vrste-Se 空间分布特征为（表 5-11）：①位于综合效率耦合度较优的第一象限的决策单元由完全耦合与耦合两种类型组成，且完全耦合与耦合两种类型的决策单元也基本都处在 Vrste 和 Se 较优水平；②对于耦合的 19 个决策单元而言，其 21% 属于“L-H”型，其综合效率耦合度不高的主要原因是部分决策单元纯技术效率不足，投入要素使用效率较低，导致

α_L 与 α_T 差距过大；③对于基本耦合的决策单元而言，其综合效率耦合度提升的难度较大，第二象限、第三象限以及第四象限分布比例较均匀，均在30%以上；④对于基本不耦合的决策单元而言，其影响综合效率耦合度不高的主要类型是“L-L”，占比达到46%，纯技术效率耦合度以及规模效率耦合度值均小于各个均值，急需重新安排要素投入以及匹配相应的使用规模。

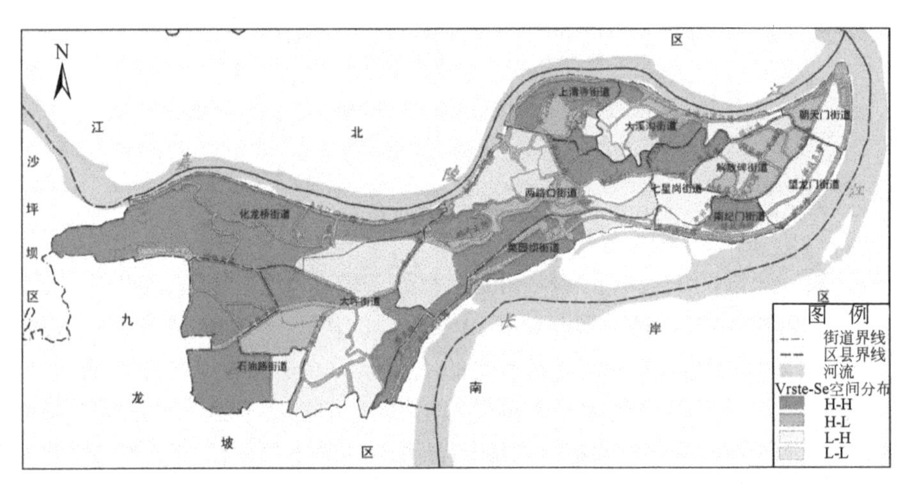

图5-9　重庆市渝中区轨道交通系统与城市空间利用系统 Vrste-Se 空间分布图

图5-9反映的是不同Vrste-Se空间类型在渝中区的分布格局。其中“H-H”类型，主要呈“V”形分布格局，即西部大石化片区的嘉陵江滨江路—科园六路—奥体路—大坪正街—李子坝正街围合区域，中部鹅岭—两路口片区的菜袁路—长江滨江路—菜园坝立交—鹅岭正街围合区域以及上清寺—七星岗片区的中山三路—中山二路—民生路—北区路围合区域。“L—H”类型，主要分布在渝中区西南的大坪街道长江二路—菜袁路地区以及东部两端的华福巷—人民路—临江路、中山二路—新华路—陕西路地区。“H—L”类型，主要围绕各个区域中心分布，即大坪周边大坪正街—长江二路地区、两路口周边中山支路—长江一路—鹅岭正街地区、重庆人民广场周边中山四路—学田湾正街—黄花园立交地区以及“解放碑—朝天门”片区西南—东北地区。“L—L”类型，主要分布在各个居住组团中心周边地区，即大坪—长江一路两边地区，牛角沱周边地区，七星岗外围华福巷、民生路、枇杷山周边地区。

（1）“H-L”型决策单元影响因素分析

“H-L”型决策单元，其综合效率耦合度主要属于基本耦合和基本不耦合两个耦合度较差的级别，该类型决策单元耦合级别较低主要受制于规模效率非有效，由于决策单元的要素投入不足或者过多无法达到最佳的规模报酬状态。其中，受城市轨道交通系统投入规模效率较低的决策单元数量有4个（表5-12），主要分布在重庆市政府所在地、两路口转盘、长江一路—鹅岭正街、大坪正街等区域，属于城市轨道交通系统投入的规模报酬递增类型，即该类区域应通过继续扩大城市轨道交通系统投入的规模，增强其集聚效应，以达到最佳的规模报酬状态。

表5-12　重庆市渝中区基于城市轨道交通系统投入的“H-L”型决策单元规模效率统计

决策单元编号	规模效率	规模报酬状态
DK25	0.69	递增
DK35	0.68	递增
DK40	0.79	递增
DK54	0.84	递增

在“H-L”型决策单元中，由于城市空间利用系统规模效率导致的综合效率耦合度不佳的决策单元数量为8个（表5-13），属于城市空间利用的规模效率递减类型，主要分布在朝天门嘉陵江一侧片区、解放碑CBD核心区、黄花园大桥桥头靠近大溪沟方向区域，这些区域的空间利用状况超过了现有城市轨道交通系统的承载能力，出现了规模不经济状况，在对空间过度开发利用进行调控的同时，加大城市轨道交通系统的投入建设，使决策单元达到空间利用、交通匹配的高效率耦合。

表5-13　重庆市渝中区基于城市空间利用系统投入的“H-L”型决策单元规模效率统计

决策单元编号	规模效率	规模报酬状态
DK02	0.53	递减
DK05	0.48	递减
DK06	0.49	递减
DK07	0.62	递减
DK09	0.55	递减
DK13	0.63	递减
DK18	0.6	递减
DK55	0.70	递减

（2）“L–H”型决策单元影响因素

“L–H”型决策单元影响其综合效率耦合度的主要因素是纯技术效率，即因管理和技术水平等因素引起的投入要素的生产效率差异，产生这种不同生产效率的是各指标的投入量的差异。基于 DEA 方法，将渝中区城市轨道交通系统与城市空间利用系统看作互为输入输出的投入产出系统，利用其计算结果中的各决策单元的原始值和改进效率目标值得出各决策单元在基于产出指标一定的前提下，投入指标的改进值，从而得到各指标需要改进的幅度，改进幅度越大，说明其对于决策单元的影响也就越大。

受城市轨道交通系统投入因素影响的“L–H”型决策单元数量有 5 个，主要分布在七星岗、南纪门以及大坪街道，分别是石板坡立交以东的中兴路—和平路—兴隆路围合区域、枇杷山正街—中山一支路—中山一路—中山二路围合区域以及由长江二路以南的大坪居住组团区域。从表 5-14 可以发现，城市轨道交通系统评价指标体系的 5 个指标中平均改变幅度较大的为运能匹配度（49.41%）和站点覆盖率（47.42%），其中受运能匹配度、站点覆盖率指标影响较大的主要是大坪长江二路以南的居住组团区域。

表 5-14　重庆市渝中区基于城市轨道交通系统投入的“L–H”型决策单元纯技术效率指标改进幅度

单位:%

决策单元编号	运能匹配度	站点覆盖率	线路交叉系数	道路公交网线路密度	换乘平均间距	交通舒适度
DK15	12.78	34.09	15.00	41.18	12.78	13.42
DK33	15.78	15.78	16.67	52.86	15.78	15.78
DK49	74.21	49.61	25.00	26.92	26.75	26.75
DK50	80.04	82.23	64.29	29.73	30.04	30.04
DK51	64.24	55.40	35.00	43.48	22.92	22.92
平均值	49.41	47.42	31.19	38.83	21.65	21.78

受城市空间利用系统投入因素影响的“L–H”型决策单元数量有 9 个，主要分布在渝中区东部和中部，分别是朝天门街道靠长江侧由新华路—长滨路—打铜路围合区域、洪崖洞所在的苍白路—临江路—嘉滨路围合区域、望龙门街道由新华路—打铜路—长滨路—凯旋路围合区域、人民大礼堂所在的人民路—北区路—巴蜀路—华福巷围合区域以及大坪黄花溪立交以东区域。从表 5-15 可以发现，城市空间利用系统评价指标体系的 6 个指标中平均改进幅度较大的为人口密度（67.88%）、区域地下空间开发率（57.20%）和平均综合容积率（48.46%）。

其中受人口密度影响较大的决策单元为朝天门街道由新华路—长滨路—打铜路围合区域，受综合容积率影响较大的决策单元主要分布在新华路—长滨路—打铜路围合区域、苍白路—临江路—嘉滨路围合区域、新华路—打铜路—长滨路—凯旋路围合区域以及人民大礼堂附近区域，而上述决策单元的地下空间开发率均较低，开发潜力较大。

表 5-15　重庆市渝中区基于城市空间利用系统投入的“L-H”型决策单元纯技术效率指标改进幅度

单位:%

决策单元编号	区域停车位配比	区域地下空间开发率	平均综合容积率	平均综合地价	人口密度	周边环境满意度
DK01	59.29	78.06	59.28	59.28	85.37	59.28
DK03	43.33	56.61	43.41	43.4	69.53	43.40
DK10	35.83	64.72	68.54	36.12	78.18	36.12
DK11	25.29	75.58	66.65	25.24	78.27	25.24
DK20	16.92	63.55	76.60	16.81	82.17	18.75
DK22	60.00	63.2	28.80	28.81	69.67	28.81
DK27	37.78	59.34	37.63	37.6	65.02	37.60
DK48	13.33	13.23	25.31	13.23	35.83	13.23
DK52	30.00	40.53	29.91	29.91	46.88	29.91
平均值	35.75	57.20	48.46	32.27	67.88	32.48

(3)“L-L”型决策单元影响因素分析

“L-L”型决策单元由于存在纯技术效率耦合度和规模效率耦合度都较低的情况，需要从纯技术效率、规模效率两个方面分析其城市轨道交通系统和空间利用系统耦合度不高的原因。受城市轨道交通系统投入因素影响的“L-L”型决策单元数量有 7 个，主要分布在两路口、上清寺以及大坪街道，分别是菜园坝立交—南区路—长滨路围合区域、上清寺转盘附近区域、牛角沱立交—嘉滨路—嘉陵新路—健康路—体育路围合区域、鹅岭正街原后勤工程学院区域和大坪医院区域。从表 5-16 可以发现，城市轨道交通系统评价指标体系的 6 个指标中平均改变幅度较大的为道路公交网线路密度（39.57%）和线网交叉系数（39.23%），其中受道路公交网线路密度影响较大的决策单元主要分布在两路口、上清寺核心区，上述区域人流量较大，对地面公交的运力需求较大，道路公交网线密度对该类决策单元的综合效率有着巨大影响；“L-L”型决策单元中受线网交叉系数影响较大的主要分布在两路口、上清寺核心区以及大坪医院区域，线网交叉系数决定着该区域决策单元的道路交通和轨道交通的接驳，从而影响其综合效率水平。

表 5-16 重庆市渝中区基于城市轨道交通系统投入的“L–L”型决策单元纯技术效率指标改进幅度

单位：%

决策单元编号	运能匹配度	站点覆盖率	线路交叉系数	道路公交网线路密度	换乘平均间距	交通舒适度
DK34	13. 98	13. 98	14. 29	57. 81	13. 98	13. 98
DK36	33. 46	10. 7	42. 11	52. 94	10. 7	10. 7
DK37	30. 94	31. 41	34. 38	53. 66	10. 61	10. 61
DK38	49. 75	13. 78	72	47. 56	13. 78	13. 78
DK39	24. 23	52. 88	21. 43	18. 18	17. 93	17. 93
DK44	19. 03	47. 41	44	20	19. 03	19. 03
DK46	65. 81	54. 89	46. 43	26. 83	27. 24	27. 24
平均值	33. 89	32. 15	39. 23	39. 57	16. 18	16. 18

受城市空间利用系统投入因素影响的“L–L”型决策单元数量有 5 个，主要分布在解放碑商圈和大溪沟片区。从表 5-17 可以发现，城市空间利用系统评价指标体系的 5 个指标中平均改进幅度较大的为人口密度（65. 23%）、区域地下空间开发率（57. 07%）和周边环境满意度（52. 21%），其与“L–H”型决策单元的空间利用影响因素基本一致，说明空间利用人口承载水平、地下空间开发水平以及周边环境状况是影响城市空间利用系统投入纯技术效率的主要原因。

表 5-17 重庆市渝中区基于城市空间利用系统投入的“L–L”型决策单元纯技术效率指标改进幅度

单位：%

决策单元编号	区域停车位配比	区域地下空间开发率	平均综合容积率	平均综合地价	人口密度	周边环境满意度
DK04	15. 00	32. 18	33. 43	14. 63	43. 01	51. 96
DK08	34. 55	66. 41	34. 57	42. 69	58. 51	67. 63
DK14	64. 76	70. 68	17. 99	12. 47	72. 15	79. 74
DK19	11. 33	67. 65	78. 19	11. 39	83. 93	39. 22
DK28	30. 00	48. 42	48. 86	22. 50	68. 53	22. 50
平均值	31. 13	57. 07	42. 61	20. 74	65. 23	52. 21

另外，“L–L”型决策单元还存在着规模效率非有效的情况，该类型决策单元由于城市轨道交通系统投入规模效率处于递增阶段（表 5-18），尚未达到规模经济而导致其综合效率耦合度不佳，应通过继续增大对城市轨道交通系统的投

入，优化资源配置，强化规模经济效应，以达到最佳的综合效益水平。

表 5-18　重庆市渝中区基于城市轨道交通系统投入的“L–L”型决策单元规模效率统计

决策单元编号	规模效率	规模报酬状态
DK34	0.74	递增
DK36	0.71	递增
DK37	0.78	递增
DK38	0.58	递增
DK39	0.49	递增
DK44	0.67	递增
DK46	0.79	递增

位于大溪沟居住组团的决策单元由于城市空间利用系统整体规模投入不足导致综合效率耦合度不佳，其规模效率处于递增阶段类型。大溪沟居住组团作为渝中区最老旧的几个居住区之一，其房屋多为 20 世纪 80 ~ 90 年代所建，空间集约利用程度较低，应加大对该区域的改造力度，实现资源优化配置，强化其空间利用规模经济效益，以达到最佳的规模报酬状态。另一部分位于解放碑商圈，其规模效率处于递减阶段类型（表 5-19）。主要是由于该区域决策单元空间集约利用程度较高，与现有城市轨道交通系统承载能力不相匹配，出现了空间规模不经济状况。应在适度调控空间开发利用强度的同时加大对城市轨道交通系统的建设投入，使决策单元达到空间、交通高效率耦合。

表 5-19　重庆市渝中区基于城市空间利用系统投入的“L–L”型决策单元规模效率统计

决策单元编号	规模效率	规模报酬状态
DK04	0.70	递减
DK08	0.72	递减
DK14	0.70	递减
DK19	0.85	递增
DK28	0.73	递增

5.5　本 章 小 结

在理清城市轨道交通系统与城市空间利用系统互动关系评价思路基础上，将渝中区全域划分为 64 个决策单元，利用 DEA 法从系统综合效率耦合度（μ_{TL}）、纯技术效率耦合度（α_{TL}）、规模效率耦合度（β_{TL}）等方面对渝中区城市综合交通与空间利用耦合度及其影响因素进行了评价分析，并诊断其系统耦合的主要影响因素。得出如下结论。

1）渝中区城市系统内整体耦合程度一般，但有效率较低，大致呈现$\mu_{TL}<\mu_{L}<\mu_{T}$；渝中区城市综合交通系统与城市空间利用两个系统间综合效率耦合度（μ_{TL}）在空间分布上呈现出西高东低的特征。

2）渝中区轨道交通与空间利用系统的纯技术效率（α_{TL}）处于完全耦合、耦合等级的决策单元数量占总数的81.25%，其纯技术效率耦合度较好，并呈$\alpha_{L}<\alpha_{TL}<\alpha_{T}$；在空间分布上呈现间隔分布特征，且经济中心外围区以及正在开发区域的耦合度不高。

3）渝中区城市综合交通系统与城市空间利用的规模效率耦合度（β_{TL}）处于耦合、完全耦合的决策单元数量占总数的67.19%，其规模效率耦合程度不高；空间分布格局呈现出西部片区优于东部地区；经济发展程度以及交通区位是影响规模效率耦合度空间分布的主要因素。

4）完全耦合与耦合两种类型决策单元绝大多数归属于“H-H”型；21%的耦合类型决策单元属于“L-H”型；基本耦合的决策单元归属于“L-H”、“L-L”、“H-L”三种类型；基本不耦合的决策单元绝大多数属于“L-L”类型，占比达到46%。“H-H”型决策单元中存在着化龙桥地区的“低效率，高耦合度”的情况。“H-L”型决策单元其主要影响因子是投入规模。城市综合交通因素影响下的“L-H”型决策单元，其主要影响因素是运能匹配度和站点覆盖率；城市空间集约利用因素影响下的“L-H”型决策单元，其重要影响因素是人口密度、区域地下空间开发率和平均综合容积率。城市综合交通因素影响下的“L-L”型决策单元，其主要影响因素是道路公交网线路密度、线网交叉系数以及城市综合交通整体规模；城市空间集约利用因素影响下的“L-L”型决策单元，其主要影响因素是人口密度、区域地下空间开发率和平均综合容积率，以及城市空间集约利用整体规模。

第 6 章　重庆市渝中区城市空间集约利用目标体系构建

随着经济社会的持续快速发展，城市化进程步伐加快，城市问题逐渐显现，特别是城市空间无序扩张和利用效率低下等问题日益突出。自 20 世纪 90 年代我国就围绕城市空间集约利用等问题展开了系列讨论，对内涵、定量评价、目标、管理方式与手段等方面进行了深入研究，取得了显著成果（朱天明等，2009；毛蒋兴等，2005；陶志红，2000；赵鹏军和彭建，2001）。随着经济社会发展和科技进步，城市在不断发展演变，通过优化空间结构和布局，不断增加投入，实现城市空间产出效益最大化，达到人口-社会-经济-生态环境的协调统一，推动城市的可持续发展。

6.1　重庆市渝中区城市空间集约利用目标体系构建思路

伴随着城市空间集约利用理念不断深入人心以及人们对物质文化需求的日益提高，追求高品质、可持续的都市环境已成为人们的共识。因此，城市空间集约利用必须体现出多样性，既要满足经济持续发展的要求，又不容忽视人们对生活环境的高标准要求，同时实现经济、社会和生态环境的协调统一（王长坤，2007）。简而言之，城市空间集约利用的目标主要体现在以下几个方面：经济高效发展、生态环境安全、社会可接受以及协调统一，以上四个方面的相互作用、相互制约，形成了城市空间集约利用总体目标。其中，经济目标是基本，生态目标是保障，社会目标是最终目的，协调目标是必要条件。合理确立城市空间集约利用目标体系，是城市经济、社会和生态环境的发展需求，也是城市高效、和谐运转的必然要求。目前，针对城市空间集约利用的相关探讨已取得广泛成果，特别是在对城市空间集约利用分区域分层次评价和指标体系构建等方面已开展了大量工作（尹君等，2007；谢敏等，2006）。本章从微观功能区的角度按照空间利用强度、空间承载强度和空间产出效益三个方面构建目标体系指标（表 6-1）。

表 6-1　重庆市渝中区城市空间集约利用目标体系

目标层	功能分区	准则层	指标
城市空间集约利用目标体系	居住功能区	空间利用强度	综合容积率
			地下空间开发率（%）
		空间承载强度	人口密度（万人/km^2）
			绿地覆盖率（%）
	商业功能区	空间利用强度	综合容积率
			地下空间开发率（%）
		空间承载强度	人口密度（万人/km^2）
			绿地覆盖率（%）
		空间产出效益	单位建筑面积产业增加值（万元/m^2）

渝中区作为重庆市政治文化中心，分布有大量行政、教育及医疗等公共管理与公共服务设施用地以及多个城市公园，如重庆市政府区域、琵琶山公园、鹅岭公园等，同时，经过多年的建设，部分区域建设趋于成熟，如已完成建设、基础设施完备的居住小区，这些区域因为物理形态和用地功能保持长期稳定，集约利用提升空间很小甚至完全丧失，因此在选择渝中区城市空间集约利用目标时，将此部分区域扣除在外。基于现状评价的 64 个决策单元，依据渝中区城市分区规划（2012—2020 年）以及渝中区危旧改重点区域规划，将 44 个地块确定为渝中区城市空间集约利用内部挖潜的目标单元，同时，按照主导功能划分为居住功能区地块和商业功能区地块两种类型（图 6-1）。

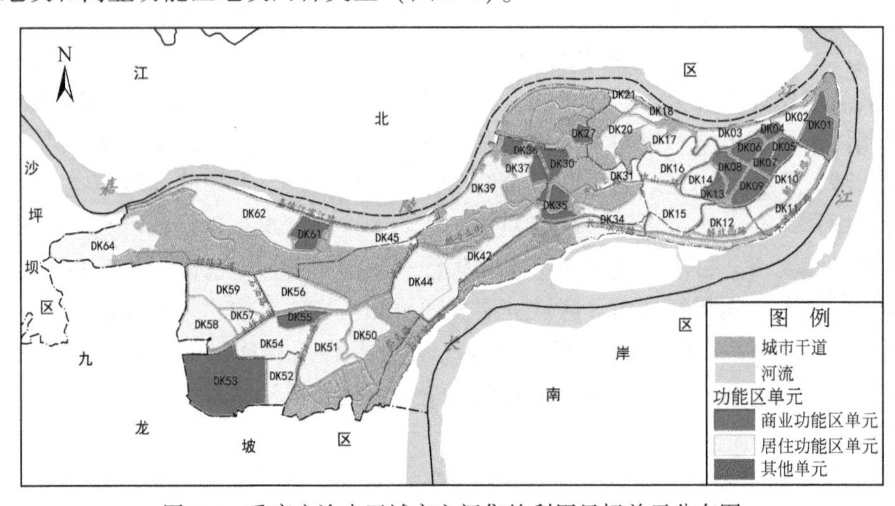

图 6-1　重庆市渝中区城市空间集约利用目标单元分布图

6.2　重庆市渝中区城市空间集约利用目标测算与设定

6.2.1　综合容积率目标值测算

容积率的大小反映了空间利用强度的高低，是城市规划管理中所采用的一项重要指标（叶小君，2011）。容积率的确定涉及经济、社会、环境、规划设计等各方面因素（谭艳慧，2010）。经济因素是影响容积率变化的重要因素之一。廖喜生和王秀兰（2004）、赵延军和王晓鸣（2008）从经济学角度进行分析，求取了容积率在理论上的最佳值，只是模型中的参数难以确定。相比经济因素，社会因素并不会直接影响容积率，社会因素的影响往往具有一定的模糊性和间接性，社会因素通常是先作用于规划设计因素，再通过规划和设计作用于容积率。环境因素对容积率的影响十分复杂，影响容积率的环境因素分为自然环境和人工环境两大类，后者包括人口容量、基础设施容量和交通容量，环境因素对容积率的限制在城市规划设计中也有体现，从环境条件角度计算容积率的研究还比较少（宋小冬和孙澄宇，2004；张方和田鑫，2008）。容积率与地块的空间规划设计布局紧密相连，城市规划从宏观到微观，从总体规划到详细规划，对城市的功能、规模、用地布局、地块开发控制及措施等进行了规定和控制，是引导城市开发的重要指南，也是指导渝中区建设和发展的重要科学依据。

城市规划注重从空间形态的角度引导并控制城市建设，其中，对于容积率的规划控制，很好地体现了城市空间资源的合理利用和社会经济可持续发展的原则。《渝中区“十二五”时期空间板块发展专题研究》确定 2020 年危旧房改造面积为 177.5 万 m^2，拆迁的红线面积为 93.3 万 m^2，其中可用建设用地面积为 56.4 万 m^2，地上新增建筑总量为 387.3 万 m^2，涉及的片区包括朝天门、解放碑、望龙门、南纪门、七星岗、上清寺、大溪沟、两路口、菜园坝、大坪和石油路等，根据各片区的建筑总量及建设用地面积，确定 2020 年 44 个目标单元的综合容积率（表 6-2），其中 DK04、DK14、DK17、DK18、DK21、DK31、DK36、DK37、DK52 和 DK53 等目标单元的地上空间开发已经相对完善，在未来较长时期城市规划用地不会发生变动，因此这 10 个目标单元的规划容积率与现状容积率相等。

表 6-2　重庆市渝中区各目标单元 2020 年规划容积率

目标单元	所属区域	功能区划分	现状容积率	规划容积率	数据来源
DK01	朝天门	商业功能区	2.79	3.20	新增商业载体
DK02	朝天门	居住功能区	4.15	4.77	危旧区改造
DK03	大溪沟	居住功能区	2.49	4.02	危旧区改造
DK04	解放碑	商业功能区	8.30	8.30	现状
DK05	解放碑	商业功能区	3.80	4.11	新增商业载体
DK06	解放碑	商业功能区	6.39	7.02	新增商业载体
DK07	解放碑	商业功能区	8.27	8.83	新增商业载体
DK08	解放碑	商业功能区	7.20	8.30	危旧区改造
DK09	解放碑	商业功能区	4.23	4.86	新增商业载体
DK10	望龙门	居住功能区	3.55	4.67	危旧区改造
DK11	望龙门	居住功能区	2.51	3.72	危旧区改造
DK12	南纪门	居住功能区	3.29	4.13	新增商业载体
DK13	解放碑	商业功能区	5.77	6.82	危旧区改造
DK14	解放碑	居住功能区	5.08	5.08	现状
DK15	南纪门	居住功能区	1.88	2.78	危旧区改造
DK16	七星岗	居住功能区	4.33	5.24	危旧区改造
DK17	大溪沟	居住功能区	5.49	5.49	现状
DK18	大溪沟	居住功能区	1.20	1.20	现状
DK20	大溪沟	居住功能区	3.91	4.85	危旧区改造
DK21	大溪沟	居住功能区	5.16	5.16	现状
DK27	上清寺	商业功能区	1.18	2.18	危旧区改造
DK30	两路口	商业功能区	2.51	3.26	危旧区改造
DK31	两路口	居住功能区	3.29	3.29	现状
DK34	两路口	居住功能区	1.05	2.69	危旧区改造
DK35	两路口	商业功能区	4.25	5.46	新增商业载体
DK36	两路口	商业功能区	4.13	4.13	现状
DK37	两路口	居住功能区	4.85	4.85	现状
DK39	两路口	居住功能区	1.60	3.10	危旧区改造
DK42	两路口	居住功能区	0.78	2.57	危旧区改造
DK44	两路口	居住功能区	0.58	1.86	新增商业载体
DK45	两路口	居住功能区	0.95	2.65	危旧区改造

续表

目标单元	所属区域	功能区划分	现状容积率	规划容积率	数据来源
DK50	大坪	居住功能区	1.48	2.84	危旧区改造
DK51	大坪	居住功能区	2.71	3.76	危旧区改造
DK52	石油路	居住功能区	2.31	2.31	现状
DK53	石油路	商业功能区	3.74	3.74	现状
DK54	大坪	居住功能区	4.95	5.62	危旧区改造
DK55	大坪	商业功能区	1.04	4.45	新增商业载体
DK56	大坪	居住功能区	1.49	3.17	危旧区改造
DK57	石油路	居住功能区	2.46	3.80	危旧区改造
DK58	石油路	居住功能区	2.28	3.20	危旧区改造
DK59	石油路	居住功能区	1.60	2.30	新增商业载体
DK61	化龙桥	商业功能区	0.44	2.97	新增商业载体
DK62	化龙桥	居住功能区	1.07	1.90	危旧区改造
DK64	化龙桥	居住功能区	1.70	2.10	新增商业载体

根据表6-2的数据绘制渝中区规划容积率的空间分布图（图6-2），可看出规划容积率的空间分布总体呈由西向东逐渐递增的趋势。商业功能区容积率的高值区出现在解放碑核心区，DK04、DK06、DK07、DK08和DK13规划容积率均在6.00以上，规划容积率相对较低的是DK01、DK27、DK61号地块，分别为

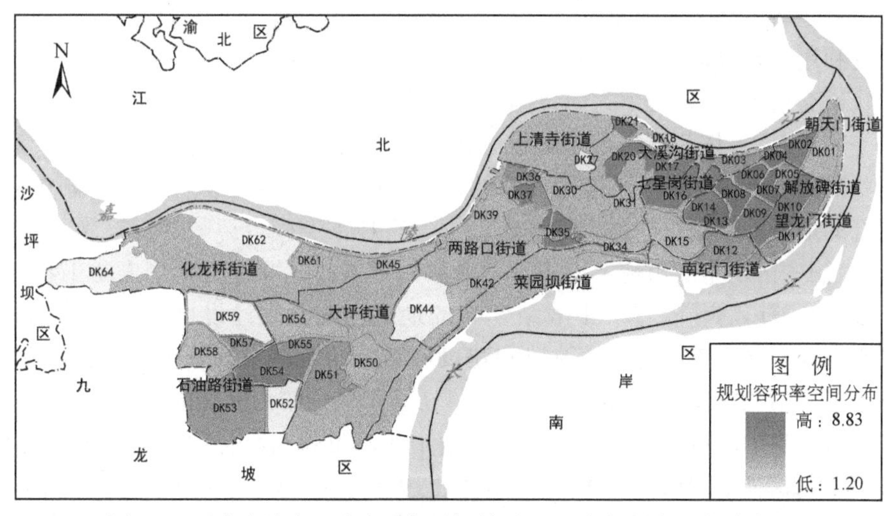

图6-2　重庆市渝中区渝中区各目标单元2020年规划容积率分布图

3.20、2.18 和 2.97。居住功能区规划容积率较高的是 DK14、DK16、DK17、DK21 和 DK54，分别为 5.08、5.24、5.49、5.16 和 5.62，规划容积率较低的是 DK18 和 DK44，分别为 1.20 和 1.86。除了容积率无变化的目标单元外，与 2011 年相比，2020 年的规划容积率大体呈上升趋势，目标单元平均容积率为 4.11。随着大坪商业文化中心和化龙桥现代服务业中心的兴建，将产生 200 万 m^2 的商业载体，此外还有较大面积的危旧区改造，2020 年大坪、化龙桥片区商业功能区目标单元的规划容积率将有较大幅度上升。朝天门及解放碑片区的商业功能区虽已形成繁华的商贸高地，但仍存在较多老旧商业设施，商业发展要靠业态调整腾出空间，因此这一片区将以推进业态调整，优化商业布局为主，兼有少量危旧房改造，容积率的提升幅度较小。规划容积率上升幅度较大的目标单元位于大坪、两路口、大溪沟和望龙门片区。

6.2.2 地下空间开发率目标值测算

适度、合理、科学地开发利用城市地下空间资源，是城市可持续发展的重要保障，也集中反映了城市空间集约利用水平。确定规划年目标单元的地下空间开发率，首先需要预测规划年目标单元地下空间资源需求量。地下空间资源需求量预测是指在城市一定发展阶段，在地下空间资源评估基础上，结合区域社会经济发展水平，针对区域规划所提出的科学、合理的地下空间需求。随着城市规划理念和方法研究的不断深入，针对地下空间资源需求量，学术界提出过多种预测方法（陈立道等，1990；董丕灵等，2006；陈志龙等，2007b）。目前，地下空间资源开发利用主要以地下商业和文化娱乐设施、地下交通设施（以停车库、地下通道和轨道交通为主）、地下人防设施（目前多与商业）及其他地下设施为主（刘新荣等，2004）。作为重庆市主城核心区，从发展城市、繁荣商业、改善交通与环境状况出发，渝中区地下空间资源的开发利用具有较大需求，同时，渝中区具有良好的地形地质条件和强大的经济能力进行地下空间资源的开发（瞿万波等，2007）。渝中区是重庆市地下空间开发最早的区域，早期主要以“人防工程”为主，改革开放以后，随着“平战结合”的地下空间开发建设思想的提出，城市地下空间开发逐步走向与城市改造和建设相结合的轨道（刘景矿等，2009），经过三十多年的发展建设，渝中区个别区域已经形成了较为完善的地下空间开发格局，通过对渝中区城市空间现状格局、渝中区城市规划和各项专题规划的分析，预计到 2020 年，DK14、DK17、DK20、DK21、DK30、DK36、DK37、DK45、DK50、DK51、DK53、DK57 等目标单元区域地下空间资源开发状况保持稳定，余下目标单元将主要开发为地下停车系统和地下商业空间。因此，渝中区地下空间资源开发预测主要以地下停车系统开发和地下商业区开发为主。

（1）地下停车系统规模预测

渝中区地下停车系统主要由居住小区地下停车场、商业区地下停车场与道路构成。根据《重庆市建设项目配建停车位标准细则》，渝中半岛属于规划管理一区，居住小区停车位配建停车标准为 0.34 个车位/100m^2 建筑面积，商业区停车位配建停车标准为 0.5 个车位/100m^2 建筑面积；目前，城市地下停车比例一般为 80% ~90% （本文以 85% 为准），地下车库平均每车位占用建筑面积约 40m^2（杨鸿霞，2010）。另外，公共服务设施按照住宅建筑量的 15% 比率配套，按建筑规模的 20% 比例建设地下室（赵光和史延冰，2010）。因此，区域地下停车场规模=用地面积×容积率×配建停车标准×85% ×40m^2/车+配套地下室建设。根据渝中区解放碑地下停车系统规划，该系统由“一环+七联络+N 连通”构成，由其工程建设规划可知，三期工程总规模约为 18.00 万 m^3，涉及 DK3-DK13 以及 DK16 等目标单元。

（2）地下商业空间预测

渝中区地下商业空间开发主要以地下商业区和商业街为主，并配套建设其他地下空间建筑设施。依据渝中区城市分区规划，渝中区地下商业空间主要是解放碑—朝天门区域、两路口“重庆中心”周边区域和大坪正街区域，另外，因为渝中区地下轨道站点分布较为广泛，而地下轨道站点往往会与商业街结合开发。根据《重庆市主城综合交通规划（2010—2020）》，渝中区到 2020 年将新增 4 条轨道交通线路和 5 个轨道站点，其中利用地下空间有 3 个站点，均为独立站点，主要涉及 DK15、DK16、DK45 和 DK61 等地块。根据国内外经验法可知，城市中心区地下商业面积占总开发面积比例不得超过 30% （陈志龙等，2007a），同时，根据渝中区各个区域地块的不同性质，结合区域开发和需求实际情况，得到各地块地下商业空间开发量。

（3）地下空间开发率预测

依据渝中区地下停车系统和地下商业空间开发预测结果，到 2020 年渝中区各目标单元地下空间开发率增长较为迅速（表 6-3）。从区域来看，渝中区地下空间开发率总体趋势仍然是东高西低，以解放碑区域最为成熟，尽管解放碑区域现有地下空间开发已经达到一定成熟度，但为了缓解该区域交通状况，应进一步提升该区域的地下空间开发率，届时平均地下空间开发率将达到 40%；从功能区划分来看，商业功能区地下空间开发率总体上高于居住功能区，以商业为主体功能的解放碑、两路口转盘、大坪正街沿线区域以及嘉华大桥桥头区域，地下空间开发率远远高于以居住功能为主导的望龙门、大溪沟、鹅岭、李子坝、红岩村以及六店子区域。究其原因，商业功能区地下空间开发率较高主要是因为地下商业区的新建与扩建以及为满足区域商业发展和交通顺畅而兴建的大型地下停车系统，促使了区域地下空间资源得到有效开发；居住功能区地下空间开发率较低则是因为该类区域地下空间开发主要以地下停车系统为主，开发类型相对单一，规模也小，未来渝中区应通过旧城改造，新建配套设施更为完善的居住小区，加大对地下空间资源的有效开发来满足住户停车等需求；从地下空间开发变化程度来看，两路口转盘、大坪转盘以及化龙桥—嘉华大桥桥头堡等区域变化程度较大，涉及 DK35、DK54、DK55 和 DK61 等目标单元。渝中区大力推动两路口、大坪区域商业发展，着力将其建设成为解放碑商圈之外的两大商业中心。两路口转盘区域将打造成为集大型商业中心、五星级酒店、商务写字楼、公寓和住宅于一体的大型城市综合体，地下空间资源需求大增，结合两路口地铁站建设，两路口地下商业空间资源将得到有效开发；随着龙湖时代天街、协信总部城的打造建设，大坪地段将成为渝中区又一个核心商圈，在地上空间开发建设的同时，地下商业空间也将得到同步的大力开发，并极大地推动大坪—化龙桥区域地下空间资源的有效利用。

表 6-3　重庆市渝中区各目标单元 2020 年规划地下空间开发率

单位：$\times 10^4 m^3$；%

目标单元	功能区划分	理论地下空间开发量	实际地下空间开发量	现状地下空间开发率	规划地下空间开发量	规划地下空间开发率	数据来源
DK01	商业功能区	74. 29	18. 19	24. 49	19. 30	25. 98	地下停车系统规划
DK02	居住功能区	42. 06	11. 08	26. 34	11. 49	27. 32	地下停车系统规划
DK03	居住功能区	50. 56	6. 90	13. 65	8. 31	16. 44	地下停车系统规划
DK04	商业功能区	15. 08	4. 10	27. 19	5. 51	36. 54	地下停车系统规划
DK05	商业功能区	27. 15	9. 16	33. 74	11. 33	41. 73	地下停车系统规划
DK06	商业功能区	19. 01	4. 87	25. 62	6. 00	31. 56	地下停车系统规划
DK07	商业功能区	20. 72	8. 75	42. 23	10. 92	52. 70	地下停车系统规划
DK08	商业功能区	32. 53	11. 27	34. 64	14. 85	45. 65	地下停车系统规划
DK09	商业功能区	43. 24	10. 35	23. 94	13. 68	31. 64	地下停车系统规划
DK10	居住功能区	95. 07	13. 12	13. 80	15. 62	16. 43	地下停车系统规划
DK11	居住功能区	94. 91	11. 66	12. 29	13. 00	13. 70	地下停车系统规划

续表

目标单元	功能区划分	理论地下空间开发量	实际地下空间开发量	现状地下空间开发率	规划地下空间开发量	规划地下空间开发率	数据来源
DK12	居住功能区	91.08	18.75	20.59	20.40	22.40	地下停车系统规划
DK13	商业功能区	28.64	5.88	20.53	6.73	23.50	地下停车系统规划
DK14	居住功能区	48.18	13.93	28.91	14.44	29.97	地下停车系统规划
DK15	居住功能区	88.50	11.13	12.58	14.43	16.31	地下停车系统规划、轻轨站点规划
DK16	居住功能区	125.15	22.67	18.11	27.63	22.08	地下停车系统规划、轻轨站点规划
DK17	居住功能区	59.60	9.50	15.94	9.50	15.94	现状
DK18	居住功能区	11.67	1.90	16.28	1.98	16.97	地下停车系统规划
DK20	居住功能区	58.33	7.54	12.93	7.54	12.93	现状
DK21	居住功能区	13.86	2.27	16.38	2.27	16.38	现状
DK27	商业功能区	17.75	1.03	5.80	1.03	5.80	现状
DK30	商业功能区	38.01	5.68	14.94	5.68	14.94	现状
DK31	居住功能区	33.48	5.12	15.29	5.12	15.29	现状
DK34	居住功能区	305.49	4.31	1.41	4.31	1.41	现状
DK35	商业功能区	50.39	3.96	7.86	9.81	19.47	地下停车系统规划、商业空间开发规划
DK36	商业功能区	58.06	5.76	9.92	5.76	9.92	现状
DK37	居住功能区	29.71	3.68	12.39	3.68	12.39	现状
DK39	居住功能区	88.17	5.06	5.74	6.35	7.20	地下停车系统规划
DK42	居住功能区	101.13	11.82	11.69	12.97	12.83	地下停车系统规划
DK44	居住功能区	183.95	4.58	2.49	7.90	4.29	地下停车系统规划
DK45	居住功能区	52.56	2.70	5.14	2.70	5.14	现状
DK50	居住功能区	79.61	4.42	5.55	4.42	5.55	现状
DK51	居住功能区	140.26	8.81	6.28	8.81	6.28	现状
DK52	居住功能区	77.34	9.13	11.81	14.61	18.89	地下停车系统规划、商业空间开发规划
DK53	商业功能区	304.65	20.01	6.57	20.01	6.57	现状

续表

目标单元	功能区划分	理论地下空间开发量	实际地下空间开发量	现状地下空间开发率	规划地下空间开发量	规划地下空间开发率	数据来源
DK54	居住功能区	133.24	6.31	4.74	33.79	25.36	地下停车系统规划、商业空间开发规划
DK55	商业功能区	32.30	4.03	12.48	7.91	24.49	地下停车系统规划、商业空间开发规划
DK56	居住功能区	133.63	10.43	7.81	15.05	11.26	地下停车系统规划、商业空间开发规划
DK57	居住功能区	41.00	5.48	13.37	5.48	13.37	现状
DK58	居住功能区	95.17	11.11	11.67	21.82	22.93	地下停车系统规划、商业空间开发规划
DK59	居住功能区	159.75	8.28	5.18	18.52	11.59	地下停车系统规划、商业空间开发规划
DK61	商业功能区	51.72	0.36	0.70	15.95	30.84	地下停车系统规划、商业空间开发规划、轻轨站点规划
DK62	居住功能区	170.98	4.98	2.91	8.17	4.78	地下停车系统规划
DK64	居住功能区	204.30	5.79	2.83	7.95	3.89	地下停车系统规划

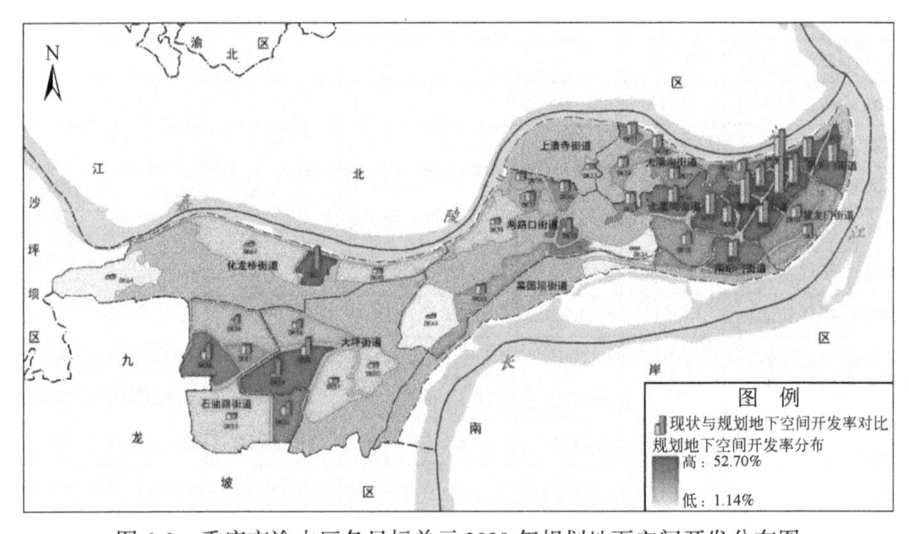

图 6-3　重庆市渝中区各目标单元 2020 年规划地下空间开发分布图

6.2.3 人口密度目标值测算

城市内部精细尺度人口数据对社会、政治、经济、环境等方面研究起着十分重要的意义（封静，2012），精细尺度人口数据在城市应急响应、灾害评估、资源分配、城市规划、市场调查、交通路线设计等方面都有重要应用（冯甜甜和龚健雅，2010）。城市人口估算模型包括城市面积估算法、土地利用类型估算法、居住单元数量估算法和影像像元估算法（冯甜甜，2010），人口数据与土地利用类型之间的关系最为密切（李素和庄大方，2006），土地利用类型估算法是应用较广泛的方法。本书在建立渝中区土地利用分类系统的基础上，采用土地利用类型估算法计算渝中区各目标单元的规划人口密度：

$$P = \sum_{i=1}^{n} A_i \times D_i \tag{6-1}$$

式中 P 为估算区域的人口总数，A_i（$i=1$，2，$\cdots n$）为第 i 种土地利用类型的面积，D_i为 i 种土地利用类型平均人口密度。

不同的土地利用类型人口容量不同，人口密度也不同。张露（2012）运用高分辨率遥感影像估算重庆市城市人口动态分布，得出各土地利用类型的平均人口密度（表6-4）。

表6-4 重庆市主城区各种用地类型平均人口密度

土地利用类型	平均人口密度/（人/ m^2）
行政办公用地	0.8310
商业金融用地	0.2510
文化体育用地	0.7260
医疗卫生用地	0.8000
教育科研用地	0.2600
商住混用地	0.5330
居住用地	0.2645

渝中区吸纳了大量的就业人口，市民大多在工作地附近居住，形成多个居住组团，部分居住组团人口容量已达到极值，未来人口密度难以增加。此外这些居住组团所在的地块用地类型相对稳定，无危旧房改造带来的人口变动，因此这些功能区的现状人口密度和规划人口密度相等。据此，人口密度不变化的目标单元有：DK14、DK18、DK21、DK31、DK52 和 DK53。利用表6-5 中各用地类型的平均人口密度与2020 年渝中区各用地类型的面积，可得各目标单元2020 年的规划

人口，进而得出各目标单元人口密度（表6-5）。

表6-5　重庆市渝中区各目标单元2020年总人口及人口密度

单位：万人；万人/km^2

目标单元	2011年现状人口	2011年现状人口密度	2020年规划人口	2020年人口密度	目标单元	2011年现状人口	2011年现状人口密度	2020年规划人口	2020年人口密度
DK01	4.01	18.27	4.36	19.86	DK31	1.13	12.75	1.13	12.75
DK02	2.44	21.07	2.46	21.24	DK34	0.95	3.20	1.07	3.61
DK03	1.52	10.82	1.74	12.39	DK35	0.87	6.09	1.12	7.84
DK04	0.90	23.88	0.91	24.14	DK36	1.27	9.22	1.30	9.44
DK05	2.02	27.65	2.26	30.94	DK37	0.81	13.38	0.88	14.53
DK06	1.07	11.72	1.13	12.38	DK39	1.12	3.42	1.70	5.20
DK07	1.93	23.78	1.96	24.15	DK42	2.61	6.51	2.64	6.58
DK08	2.49	19.67	2.54	20.06	DK44	1.01	2.19	1.30	2.82
DK09	2.28	16.69	2.30	16.84	DK45	0.59	1.88	0.75	2.39
DK10	2.89	10.35	3.07	11.00	DK50	0.98	4.16	0.98	4.16
DK11	2.57	10.24	2.78	11.08	DK51	1.94	4.96	2.12	5.42
DK12	4.13	18.86	4.28	19.54	DK52	2.01	9.41	2.01	9.41
DK13	1.30	18.37	1.34	18.94	DK53	4.41	5.79	4.41	5.79
DK14	3.07	25.21	3.07	25.21	DK54	1.39	4.09	1.99	5.85
DK15	2.45	6.22	2.78	7.06	DK55	0.89	8.08	1.18	10.71
DK16	5.00	16.80	5.27	17.70	DK56	2.30	6.32	2.49	6.84
DK17	2.09	12.90	2.18	13.45	DK57	1.21	11.83	1.76	17.20
DK18	0.42	10.91	0.42	10.91	DK58	2.45	7.63	2.70	8.40
DK20	1.66	12.23	1.74	12.82	DK59	1.83	4.15	2.23	5.05
DK21	0.50	9.53	0.50	9.53	DK61	0.08	0.54	0.19	1.29
DK27	0.23	5.18	0.54	12.17	DK62	1.10	1.76	1.59	2.55
DK30	1.25	12.88	1.54	15.87	DK64	1.28	2.51	1.58	3.09

到2020年，渝中区总人口规模将达到107.26万人，比2011年增加7.84万人，除了26个目标单元人口密度无变化外，其他38个目标单元人口密度均呈上升趋势。届时，大于20万人/km^{2}的目标单元是DK02、DK04、DK05、DK07、DK08和DK14，这些目标单元位于朝天门和解放碑片区内，这两大片区也是渝中区人口最为集中的片区，除了本地居住人口外，受产业和经济的驱动，还有大量

外来人口到朝天门和解放碑从事经济活动。从人口总量来看，在3万人以上的目标单元有DK01、DK10、DK12、DK14、DK16、DK53，主要分布在朝天门、望龙门、南纪门、解放碑、七星岗和石油路片区。从人口增长量来看，增长较多的是DK39、DK54、DK57、DK59和DK62，分别为0.59万人、0.60万人、0.56万人、0.40万人和0.49万人，主要集中在两路口、大坪和石油路片区；而人口增量较少的目标单元主要集中在解放碑和朝天门片区，人口增量无论大小，目标单元的人口增长主要依赖机械迁移。解放碑和朝天门是就业岗位集中的片区，吸纳了大量的劳动力，但未来人口磁力作用会下降；而两路口、大坪和石油路片区未来通过空间整合发展、土地功能置换和产业业态调整可提供更多的就业岗位，对外来人口的吸引力会增强，因此，人口增量大，增长速度较快。

6.2.4 绿地覆盖率目标值测算

绿地覆盖率是指地块范围内各类绿地（包括公共绿地、宅旁绿地等）总和与地块总面积的比率，反映区域的生态环境效益，会直接影响到人们生活水平和环境质量的高低。基于2011年渝中区遥感影像，通过Erdas 9.2软件平台提取渝中区城市绿地栅格数据，通过栅格矢量转换，获取其矢量数据，基于ArcMap平台，通过与目标单元进行叠加分析，计算获取2011年渝中区各目标单元现状绿地覆盖率。根据渝中区现状用地实际情况和区域完善程度，筛选出2020年绿地覆盖率保持稳定的目标单元；通过对渝中区分区规划（2012—2020年）、渝中区危旧房改造区域以及城市发展储备地块的统计分析，确定出2020年规划绿地分布区域及危旧小区改造或更新区域，其中危旧小区改造和城市更新区域绿化率的确定依据《国家城市居住区规划设计规范》（GB—50180）规定，分别按不低于25%和30%的标准进行取值。通过与目标单元进行叠加分析，计算获取渝中区2020年各目标单元规划绿地覆盖率（表6-6）。

表6-6 重庆市渝中区各目标单元2020年绿地覆盖率 单位：hm^2；%

目标单元	功能分区	地块面积	现状绿地覆盖率	规划绿地覆盖率	分布区域	主要数据来源
DK01	商业功能区	21.95	7.72	18.48	朝天门	依据相关规划确定
DK02	居住功能区	11.58	11.03	14.75	朝天门	依据相关规划确定
DK03	居住功能区	14.04	14.46	19.94	大溪沟	依据相关规划确定
DK04	商业功能区	3.77	0.00	0.00	解放碑	现状
DK05	商业功能区	7.31	2.31	2.31	解放碑	现状

续表

目标单元	功能分区	地块面积	现状绿地覆盖率	规划绿地覆盖率	分布区域	主要数据来源
DK06	商业功能区	9.13	2.57	22.14	解放碑	依据相关规划确定
DK07	商业功能区	8.12	0.00	2.71	解放碑	依据相关规划确定
DK08	商业功能区	12.66	1.33	3.91	解放碑	依据相关规划确定
DK09	商业功能区	13.66	2.50	2.50	解放碑	现状
DK10	居住功能区	27.92	5.09	11.94	望龙门	危旧区改造
DK11	居住功能区	25.10	13.61	18.71	望龙门	危旧区改造
DK12	居住功能区	21.90	7.22	26.81	南纪门	危旧区改造
DK13	商业功能区	7.08	2.43	2.43	解放碑	现状
DK14	居住功能区	12.18	1.74	1.74	解放碑	现状
DK15	居住功能区	39.36	19.86	34.40	南纪门	危旧区改造
DK16	居住功能区	29.77	8.85	17.88	七星岗	依据相关规划确定
DK17	居住功能区	16.20	21.56	21.56	大溪沟	现状
DK18	居住功能区	3.85	19.99	39.44	大溪沟	依据相关规划确定
DK20	居住功能区	13.57	10.21	10.21	大溪沟	现状
DK21	居住功能区	5.25	4.10	4.10	大溪沟	现状
DK27	商业功能区	4.44	18.21	32.63	上清寺	依据相关规划确定
DK30	商业功能区	9.70	11.65	11.65	两路口	现状
DK31	居住功能区	8.86	7.23	7.23	两路口	现状
DK34	居住功能区	29.67	39.77	54.11	两路口	危旧区改造
DK35	商业功能区	14.28	9.94	17.18	两路口	依据相关规划确定
DK36	商业功能区	13.77	16.97	16.97	两路口	现状
DK37	居住功能区	6.06	8.03	8.03	两路口	现状
DK39	居住功能区	32.72	19.08	29.90	两路口	危旧区改造
DK42	居住功能区	40.12	34.20	37.82	两路口	危旧区改造
DK44	居住功能区	46.02	38.37	38.37	两路口	现状
DK45	居住功能区	31.34	41.75	46.38	两路口	危旧区改造
DK50	居住功能区	23.57	9.62	9.62	大坪	现状
DK51	居住功能区	39.11	17.62	17.62	大坪	现状
DK52	居住功能区	21.35	7.30	11.56	石油路	依据相关规划确定
DK53	商业功能区	76.21	21.89	21.89	石油路	现状

续表

目标单元	功能分区	地块面积	现状绿地覆盖率	规划绿地覆盖率	分布区域	主要数据来源
DK54	居住功能区	33.99	3.89	7.87	大坪	依据相关规划确定
DK55	商业功能区	11.02	3.24	7.23	大坪	依据相关规划确定
DK56	居住功能区	36.42	5.16	5.16	大坪	现状
DK57	居住功能区	10.23	23.31	23.31	石油路	现状
DK58	居住功能区	32.13	2.88	2.88	石油路	现状
DK59	居住功能区	44.13	0.39	5.01	石油路	危旧区改造
DK61	商业功能区	14.74	0.00	0.00	化龙桥	现状
DK62	居住功能区	62.39	6.29	23.65	化龙桥	危旧区改造
DK64	居住功能区	51.07	7.02	8.40	化龙桥	危旧区改造
均值			11.60	16.37		

由表6-6可知，渝中区实施城市更新改造的44个目标单元的绿地覆盖率整体提升了4.77%，到2020年达到16.37%。其中，商业功能区绿地覆盖率平均值由2011年的6.72%上升到2020年的10.80%，居住功能区绿地覆盖率平均值由2011年的14.13%上升到2020年的19.25%。其中，居住功能区绿地覆盖率增加主要集中在南纪门、望龙门、李子坝和化龙桥等片区；商业功能区绿地覆盖率增加主要集中在朝天门、解放碑、两路口转盘等更新改造区域以及大坪龙湖时代天街等新开发区域。到2020年，渝中区将形成以中央公园（鹅岭—佛图关公园、李子坝公园和虎头岩公园）为核心，以枇杷山公园为重点绿心，以嘉陵江—长江沿岸为绿带的城市绿化系统（图6-4）。总之，渝中区各目标单元绿地率增加主要依靠居住功能区旧城改造、商业功能区的广场绿化建设和沿江地段绿化建设实现。

6.2.5 单位建筑面积产业增加值测算

渝中区现代服务业产业体系基本形成，发展迅速，并呈现出多元化、分散发展的趋势，商贸餐饮、交通运输、邮电通信、房地产业、金融业、保险业、旅游业、信息服务业已成为渝中区新的经济增长点，尤其是金融保险业、商贸服务业等产业对渝中区产业增加值、就业贡献和产业结构等贡献显著（刘成林，2007）。根据《渝中区国民经济和社会发展第十二个五年规划纲要》《渝中区“十二五”商贸流通产业综合发展规划纲要》等相关规划，“十二五”、“十三五”时期，渝

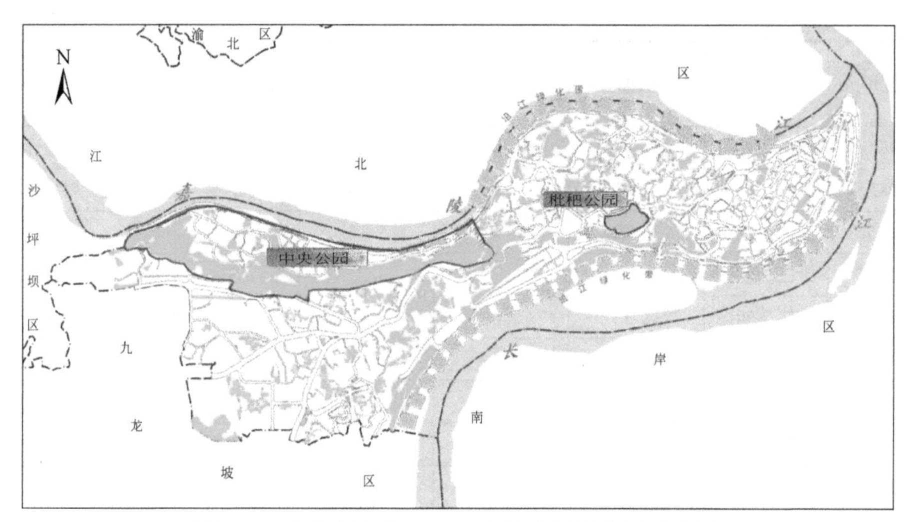

图 6-4　重庆市渝中区 2020 年城市绿化格局示意图

中区将基本建成以朝天门—解放碑片区、两路口—上清寺片区和大坪—化龙桥片区为核心的“东、中、西”三大商圈，这些区域也是以金融、商贸以及综合服务业为代表的现代服务业增加值的主要贡献区（图 6-5）。到 2020 年全区现代服务业增加值将实现 600 亿元，其中上述三大商圈的产业增加值占到全区的 85% 以上（510 亿元）。

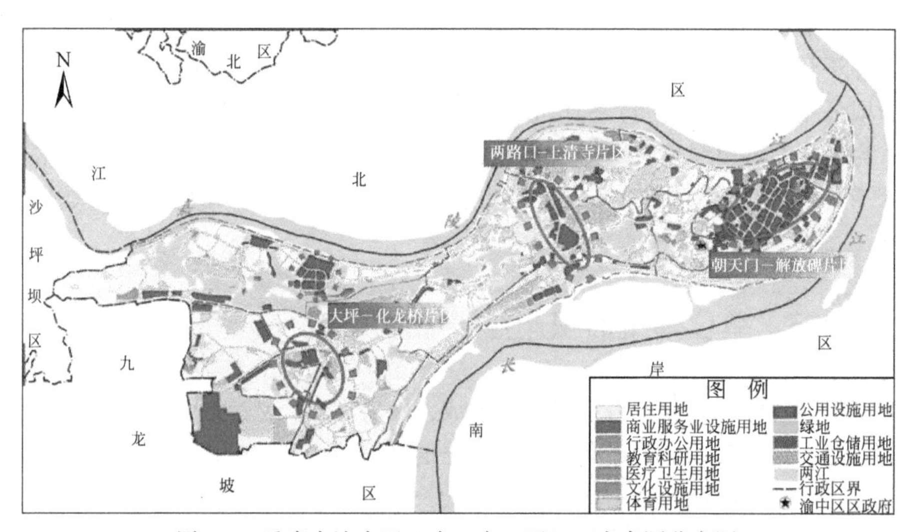

图 6-5　重庆市渝中区“东、中、西”三大商圈分布图

结合渝中区“东、中、西”三大商圈产业发展实际情况和空间利用特点，

为了便于研究和数据的采集挖掘，这里将渝中区三大商圈内的产业划分为3类：①金融业，包括银行业、证券业和保险业等；②商贸业，包括批发业和零售业等；③综合服务业，除了金融业、商贸业外的其他产业。三大商圈的商业功能区划分为金融业主导功能区、商贸业主导功能区和综合服务业主导功能区。到2020年，三大商圈金融业、商贸业和综合服务业增加值将分别达到240亿元、156亿元和114亿元。选取单位建筑面积增加值作为反映商业功能区空间利用经济效益的经济指标，由此计算出渝中区三大商圈商业功能区到2020年的单位建筑面积产业增加值（表6-7）。

表6-7　重庆市渝中区“东、中、西”三大商圈各目标单元2020年单位建筑面积产业增加值

目标单元	功能区划分	主导产业	单位建筑面积增加值/(万元/m^2)	产业发展方向
DK01	商业功能区	商贸业	0.61	国际化批发、零售市场
DK04	商业功能区	商贸业	0.43	国际品牌专卖店、顶级商务会所
DK05	商业功能区	商贸业	0.47	国际品牌专卖店、顶级商务会所
DK06	商业功能区	金融业	0.93	结算型金融中心
DK07	商业功能区	金融业	0.83	结算型金融中心
DK08	商业功能区	金融业	0.88	结算型金融中心
DK09	商业功能区	商贸业	0.40	引进品牌，建立专业卖场
DK13	商业功能区	商贸业	0.38	商贸业、休闲娱乐业态
DK27	商业功能区	综合服务业	0.43	电子商务
DK30	商业功能区	综合服务业	0.41	电子商务
DK35	商业功能区	综合服务业	0.25	电子商务
DK36	商业功能区	综合服务业	0.33	电子商务
DK53	商业功能区	综合服务业	0.36	大型购物广场和特色餐饮
DK55	商业功能区	综合服务业	0.30	大型购物广场和特色餐饮
DK61	商业功能区	综合服务业	0.46	商务休闲文化中心

由表6-7可知，以金融业为主导的DK06、DK07和DK08将建设成为结算型金融中心，打造以电子商务国际结算和要素市场为主导功能的金融中心核心区，单位建筑面积产业增加值较高，到2020年分别达到0.93万元/m^2、0.83万元/m^2和0.88万元/m^2。DK01、DK04、DK05、DK09和DK13是以商贸业为主导的目标单元，这些地块里汇集了日月光广场、创汇·首座等大型卖场，产业增加值较高。其中，DK01重点发展以展示贸易、订单贸易为主的国际化批发、零售市场，

DK04 和 DK05 将重点发展国际品牌专卖店、顶级商务会所等业态，DK09 将依托重宾保利国际广场打造为优质商业项目，同时引进品牌旗舰店，丰富通讯电子器材专业店等，DK13 将依托日月光中心项目，重点发展商贸业，并引进休闲娱乐业态。DK27、DK30、DK35、DK36 发展以电子商务为主的城市综合体，吸引多家国内外知名电子商务企业落户，促进电子商务集群化、规模化、品牌化发展。DK53、DK55 将依托龙湖时代天街购物中心，发展大型购物广场和特色餐饮，DK61 位于化龙桥商圈内，未来发展以重庆天地—重庆小镇特色街区为载体，打造商务休闲文化中心。

6.3 重庆市渝中区城市空间集约利用空间格局分析

通过对渝中区城市空间集约利用目标体系构建及目标值预测，选取综合容积率、地下空间开发、人口承载、绿地覆盖率和单位建筑面积产业增加值等五个指标从空间利用强度、承载强度和经济产出效益三个方面反映渝中区各个目标单元的空间集约利用水平。到 2020 年渝中区城市空间集约利用格局会发生明显变化，东、中、西部区域空间集约利用水平差距进一步缩小，区域功能性特征明显，全区城市空间集约利用呈现出“一极两圈三片”的总体格局，即解放碑 CBD 地块最高，两路口转盘、大坪转盘区域商圈地块次之，大溪沟—七星岗—南纪门—望龙门区域、桂新村区域、李子坝—化龙桥等以居住为主体的区域最低。

就空间利用强度而言［图 6-6（a）］，从综合容积率、地下空间开发率两个

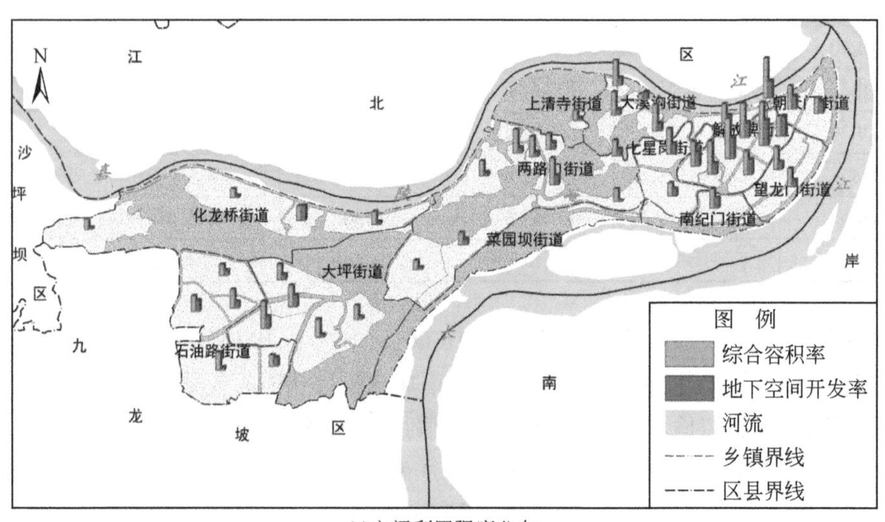

(a)空间利用强度分布

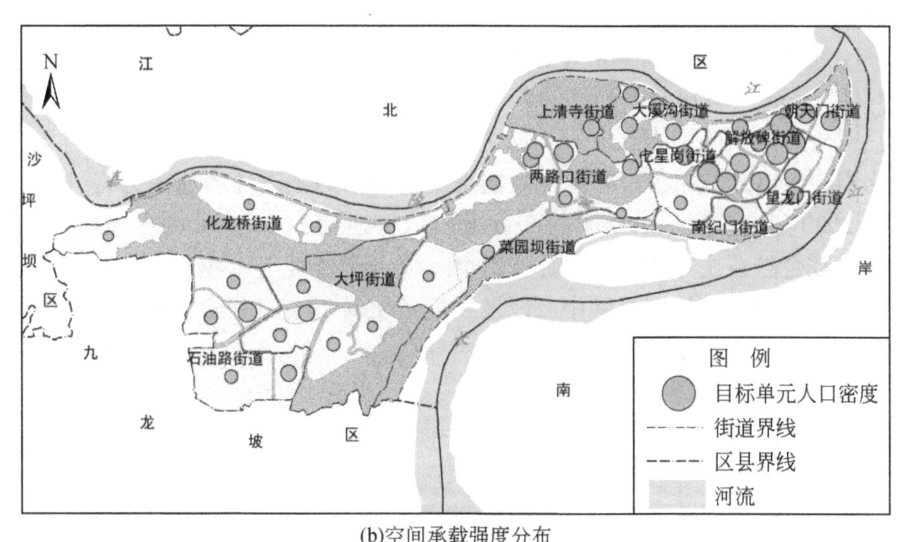

(b)空间承载强度分布

图6-6　重庆市渝中区2020年城市空间集约利用分布图

指标数值分布情况来看，解放碑核心商圈空间利用强度较高，大坪商圈（DK54、DK55）次之，而原后勤工程学院（DK44）、化龙桥街道红岩村（DK62）较低。从空间承载强度来看［图6-6（b）］，存在商业功能区>居住功能区的特征，其中解放碑核心商圈总体上较高，人口承载力较大，其次是大坪（DK55）、两路口（DK30）以及七星岗、大溪沟、望龙门、南纪门等居住功能区，而化龙桥（DK61、DK62、DK64）以及鹅岭（DK34、DK44、DK45）等区域人口承载力较弱。就渝中区“东、中、西”三大商圈空间利用经济效益而言，表现出金融业主导型>商贸业主导型>综合服务业主导型目标单元的空间趋势。

6.4　本章小结

从空间利用强度、空间承载强度和经济产出效益三方面构建重庆市渝中区空间集约利用的目标体系，测算了到2020年渝中区的地下空间开发率、综合容积率、人口密度、绿化覆盖率及商业功能区的单位建筑面积产业增加值。结果表明，到2020年渝中区城市空间集约利用空间格局会发生明显变化，东、中、西部区域空间集约利用水平差距进一步缩小，区域功能性特征明显，全区城市空间集约利用水平呈现出“一极两圈三片”总体格局。到2020年通过旧城改造、城市更新等措施，渝中区城市空间利用强度将进一步提高。44个目标单元地下空间开发率平均值将达到18.42%，新增地下空间资源主要来源于对地下停车系统和地下商业空间的开发；到2020年目标单元平均容积率为4.11，容积率的提高主要源于新产生的商业载体和大规模的危旧区改造。目标单元人口密度平均值为11.78万人/km^2，解放碑核心区的人口磁力将下降，外围的两路口、大坪和石油路片区对外来人口吸引力会进一步增强。目标单元绿地覆盖率整体提升4.77%，2020年年达到16.37%，表明渝中区城市空间利用的生态环境承载力将进一步提升。到2020年渝中区三大商圈的产业增加值将达到510亿元以上，空间利用经济效益存在金融业主导型>商贸业主导型>综合服务业主导型目标单元的差异。应积极建设解放碑结算型金融中心以及以电子贸易为主的上清寺—两路口城市综合体和大坪—化龙桥商务休闲文化中心。

第7章　城市发展战略框架下重庆市渝中区轨道交通系统供需分析

城市交通供给与需求作为影响城市交通发展最主要的因素，两者既矛盾又统一，是一种相互影响、相互制约的关系。在渝中区城市发展战略框架下，结合渝中区城市轨道交通规划，基于“源流”互馈的城市空间利用与综合交通循环关系，从城市空间集约利用视角测算2020年渝中区轨道交通“源”。通过对2020年渝中区城市空间集约利用和轨道交通“源-流”非均衡程度分析，能更好地认识渝中区城市交通供求状态及发展趋势，为采取措施降低非均衡程度提供科学参考。

7.1　基于城市发展战略的轨道交通需求测算

7.1.1　基于城市发展战略的轨道交通需求测算思路

城市空间利用结构是影响城市交通组织的关键因素，是城市人流、物流、信息流在空间上的体现，城市交通需求规模受城市土地及其空间利用结构、强度、效益等因素的综合影响（谭晓雨，2012）。不同的土地利用强度、土地利用性质以及土地利用布局，对应着不同的交通需求，也就是说，单位面积生成的出行量并不相同，表现出不同的交通出行特征（陈鹏等，2004）。传统的交通需求预测四阶段法源于20世纪60年代美国芝加哥都市圈交通规划，分为交通生成和吸引预测、交通方式划分预测、交通分布预测以及交通分配四个阶段（黎伟等，2007），其中交通发生与吸引模型所遵循的基本步骤是“土地利用—出行生成相关因素—交通生成”。城市交通问题本质是交通系统中设施供给“流”及管理水平与土地（空间）利用产生的交通需求“源”之间的矛盾。因此从土地（空间）利用角度，建立城市居民交通出行生成与土地（空间）利用的直接关系模型，可实现传统预测法中的交通生成三大步骤向“土地（空间）利用—交通需求”两大步骤过渡，简化交通“源”预测过程。交通发生预测和交通吸引预测是交通生成“源”预测的两个主要部分，预测的基本思路是宏观控制和微观协调相结合，根据各交通小区各类用地面积和吸引权重，将居民出行总量按照一定规则分配至各交通小区。即利用传统规划手段，预测各交通小区的出行发生量，进而确定区域日出行总量，以实现对交通发生及吸引的宏观控制；在微观协调方面，以交通小区不同土地利用类型的土地面积为自变量，交通吸引量为因变量，结合土地利用物理属性以及经济属性特征，预测各交通小区出行吸引量，以实现对交通发生及吸引的微观协调。

7.1.2 基于城市发展战略的轨道交通需求测算模型构建

根据城市居民出行总量等于城市总人口与人均出行次数乘积，计算城市交通生成总量，并按照“土地利用性质相对一致性、保持行政界线的相对完整性以及城市路网的围合性”原则，结合第5、6两章对城市空间利用与轨道交通互动研究及其集约利用目标测算中对决策单元、目标单元的划分结果，为保持研究的连贯性，将渝中区划分为64个交通小区，再按照主导功能原则，将64个交通小区划分为居住、商业和公共服务3大功能区。根据各交通小区规划用地性质确定居住交通出行相互吸引权重，从空间利用强度（容积率）、人口承载水平（人口密度）和经济产出效益（单位建筑面积增加值）3个方面确定各交通小区空间利用调整系数，并基于城市居住出行发生总量等于各交通小区居民出行吸引量的平衡关系，结合城市居民出行方式，测算各交通小区居民轨道交通出行吸引量，即轨道交通“源”。具体计算公式如下：

$$S = S_{商业} + S_{居住} + S_{公共} = (P_{商业} + P_{居住} + P_{公共}) \times K_{居民} \tag{7-1}$$

$$A_i = \frac{P_i K_R K_i + S_i K_s K_i + M_i K_M K_i + T_i K_T K_i + C_i K_c K_i + g_i K_G K_i + O_i K_O K_i}{\sum_{i=1}^{n} R_i K_R K_i + S_i K_S K_i + M_i K_M K_i + T_i K_T K_i + C_i K_c K_i + G_i K_G K_i + O_i K_O K_i} \times S \times Y_{轨道} \tag{7-2}$$

$$K_i = \frac{R_i \times I_i \times E_i}{\sum_{i=1}^{n} R_i \times I_i \times E_i} \tag{7-3}$$

式（7-1）、式（7-2）、式（7-3）中，S为区域居民日均出行总量（万人次/日）；$P_{商业}$、$P_{居住}$、$P_{公共}$分别为商业、居住、公共服务功能区人口数量（万人）；$K_{居民}$为居民日均出行次数（次/人·日）；A_i为i交通小区居民轨道交通日均出行吸引量（万人次/日）；R_i、S_i、M_i、T_i、C_i、G_i、O_i分别为i交通小区内居住用地、第三产业用地、工业用地、交通设施用地、公共服务用地、绿地、其他用地的用地面积（hm^2）；K_R、K_S、K_M、K_T、K_C、K_G、K_O分别是i交通小区内居住用地、第三产业用地、工业用地、交通设施用地、公共服务用地、绿地、其他用地的基本吸引权重；$Y_{轨道}$为居民轨道交通出行比例；K_i为i交通小区的交通吸引调整系数；R_i为i交通小区的综合容积率；I_i为i交通小区的人口密度（人/hm^2）；

E_i 为 i 交通小区的单位建筑面积增加值（该指标只针对商业功能区的交通小区，万元/m^2）；n 为交通小区数量。

7.1.3　基于城市发展战略的轨道交通需求测算过程与结果分析

（1）居民日均出行次数及其轨道交通分担率测算

居民出行心理、生活水平、地理环境、城市布局、交通基础设施水平及相关政策等都是影响城市居民出行方式结构的因素，并从不同侧面影响着居民出行方式结构，单一的数学模型或表达方式很难描述其演变规律（任其亮和李淑庆，2005）。根据 2010 年《重庆市主城区交通发展年度报告》，重庆市主城区居民日均出行总量 1339 万人次，人均日出行次数 2.25 次，而渝中半岛人均日出行次数为 2.26 次；以步行（47.5%）和地面公交（32.8%）为主要出行方式。参照重庆市主城区综合交通规划以及国内同类型城市情况，确定 2020 年渝中区居民日均出行次数为 2.5 人次。为了进一步了解渝中区居民出行方式结构，2013 年 1 月项目组在渝中区东、中、西三大区域选取解放碑 CBD、两路口街道、大坪街道作为调查区域，采用典型调查和入户调查相结合的调查方法进行了调查，共投放调查问卷 2420 份，回收有效问卷 2099 份，问卷有效率为 86.74%，调查结果显示，渝中区居民交通出行方式主要有为公交、轨道以及步行（图 7-1），其中公交出行方式为 57.78%，轨道交通出行方式为 24.02%，已经基本形成“地面公交+轨道交通”的公共交通出行模式。

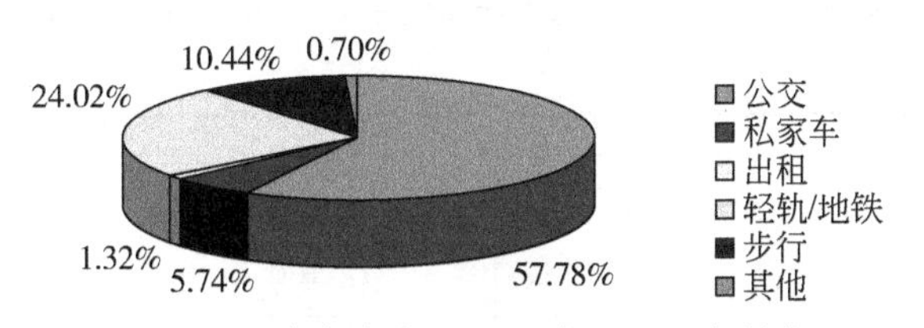

图 7-1　重庆市渝中区 2012 年居民出行结构

从国际大都市公共交通出行情况来看（张伟，2012；李朝阳和华智，2011），公共交通已成为解决城市交通拥堵问题的有效途径。纽约中心曼哈顿 90% 以上居民乘坐公交车，伦敦在高峰小时近 80% 进入市中心地区的出行是通过轨道交通实现的，地铁年客运量占全市公交总客运量的 45%；巴黎轨道交通约占 45%，公交汽车约占 15%；香港每日约 90% 的出行由公共交通承担，公交主体是轨道交通与巴士系统，其中轨道交通约占公共交通出行的 45%。随着渝中区总交通需求的快速增长，加大公共交通优先发展的力度，建立高效、可靠的公共交通系统是保障城市可持续发展的必然要求。根据重庆市主城区“公共交通优先发展，营造良好的步行交通环境来鼓励步行，控制小汽车和出租车总量”的交通发展策略以及渝中区以轨道交通为骨架、地面公交为补充的公交主导型模式要求，确定2020年渝中区轨道交通分担率为30%。

(2) 基于居民出行特征的城市用地类型划分及其交通吸引权重确定

某一土地利用类型所发挥的社会经济功能直接影响该类型土地产生的交通量，就交通小区而言，不同的用地类型、规模、强度导致其发挥的综合社会经济功能存在显著差异，直接影响该交通小区的交通需求，决定了小区交通“源”生成量。根据居民出行需求特征，参照《城市用地分类与规划建设用地标准》(GB50137—2011) 和相关研究成果（曹静，2008；李霞等，2007），将商业服务设施用地与物流仓储用地合并为第三产业用地，公共管理与公共服务用地、公用设施用地合并为公共服务用地，将水域、特殊用地等地类合并为其他用地，得到基于居民出行特征的7种用地类型，结合2020年渝中区土地利用规划情况，统计出渝中区各交通小区各类土地利用面积（表7-1）。同时，考虑到不同土地利用性质对应着不同交通需求，且相关研究结果表明不同土地利用类型居民出行吸引情况具有稳定性和可移植性（余继东和吴瑞麟，1999；石飞等，2005），参照苏州市（高新区）、西安市、蚌埠市、长春市、浏阳市的不同用地类型居民出行交通吸引权重研究成果（杨敏，2005；罗志忠，2006；刘建明和陈金玉，2009；王炜等，1998），确定2020年渝中区不同用地类型基本交通吸引权重（表7-2）。

表7-1 基于居民出行特征的重庆市渝中区2020年城市用地类型划分

单位：hm^2

交通小区编号	功能区划分	居住功能区用地	第三产业用地	工业用地	交通设施用地	公共服务用地	绿地	其他用地	小计
DK01	商业功能区	1.69	9.46	0.00	6.33	1.65	2.82	0.00	21.95
DK02	居住功能区	4.54	2.94	0.00	2.30	0.15	1.65	0.00	11.58
DK03	居住功能区	5.14	3.13	0.00	0.55	3.22	2.01	0.00	14.05
DK04	商业功能区	1.04	1.81	0.00	0.19	0.59	0.14	0.00	3.77
DK05	商业功能区	0.00	4.38	0.00	1.17	1.75	0.00	0.00	7.30
DK06	商业功能区	0.00	5.30	0.00	2.03	0.00	1.80	0.00	9.13
DK07	商业功能区	0.00	5.90	0.00	2.00	0.00	0.22	0.00	8.12
DK08	商业功能区	0.00	7.10	0.00	2.66	2.56	0.34	0.00	12.66
DK09	商业功能区	0.00	10.47	0.00	3.07	0.13	0.00	0.00	13.67

续表

交通小区编号	功能区划分	居住功能区用地	第三产业用地	工业用地	交通设施用地	公共服务用地	绿地	其他用地	小计
DK10	居住功能区	10.20	5.99	0.00	5.24	3.52	2.96	0.00	27.91
DK11	居住功能区	15.70	0.84	0.00	3.12	3.61	1.84	0.00	25.11
DK12	居住功能区	7.92	1.47	0.00	2.36	5.15	4.99	0.00	21.89
DK13	商业功能区	0.00	5.82	0.00	1.01	0.25	0.00	0.00	7.08
DK14	居住功能区	4.23	3.58	0.00	1.81	2.46	0.11	0.00	12.19
DK15	居住功能区	14.38	2.09	0.00	8.12	6.95	7.83	0.00	39.37
DK16	居住功能区	17.36	1.01	0.00	4.07	3.81	3.53	0.00	29.78
DK17	居住功能区	7.14	0.89	0.00	1.23	5.49	1.44	0.00	16.19
DK18	居住功能区	1.67	0.96	0.00	0.00	0.47	0.75	0.00	3.85
DK19	公共服务功能区	1.50	0.00	0.00	0.33	9.38	0.26	0.00	11.47
DK20	居住功能区	5.82	0.56	0.00	1.25	4.05	1.90	0.00	13.58
DK21	居住功能区	0.97	1.21	0.00	0.00	2.80	0.26	0.00	5.24
DK22	公共服务功能区	1.36	0.66	0.00	0.92	3.05	1.67	0.00	7.66
DK23	居住功能区	13.23	1.95	0.00	0.24	3.41	1.22	0.00	20.05
DK24	公共服务功能区	0.95	0.64	0.00	0.45	9.04	1.41	0.00	12.49
DK25	公共服务功能区	0.00	0.00	0.00	0.01	14.67	0.41	0.00	15.09
DK26	公共服务功能区	0.39	0.00	0.00	0.11	3.31	1.81	0.00	5.62
DK27	商业功能区	0.00	1.99	0.00	0.30	1.50	0.64	0.00	4.43
DK28	居住功能区	3.86	0.49	0.00	0.38	3.09	0.84	0.00	8.66
DK29	居住功能区	3.91	0.89	0.00	0.43	0.17	1.53	0.00	6.93
DK30	商业功能区	2.61	2.75	0.00	0.53	1.61	2.20	0.00	9.70
DK31	居住功能区	4.81	0.99	0.00	0.59	1.88	0.59	0.00	8.86
DK32	公共服务功能区	0.97	0.00	0.00	1.06	16.24	0.71	0.00	18.98
DK33	公共服务功能区	3.01	0.94	0.00	0.34	2.96	12.32	0.00	19.57
DK34	居住功能区	8.26	0.87	0.00	2.47	2.49	13.20	2.37	29.66
DK35	商业功能区	1.72	8.54	0.00	0.40	1.48	2.15	0.00	14.29
DK36	商业功能区	0.44	3.60	0.00	0.32	7.24	2.18	0.00	13.78
DK37	居住功能区	3.35	1.22	0.00	0.00	0.98	0.51	0.00	6.06
DK38	公共服务功能区	0.00	0.00	0.00	0.26	11.21	0.00	0.00	11.47

续表

交通小区编号	功能区划分	居住功能区用地	第三产业用地	工业用地	交通设施用地	公共服务用地	绿地	其他用地	小计
DK39	居住功能区	13. 18	0. 00	0. 00	5. 27	8. 12	6. 15	0. 00	32. 72
DK40	公共服务功能区	3. 51	0. 06	0. 00	0. 00	1. 33	9. 74	0. 00	14. 64
DK41	居住功能区	6. 34	0. 66	0. 00	0. 00	1. 02	12. 25	0. 00	20. 27
DK42	居住功能区	12. 02	1. 18	0. 00	10. 96	2. 04	13. 92	0. 00	40. 12
DK43	公共服务功能区	0. 50	4. 63	0. 00	1. 87	12. 85	5. 80	10. 44	36. 09
DK44	居住功能区	42. 68	1. 98	0. 00	0. 04	1. 32	0. 00	0. 00	46. 02
DK45	居住功能区	9. 91	0. 00	0. 00	8. 39	0. 86	12. 17	0. 00	31. 33
DK46	公共服务功能区	12. 90	1. 47	0. 00	5. 02	31. 05	23. 26	0. 00	73. 70
DK47	居住功能区	20. 09	0. 68	0. 00	0. 09	9. 92	19. 59	0. 00	50. 37
DK48	居住功能区	14. 65	0. 00	0. 00	1. 43	2. 05	0. 13	0. 00	18. 26
DK49	居住功能区	13. 79	2. 60	0. 00	4. 27	2. 20	1. 77	0. 00	24. 63
DK50	居住功能区	14. 40	2. 14	0. 00	1. 19	0. 81	0. 34	4. 68	23. 56
DK51	居住功能区	19. 91	3. 67	0. 00	1. 58	9. 77	0. 98	3. 21	39. 12
DK52	居住功能区	10. 06	2. 84	0. 00	1. 34	7. 11	0. 00	0. 00	21. 35
DK53	商业功能区	5. 16	33. 82	0. 00	0. 04	37. 18	0. 00	0. 00	76. 20
DK54	居住功能区	21. 78	3. 26	0. 00	2. 25	4. 28	1. 52	0. 90	33. 99
DK55	商业功能区	0. 00	4. 82	0. 00	2. 39	3. 25	0. 56	0. 00	11. 02
DK56	居住功能区	23. 41	2. 10	0. 00	5. 78	4. 82	0. 31	0. 00	36. 42
DK57	居住功能区	9. 29	0. 00	0. 00	0. 00	0. 84	0. 10	0. 00	10. 23
DK58	居住功能区	19. 73	3. 58	0. 00	2. 54	6. 00	0. 28	0. 00	32. 13
DK59	居住功能区	26. 65	5. 19	0. 00	0. 89	9. 19	2. 21	0. 00	44. 13
DK60	公共服务功能区	6. 30	1. 43	0. 00	0. 41	7. 04	28. 20	0. 00	43. 38
DK61	商业功能区	0. 00	11. 53	0. 00	2. 36	0. 00	0. 85	0. 00	14. 74
DK62	居住功能区	34. 94	4. 86	0. 00	8. 45	1. 81	12. 33	0. 00	62. 39
DK63	公共服务功能区	10. 59	3. 61	0. 19	5. 46	16. 60	34. 52	1. 63	72. 60
DK64	居住功能区	25. 96	0. 00	0. 00	2. 54	0. 00	0. 70	21. 87	51. 07
合计		525. 92	196. 55	0. 19	132. 21	323. 78	265. 92	45. 10	1489. 67

表 7-2　基于居民出行特征的重庆市渝中区 2020 年城市用地类型基本吸引权重值

居住用地	第三产业用地	工业用地	交通设施用地	公共服务用地	绿地	其他	合计
0.10	0.49	0.21	0.08	0.07	0.03	0.02	1.00

(3) 基于交通小区的渝中区轨道交通“源”测算

根据第 5 章、第 6 章测算的 64 个交通小区人口、平均容积率、单位建筑面积增加值等数据，计算出重庆市渝中区居民日均出行总量为 268.16 万人次/日，根据式（7–3）所计算的各交通小区居民出行吸引调整系数，结合渝中区居民出行轨道交通分担率和各类用地的吸引权重、用地面积，根据式（7–2）计算出各交通小区居民轨道交通日均出行吸引量为 80.45 万人次/日（图 7-2，表 7-3）。渝中区交通小区居民出行轨道交通日均吸引量主要集中在两个区域：一个是东部的解放碑商圈；另一个是“大石化”片区中的石油路街道与大坪街道。解放碑商圈既是渝中区的老城区，也是重庆的金融商贸中心、国际总部基地、传统文化体验中心以及时尚都会中心，在以解放碑和朝天门为代表的金融商务核心增长极的影响下，到 2020 年渝中区东部片区仍然是出行重点吸引区。到 2020 年大坪、石油路、化龙桥等西部“大石化”片区将形成以文化、休闲、商业、商务为一体的高能级综合性的都市新核心，随着轨道交通站点的进一步完善，该区域将成为渝中区居民轨道交通出行的重点吸引片区。而渝中区中部片区是重庆传统的政治中心，与南岸区、江北区隔江而望，是南北往来的重要交通枢纽，过境客流较大，但由于该片区用地规模较小，相对于渝中区东、西部片区的金融、商务以及商业中心而言，其居民出行交通吸引量较低。

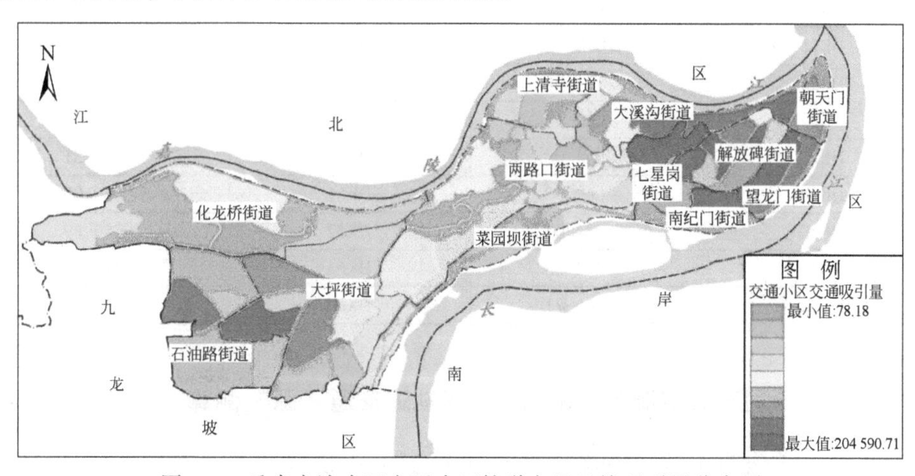

图 7-2　重庆市渝中区交通小区轨道交通日均吸引量分布图

表 7-3　基于交通小区的重庆市渝中区轨道交通日均吸引量测算

交通小区编号	轨道交通日均吸引量/人	交通小区编号	轨道交通日均吸引量/人
DK01	17 792.17	DK33	4 759.95
DK02	41 566.90	DK34	3 838.28
DK03	22 698.31	DK35	4 067.50
DK04	7 562.84	DK36	2 584.13
DK05	11 783.19	DK37	13 738.74
DK06	18 982.70	DK38	23.45
DK07	45 017.79	DK39	7 713.03
DK08	47 398.04	DK40	500.04
DK09	14 697.03	DK41	289.90
DK10	46 468.44	DK42	10 441.20
DK11	20 050.04	DK43	2 378.87
DK12	34 223.06	DK44	5 365.96
DK13	12 035.59	DK45	2 551.11
DK14	61 377.21	DK46	2 891.33
DK15	14 431.45	DK47	4 665.11
DK16	52 125.89	DK48	1 923.44
DK17	23 772.48	DK49	2 332.54
DK18	1 742.30	DK50	6 248.47
DK19	7 221.29	DK51	18 335.16
DK20	15 487.28	DK52	12 545.36
DK21	8 459.59	DK53	12 787.12
DK22	6 296.87	DK54	27 205.47
DK23	16 525.73	DK55	3 326.64
DK24	3 447.15	DK56	17 384.85
DK25	1 090.36	DK57	12 458.83
DK26	2 791.94	DK58	22 482.83
DK27	1 064.14	DK59	13 339.11
DK28	2 054.06	DK60	35.31
DK29	4 660.90	DK61	860.09
DK30	3 234.03	DK62	6 559.89
DK31	9 344.28	DK63	318.55
DK32	1 066.71	DK64	4 054.98

(4) 基于轨道站点服务范围的渝中区轨道交通“源”测算

根据《重庆市主城区综合交通规划（2010—2020）》和《重庆市城市快速轨

道交通第二轮建设规划（2012—2020）》，到 2020 年重庆市将建成“九线一环”的轨道交通网络，渝中区范围内的轨道线路总里程将达到 31.56km，轨道线网密度将达到 1.7km/km²，是轨道交通网络换乘中心以及轨道线网密度最大的城市核心区。区内将拥有 29 个轨道站点（其中有 9 个换乘站点），7 条轨道交通线，形成横向轨道交通 1 号线、2 号线、9 号线，纵向轨道交通 6 号线、10 号线、3 号线和 5 号线的“三横四纵”的分布格局。

根据基于交通小区的渝中区轨道交通“源”测算结果，结合城市轨道交通的廊道效应和外部效应，参照相关研究成果（李朝阳和华智，2002），确定渝中区轨道交通站点的吸引服务范围为 1500m，其中轨道交通站点 500m 半径为直接服务范围，500～1500m 半径为间接辐射范围，并根据渝中区城市骨干路网、交通小区围合范围等实际情况进行适当调整，服务范围如图 7-3，各站点直接服务范围覆盖了渝中区朝天门、解放碑、七星岗、人民广场、两路口、上清寺、大坪、化龙桥等渝中区的各商业、居住、文化中心区域，到 2020 年渝中区基本实现轨道交通的全域覆盖，具体见表 7-4。

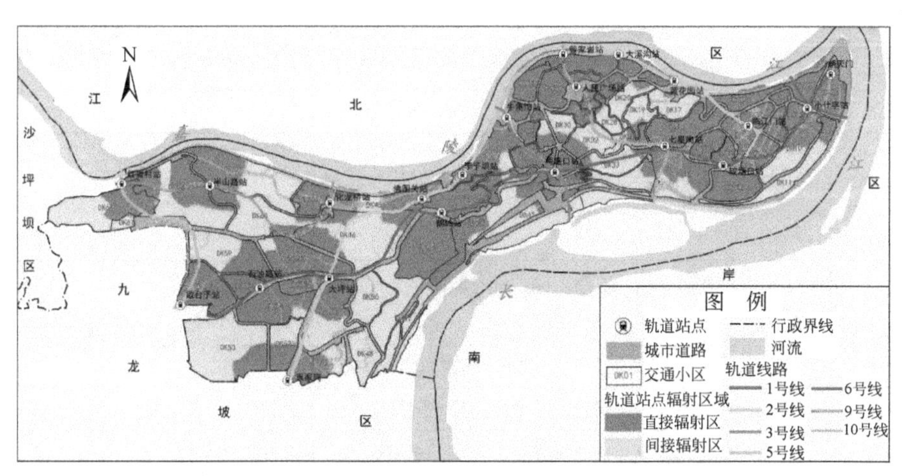

图 7-3　重庆市渝中区 2020 年轨道交通站点服务范围图

表 7-4　重庆市渝中区 2020 年轨道交通站点服务范围划分

轨道站点	是否为换乘站	直接服务范围	间接辐射范围
朝天门	N	曹家巷轴线以北到朝天门广场区域	无

续表

轨道站点	是否为换乘站	直接服务范围	间接辐射范围
小什字	Y	解放碑核心区以北区域	长滨路与解放东路围合区域
临江门	N	解放碑核心区和临江路以北区域	人民公园与凯旋路围合区域
较场口	Y	民生路—金汤街—放牛巷—凉亭子路—中兴路—新华路—瓷器街围合区域	西至星辰花园，东至渝中区人民医院
黄花园	N	嘉滨路—大溪沟街—人和街—巴蜀路围合区域	中华一路—捍卫路—临华路—巴蜀路围合区域
七星岗	Y	民生路—中山一路一线两侧各400m 区域	石板坡立交和枇杷山公园附近区域
大溪沟	N	人和街—人民支路—嘉滨路—大溪沟路围合区域	重庆市设计院周围200m 区域
曾家岩	Y	中山四路和人民支路以北，龙泉花园与重庆市市级机关党校围合区域	无
人民广场	N	重庆人民广场、人民大礼堂、三峡博物馆和重庆市人民政府附近区域	枣子岚垭正街—华福巷—巴蜀路—人和路围合区域
牛角沱	Y	上清寺转盘和牛角沱立交周围600m 区域	无
两路口	Y	两路口轨道站周围500m 区域，包括菜园坝立交、大田湾体育场、文化宫	两路口轨道站直接服务范围外200m 环状区域，包括菜园坝火车站附近区域
李子坝	N	鹅岭正街—嘉陵新路—桂花园路—嘉滨路附近区域	无
佛图关	N	佛图关轨道站南北150m、东西400m 区域	无
鹅岭	N	鹅岭公园以南包括原后勤工程学院区域	无
大坪	Y	大坪转盘周边北至虎头岩隧道，南至煤建新村和渝中名郡的500m 区域	上肖家湾—红楼医院—黄花溪立交片区居住小区
石油路	N	石油路轨道站周围500m 范围区域	康翔花园周围300m 区域
歇台子	Y	万科锦程和金银湾附近区域	无
袁家岗	N	袁家岗立交附近500m 范围区域	重医以及黄花溪立交以西区域
化龙桥	N	化龙桥轨道站周围450m 区域	李子坝正街区域
半山路	N	重庆红岩革命纪念馆和嘉陵新天地围合区域	嘉陵新天地所在附近区域
红岩村	Y	协信云溪谷和协信卡地亚周围区域	经纬大道转盘以西渝中区辖区

将渝中区各轨道交通站点的服务范围与2020年渝中区土地利用图进行叠加，得到各服务范围内的土地利用情况，以轨道交通站点为统计单元计算其直接影响范围和间接辐射范围内的用地类型和面积，按照各交通小区居民出行吸引量预测方法，测算出各轨道交通站点直接影响范围和间接辐射范围内的轨道交通“源”（表7-5）。

表7-5　重庆市渝中区2020年各轨道交通站点日均交通“源”测算

单位：万人次/日

轨道站点	直接服务范围交通“源”	间接辐射范围交通“源”	轨道站点交通“源”总量
朝天门	2.44	0.00	2.44
小什字	9.50	0.90	10.40
临江门	12.94	1.53	14.47
较场口	12.89	1.36	14.25
黄花园	0.98	2.73	3.71
七星岗	5.99	0.91	6.90
大溪沟	1.75	0.32	2.07
曾家岩	1.26	0.00	1.26
人民广场	1.20	0.66	1.86
牛角沱	2.14	0.00	2.14
两路口	1.10	1.08	2.18
李子坝	0.40	0.00	0.40
佛图关	0.13	0.00	0.13
鹅岭站	1.15	0.00	1.15
大坪	3.00	2.46	5.46
石油路	5.07	0.82	5.89
歇台子	1.53	0.00	1.53
袁家岗	0.59	2.28	2.87
化龙桥	0.16	0.26	0.42
半山路	0.25	0.22	0.47
红岩村	0.27	0.14	0.41

7.2　基于城市发展战略的轨道交通供给测算

7.2.1　重庆市主城区轨道交通总体布局及其线路运能测算

为了加强主城核心区的辐射能力及与周边组团的直接联系，形成以渝中半岛为中心向外辐射的轨道交通格局,《重庆市主城区综合交通规划（2010—2020)》和《重庆市城市快速轨道交通第二轮建设规划（2012—2020)》构建了由“九线一环”组成的重庆市主城区远期轨道交通网络，线路总长513km。主城核心区轨道交通线网密度将达到0.65km/km^2，外围组团线网密度将达到0.4km/km^2。轨道交通路网的建设，将提高城市中心组团、临近组团和远郊组团的交通联系，增强城市中心区及中心组团的辐射能力，引导和促进城市实现“多中心、组团式”空间重构。

在线路运能测算方面，已开通运营的轨道交通1、2、3、6号线的运能参考重庆市轨道交通集团提供的四条轨道线路运载能力数据；尚未开工建设的轨道交通5号线、9号线、10号线，参考轨道交通6号线的行车密度进行预测。2020年过境渝中区的轨道交通1、2、3、5、6、9、10号线路运能为326.01万人次/日（表7-6)。

表7-6 重庆市主城区2020年各轨道交通线日均运能

单位：万人次/日

轨道交通线	1号线	2号线	3号线	5号线	6号线	9号线	10号线
2020年总运能	39.87	25.97	31.88	70.42	86.03	26.93	44.91

7.2.2 重庆市渝中区各轨道交通站点居民客流测算

渝中区各轨道交通站点客流量预测主要依据重庆市轨道交通集团提供的已开通运营的轨道交通站点日均客流量数据以及对轨道交通6号线、2号线和3号线运营规划与客流预测相关研究（李萍，2010；彭进福，2012)，并结合渝中区各轨道站点周围用地未来发展方向和产业发展规划，确定渝中区各轨道站点的客流量分担比例，预测到2020年渝中区各轨道交通站点的客流量为86.78万人次/日（表7-7)，其中小什字、临江门、较场口、两路口、大坪等换乘枢纽站日均客流量将超过8万人次/日。

表7-7 重庆市渝中区2020年轨道交通站点日均客流量

单位：万人次/日

轨道站点	客流量	轨道站点	客流量	轨道站点	客流量
朝天门	3.49	曾家岩	1.87	大坪	9.10
小什字	15.11	人民广场	2.94	石油路	3.49
临江门	7.91	牛角沱	2.62	歇台子	2.42

续表

轨道站点	客流量	轨道站点	客流量	轨道站点	客流量
较场口	8.15	两路口	8.98	袁家岗	3.25
黄花园	3.78	李子坝	0.78	化龙桥	1.62
七星岗	4.69	佛图关	0.26	半山路	0.81
大溪沟	2.30	鹅岭	1.30	红岩村	1.91

7.3　渝中区城市轨道交通供需非均衡程度分析

7.3.1　城市轨道交通供需非均衡程度评价方法

为探究重庆市渝中区城市轨道交通“源-流”匹配情况，本书采取城市交通狭义非均衡度来计算渝中区轨道交通供求非均衡度。轨道交通供求非均衡度（dd）用来度量轨道交通供给和需求的非均衡程度，等于某一区域某一个时间段轨道交通总需求 D 和总供给 S 之比（张建军等，2008；李艳艳，2011），即

$$\mathrm{dd}(t)=\frac{D(t)}{S(t)} \tag{7-4}$$

当 dd=1 时，交通的供求处于均衡状态；当 dd≠1 时，交通供求处于非均衡状态。对于非均衡度状态，这里设定如下几个指标临界值。

（1）可接受非均衡 $\mathrm{dd}_0=1.10$

由于市场运行状态是非均衡的，所以区域交通总供给与总需求不相等是经常存在的，但只要非均衡程度 $|\mathrm{dd}|<\mathrm{dd}_0$，政府有关部门就不必采取措施调节供求，因为交通系统、社会经济系统本身的自组织调节功能会使市场正常运行。

（2）轻度非均衡 $\mathrm{dd}_1=1.15$

当市场运行的非均衡程度逐渐变大，满足 $\mathrm{dd}_0\leqslant|\mathrm{dd}|<\mathrm{dd}_1$时，单靠市场自身的调节作用已不可能保持交通系统、社会经济系统的健康运行，需要政府采取一定干预措施。由于此时只属轻度非均衡，且交通服务于社会经济活动，因此政府可采取增加交通供给或科学引导客流等措施来满足需求。

（3）严重非均衡 $\mathrm{dd}_2=1.20$

当市场运行的非均衡程度满足 $\mathrm{dd}_1\leqslant|\mathrm{dd}|<\mathrm{dd}_2$时，交通的供给已成为社会

经济发展的瓶颈，这时就要求政府采取措施加大干预力度，增加投资修建高等级路网，安装先进的交通控制系统等来满足交通需求，必要时考虑进行产业结构与布局的调整。

7.3.2 渝中区轨道交通供需非均衡程度评价结果

根据本章7.1节基于交通小区的2020年渝中区居民出行需求预测以及轨道交通站点的辐射范围，确定2020年渝中区居民轨道交通出行需求为80.41万人次/日。按照本章7.2节对2020年渝中区轨道交通站点供给的预测，得出2020年渝中区轨道交通总运能为86.78万人次/日。通过城市交通供求非均衡度公式计算，得出2020年渝中区轨道交通供求非均衡度 $dd=0.93$，$|dd|<dd_0$，说明渝中区轨道交通供求总体上处于可接受非均衡的状态。通过重庆市城市快速轨道交通第二轮建设，到2020年轨道交通线轨道交通的供给能力总体上能够基本满足渝中区居民的轨道交通出行需求，并另有6.37万人次/日的运能提供给区际居民轨道交通出行需求。

从轨道交通站点“源–流”匹配来看（表7-8），渝中区大部分轨道交通站点的供给略大于需求，属于可接受非均衡的状态。同时，由于渝中区拥有较大的外来轨道交通客流，除小什字站、临江门站、较场口站等7个轨道交通站点存在供需矛盾外，其余轨道交通站点供给和需求基本平衡。其供需平衡的空间分布如图7-4。

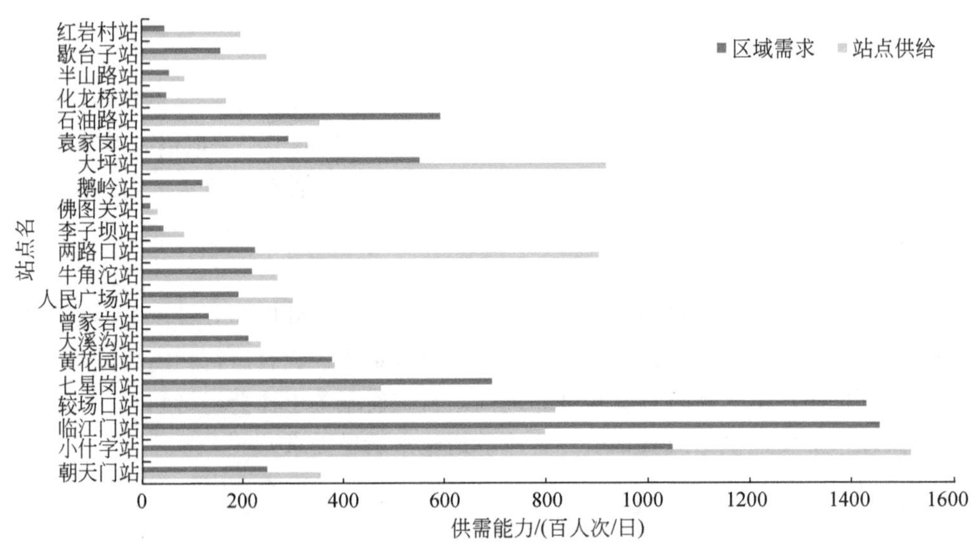

图7-4 重庆市渝中区2020年各轨道交通站点交通供需情况

表 7-8　重庆市渝中区 2020 年各轨道交通站点“源-流”匹配情况

轨道站点	轨道站点“源”/(万人次/日)	轨道站点“流”/(万人次/日)	供需差/(万人次/日)
朝天门	2. 44	3. 49	1. 05
小什字	10. 4	15. 11	4. 71
临江门	14. 47	7. 91	-6. 56
较场口	14. 25	8. 15	-6. 10
黄花园	3. 71	3. 78	0. 07
七星岗	6. 90	4. 69	-2. 21
大溪沟	2. 07	2. 30	0. 23
曾家岩	1. 26	1. 87	0. 61
人民广场	1. 86	2. 94	1. 08
牛角沱	2. 14	2. 62	0. 48
两路口	2. 18	8. 98	6. 80
李子坝	0. 40	0. 78	0. 38
佛图关	0. 13	0. 26	0. 13
鹅岭	1. 15	1. 30	0. 15
大坪	5. 46	9. 10	3. 64
石油路	5. 89	3. 49	-2. 40
歇台子	1. 53	2. 42	0. 89
袁家岗	2. 87	3. 25	0. 38
化龙桥	0. 42	1. 62	1. 20
半山路	0. 47	0. 81	0. 34
红岩村	0. 41	1. 91	1. 50

渝中区轨道交通站点客流供给不能满足需求的站点主要分布在渝中区东部的临江门站、较场口站、七星岗站和西部的石油路站等 4 个站点，其中临江门、较场口以及七星岗等 3 个站点地处解放碑 CBD 核心区，该区域是重庆主城区的经济中心、娱乐中心，也是重庆主城区最重要的旅游目的地之一，是重庆主城区人流量最大的区域，日均出入人流量为 30 余万人次，重大节日和重大商贸活动人流量超过 100 万人次/日，到 2020 年上述区域居民轨道交通出行需求将有 14. 87 万人次/日的供给缺口。位于渝中区西部的石油路站紧邻渝中区的商业副中心大坪商圈，商业发达，人口密度高，为石油路街道的主要居住聚集区，到 2020 年石油路轨道交通站点居民出行需求存在 2. 4 万人次/日的供给缺口。

供给明显大于需求的轨道交通站点主要有小什字、两路口、大坪等换乘枢纽站。位于渝中区东部的小什字站是连接轨道交通1号线和6号线的换乘站点，到2020年该轨道交通站点运能供给将达到15.11万人次/日，尚有4.71万人次/日的运能剩余。位于渝中区中部的两路口站作为连接轨道交通1号线和3号线的换乘站点，是渝中区的客流集散中心，承担着渝中区南北向和东西向区内区外人流的疏导任务，到2020年两路口轨道交通站点运能供给达到8.98万人次/日，尚有6.80万人次/日的运能剩余。位于渝中区西部的大坪站作为连接轨道交通1号线和2号线的换乘站点，不仅直接服务于大坪商业副中心，还承担着联系渝中区、沙坪坝区和九龙坡区等区外人流量的任务，到2020年该站点运能供给达到了9.10万人次/日，尚有3.64万人次/日的运能剩余。

7.4 本章小结

本章在对城市轨道交通和城市空间利用现状互动关系评价的基础上，结合渝中区城市轨道交通规划，基于“源-流”互动机制分析框架，从土地利用与交通生成关系出发，建立交通出行生成与土地利用的直接关系模型。在定性分析渝中区居民出行方式选择的基础上，采用宏观控制和微观协调相结合的研究方法，预测出2020年渝中区轨道交通需求量。到2020年渝中区轨道交通吸引量集中分布在东、西部的解放碑片区和“大石化”片区，城市经济核心区域对城市交通流的产生具有较强的引导作用。在渝中区城市发展战略框架下，根据2020年渝中区轨道交通站点的服务范围，结合《重庆市主城区综合交通规划（2010—2020）》和《重庆市城市快速轨道交通第二轮建设规划（2012—2020）》，测算不同站点服务范围内的交通供给。采取城市交通非均衡度研究方法，对渝中区轨道交通供需匹配状况进行分析，结果表明，渝中区轨道交通供求总体上处于可接受非均衡的状态；从轨道站点服务范围角度，渝中区大部分轨道交通站点的供给略大于需求，属于可接受非均衡的状态，只有小什字站、临江门站、较场口站等7个轨道交通站点存在供给较大或需求较大的非均衡情况。未来的交通组织与建设需从均衡各区域及站点的交通供求关系出发，增强缺口站点的供给能力，或调控土地利用及产业结构，疏解交通压力。

第 8 章　重庆市渝中区综合交通体系与城市空间利用通道系统优化设置

8.1　综合交通体系的廊道效应

8.1.1　廊道效应原理

廊道是指景观中与相邻两侧环境不同的线状或带状结构，是景观生态学的基本要素之一。研究发现，在城市内部的快速干道或连接城市与城市之间的快速干道开通后，一定时间内会导致两侧一定空间距离内的空间发生一系列的变化：经济增长水平、经济产业结构、土地使用属性、土地价格、房屋价格明显高于周边平均水平，经过大量的实证检验无误后，研究者把这一效应称之为“廊道效应”。周俊和徐建刚（2002）认为，廊道可分为人工廊道（artificial corridor 和徐建刚）和自然廊道（natural corridor）。廊道区包括廊道本身及其辐射区域，可统称廊道效应场，其廊道效应有流通效应和场效应。本书特指综合交通体系中各种交通方式线路对其影响辐射区域的效应。综合交通干线产生廊道效应的实质在于围绕交通干线在一定影响范围内存在效应场，并遵循距离衰减律，即由交通站点向外逐步衰减，理论上可以用对数衰减函数表示：

$$D = f(e) = a\ln\frac{a \pm \sqrt{a^2 - e^2}}{e} \pm \sqrt{a^2 - e^2} \tag{8-1}$$

式中，e 表示廊道效应；D 表示距离；a 是常数，表示最大廊道效应。其函数图形如图 8-1 所示，当距离由 d_1 扩展到 d_3 时，廊道效应由 e_1 降低到 e_3。由此可以看出：一是“廊道效应”的源头一般都是强有力的经济体，正是这个经济体往外扩散时，沿主干道路线产生了“廊道效应”。二是“廊道效应”的影响范围近强远弱，其影响能力主要取决于源头的经济总量、扩张能力和城市规划导向（窦志铭，2007）。

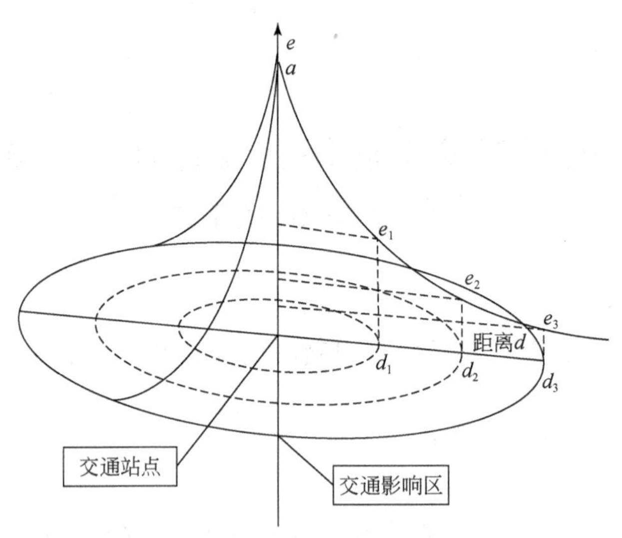

图 8-1　城市综合交通“廊道效应”示意图

8.1.2　廊道效应机制

城市交通线路对空间利用的廊道效应是指交通线路建成后，对其影响范围内的各种城市用地的空间吸引以及引起城市空间结构重新配置的效应。“廊道效应”的产生机制为：城市交通线路的新增与改建改变了城市交通条件，提高了交通速度，节省了交通时间，引起沿线城市空间的可达性发生变化，道路沿线空间适宜功能及对物质流和信息流吸引力的变化，进而影响到沿线土地价格的变化，引起城市功能在空间上的重新选择，导致城市干道沿线城市空间利用的多方位开发与再开发，城市干道沿线空间重新布局或各类土地总量增加。由此可以说明，城市综合交通对城市空间利用的廊道效应主要表现为空间吸引效应和空间分异效应。空间吸引强度产生空间差异，由于空间可达性变化对土地利用的影响作用及强度不同，导致不同性质用地出现不同的空间吸引强度。一般城市干道对居住用地、公建用地吸引作用明显，对工业用地的吸引作用则不够明显。

城市综合交通廊道效应的空间吸引主要表现在对城市土地开发的刺激。在土地机制和人为规划双重作用下，城市交通线路的新建与改造提高了沿线城市空间可达性，刺激了沿线城市空间开发与再开发，使得沿城市交通线形成土地开发通道，促进了整个沿线地区的发展。首先，提高城市交通沿线空间利用开发速度，增加城市建设用地总量。其次，由于空间可达性的变化，产生对不同性质土地利用的不同影响范围及强度，一般城市综合交通线路对商业用地、居住用地、公建用地等吸引作用明显，因此城市交通建设将成为土地开发和旧城改造的有机组成部分。

城市空间利用分异的出现主要源于城市交通干道的建设改善了沿线城市空间可达性，而可达性水平以城市干道为轴线逐渐向外递减，使沿线不同影响范围内的空间利用适宜功能及对物质流和信息流的吸引力发生变化，进而影响到不同性质空间利用按照区位要求及土地价格等特性，在城市交通干线影响范围内重新进行区位选择，进而使得城市空间利用的空间分布发生变化。城市空间利用沿交通线重新布局的总体趋向是：商业办公等投资能力较强的公建用地将趋向于靠近交通线近距离范围内布局；居住用地等区位效应水平中等的用地在距离城市道路中等距离范围内布局；工业、仓储等区位效益水平较低的用地分布于距离城市道路较远的范围内，呈现出按交通区位效益水平大小排列的城市土地利用分布。城市综合交通廊道效应的空间分异作用主要表现在城市人口空间分布模式转变以及城市形态变化。首先，城市综合交通建设提高了城市周边到市中心的可达性，引导人们远离市中心居住，导致城市人口空间分布发生改变。其次，人口空间分布模式的改变又引起住宅小区在交通沿线的大量聚集，形成密集的带状中心，进而促进城市形态和空间利用格局相应的变化，促进城市向多中心状态过渡。

8.2　综合交通与城市空间衔接的实现形式

8.2.1　衔接空间的基本内涵

衔接空间属于“中介空间”的范畴，处于城市空间层次与建筑空间层次的中间领域，可以缓解建筑与城市之间的相对对立，促进建筑与城市的柔性过渡以及相互融合，是形成连续城市空间的重要组成部分。衔接空间具备公共空间的特征，可以为城市居民活动提供新的活动场所，提高城市生活的多样性。衔接空间作为城市空间结构的有机组成部分，也是城市空间功能单元之间物质层面上的联系载体。随着城市空间结构的演变以及城市职能的转变，衔接空间功能呈现出较强的综合性和复合性。

衔接空间的本质是城市功能的集聚和城市不同功能间的转换作用，这里主要指实现城市综合交通与城市综合体的功能互补，相互激发，以及城市公共交通与城市综合体在衔接空间中对不同流线的转换作用。城市综合交通与城市综合体的衔接包含着从宏观至微观逐层深入的三方面内容：①城市空间利用规划与城市综合交通规划的衔接。大力倡导公共交通导向的发展模式，将高密度、混合使用的空间利用模式与城市公交站点相结合，提高公共交通使用效率，促进城市形态从低密度蔓延向高密度、人性化以及功能复合的“簇群状”形态演变。②建筑与交通设施的功能衔接。遵循城市可持续发展基本原则，促进空间的综合化与多样化，在追求资源和环境效益的基础上提高经济空间和社会空间效率，形成庞大的空间效应，引导其他各类设施向建筑、交通节点集中，形成高密度的功能中心，逐步改变城市的布局。③城市综合体与城市交通的空间整合。这既是城市、建筑空间一体化的重要体现，也是城市设计范畴内城市、建筑、交通相融合的重要反映，包括建筑与其周边环境的重组以及内部空间的优化。

8. 2. 2 衔接空间的分类

根据衔接空间所处位置与地面的相对关系，可以将衔接空间分为地下衔接空间、地面衔接空间和地上衔接空间三类。其中，地下衔接空间可以保持地面空间完整，促进地面城市交通的通行效率，在满足基本交通转化功能的同时，为了有效开发城市空间和利用城市资源，地下衔接空间可以向纵向扩展，使其具有功能的复合性和延伸性，有效节约城市空间资源和促进城市运行效率。地面衔接空间与建筑处于同一标高，构成较为单一，内部功能与交通功能合二为一，车流和人流均可在水平层次进入或离开。地上衔接空间通过对相互关联建筑的衔接既可以实现建筑单体的集聚效应，实现不同功能间的互补，又可以实现人车、流线的立体分流，产生新的公共空间，形成城市独特的形象。

衔接空间按城市综合体与城市综合交通衔接的具体方式划分，可分为点状、线状和面状衔接空间。其中点状衔接空间是指城市综合体中与城市综合交通衔接的接口空间，如底层局部架空部分、内凹部分、局部退让部分、中空部分等。线状衔接空间是指城市综合体内或外部与城市综合交通衔接的联系空间，包括立体的廊道、地下街、地下通道、线性地下公共空间。面状衔接空间是指城市综合体内部或外部的开放性空间，如交通综合体中的换乘空间以及城市综合体的屋顶等。

8. 2. 3 衔接空间的组合方式

城市综合体与城市综合交通衔接时，遵循城市公共空间与建筑空间的组合方式，有复合、串联、并联及层叠四种基本组合方式以及四种基本组合方式的复合形式。

复合是指在城市综合体与城市综合交通的关联过程中，利用衔接空间的“交通-空间”双重属性，进行复合性的设置，既满足建筑层面的功能需要，同时还承担部分城市生活空间功能的需要。串联是将具有不同功能类型的城市综合体联系起来，形成一个建筑功能间相互促进、利用的整体空间环境。串联一般指城市综合体中的衔接空间与城市综合交通空间中的换乘大厅、站点的关联。并联是在保持不同类型建筑各自独立的前提下，设置与公共交通空间联系的衔接空间，由衔接空间并联形成的群体建筑，一个建筑功能体因故不能运作时，其他建筑功能体仍然可以继续运作。层叠是城市土地资源集约化利用的必然结果，指综合体建筑空间与城市综合交通在垂直方向上的上下叠置，尤其是城市地铁交通与综合体地下空间的关联，这种组合方式可以充分利用综合体的地下空间，使城市地铁与城市综合体的换乘线路最短，实现轨道交通运行的高效率。

8.3 城市空间与城市综合通道系统优化

加快推动渝中区城市综合交通体系建设，是渝中区城市空间集约利用的关键环节。作为重庆市都市核心区，渝中区辖区面积狭小，人口拥挤，交通状况堵塞。因此，优化设置综合交通体系下的城市空间利用的通道系统势在必行。通过对渝中区综合交通体系及外部接口的详细阐述，分析了渝中区各主要交通堵点及问题以及基于城市发展框架下的渝中区地块层面与轨道站点层面的交通供需测算，明确了渝中区城市空间与综合城市交通通道系统优化的主体框架，即从地上空间、地面空间和地下空间三个层面拓展渝中区城市综合交通体系，充分合理利用城市空间资源，实现通道系统的优化设置。

8.3.1 天桥（连廊）通道系统优化

现代意义上的天桥指路口或交通繁忙路段为缓解行人因过街拥堵在道路上空所建设的跨桥。连廊是复杂高层建筑体系的一种，一般指在两幢或多幢高层建筑之间由架空连接体相互连接所形成的空中步行通道，主要设置在轨道车站、公交站点及商业活动较为集中的场所，通过连廊将毗邻楼座有机地联系在一起，形成四通八达的空中步行体系，更好地满足建筑造型及使用功能的要求，尤其是缓解交通压力及方便行人通行。天桥（连廊）的有效合理建设，对于交通繁忙的渝中区而言，具有重要的现实意义，将极大地缓解拥堵的城市交通，激活区域步行系统，复兴城市活力，同时连廊对于激发城市经济活动、增强城市景观，提高商贸建筑物之间的通达性，发挥各层平台的商业价值，提升整个商圈的商业价值和社会价值，实现商业间的共同繁荣具有巨大的推动作用（图8-2、图8-3）。

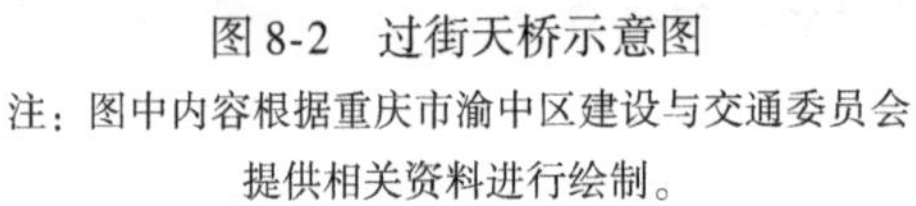

图 8-2 过街天桥示意图

注：图中内容根据重庆市渝中区建设与交通委员会提供相关资料进行绘制。

图 8-3 连廊示意图

目前渝中区已经在主要道路、商业区布设了大量的过街天桥和连廊，对缓解城市交通起到了一定的作用，但由于社会经济发展迅猛，车流人流急剧增长，致使现有的过街天桥和连廊远远不能满足社会需要，在多个地段已出现人车拥堵的状况，如两路口、大坪等区域，对于成熟的解放碑商圈、新建成的大坪龙湖时代天街商圈和未来的化龙桥商圈而言，如果缺乏楼座之间的通道连廊，会降低商圈内部的连通性。渝中区应对交通拥堵区域的天桥（连廊）等通道系统进行优化配置，推动区域交通的改善与商贸的发展。渝中区天桥（连廊）优化项目见表 8-1：

表 8-1 重庆市渝中区天桥（连廊）优化项目一览表

序号	天桥（连廊）设施名称	拟建地点	计划建设阶段
1	李子坝正街天桥（关庙至嘉滨路步道）	李子坝正街	2013～2014
2	沧白路天桥	沧白路	2013～2014
3	医学院路天桥	医学院路	2014～2015
4	石油路天桥	石油路	2015～2016
5	大坪龙湖空中连廊	大坪龙湖	2015～2016
6	歇虎路天桥	歇虎路	2016～2017
7	解放碑商圈空中连廊	解放碑	2015～2017
8	瑞安区域嘉陵路沿线天桥（一）	瑞安区域	2016～2017
9	瑞安区域嘉陵路沿线天桥（二）	瑞安区域	2016～2017
10	瑞安区域嘉陵路沿线天桥（三）	瑞安区域	2016～2017
11	化龙桥区域空中连廊	化龙桥	2015～2017
12	一号桥人行天桥	一号桥	2017 年后
13	嘉滨路接雍江苑片区天桥	嘉滨路	2017 年后
14	李子坝天桥（佛图关接李子坝公园）	李子坝公园旁	2017 年后

注：表中数据来源于重庆市渝中区建设与交通委员会统计资料。

其中，作为渝中区的商业核心区或未来发展重心，解放碑商圈、化龙桥片区、大坪商圈以及两路口区域的天桥（连廊）优化显得尤为重要。

(1) 解放碑商圈天桥（连廊）优化设置

解放碑商圈是重庆市主城区最主要的商业区之一，位于渝中半岛的中心地带，总面积约0.92km²，现已形成以商贸职能为主，兼有商务、办公职能的中央商务区。因为区位优势及城市发展定位，解放碑商圈吸引了大量的人口与车流，致使交通问题凸显，如汽车仍为步行街的主要占有资源对象，步行交通被割裂和压缩；人车抢道，交通连续性、安全性较差；商业楼宇相对独立，连通性差，商业价值难以充分发挥。同时，由于解放碑商圈建成已久，早期并未考虑到诸多未来交通状况和商业联系等问题，天桥（连廊）建设不足，目前解放碑商圈片区人行过街主要依靠已有的地下通道和红绿灯过街（图8-4）。因此，加大过街天桥和连廊的建设是有效解决解放碑商圈交通现状、加强商业联系的重要途径。

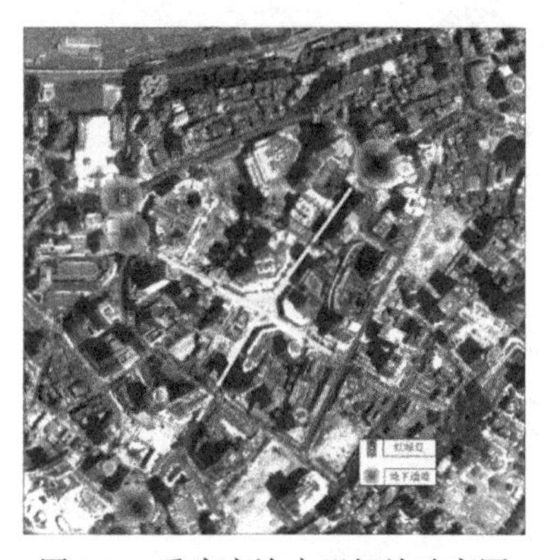

图8-4 重庆市渝中区解放碑商圈综合交通现状

注：图中内容根据重庆市渝中区建设与交通委员会提供相关资料进行绘制。

据统计，目前解放碑商圈平均每小时车流量15 200辆次，日均人流量33万次，节假日更是高达100万人次。解放碑地区的人流活动主要集中在以解放碑十字金街为中心的范围，向外延伸至轨道出入口、公交车站。为了适应商圈交通发展，分散人流、车流，应对解放碑商圈的过街天桥与连廊进行优化设置。

以步行交通流为导向，结合公共交通站点，围绕核心商业区提出多条天桥（连廊）设置方案（图8-5、图8-6），即近期规划建设6条天桥（连廊）线路。线路1：以世贸、商社地块为中心的片区连接（重庆宾馆—东方女人广场、大同方、世贸中心、商社地块、新世纪、重庆书城、国贸中心、实验剧场、英利国际、新华国际连接线路2、八一宾馆）；线路2：以日月光、万豪二期地块为中心的片区连接（211地块—日月光中心广场、万豪二期、英利国际连接线路1、新华国际）；线路3：以协和城为中心的片区连接（凯旋路—得意世界—协和城、检法两院地块、申基威斯汀酒店、规划人民公园）；线路4：以申基威斯汀酒店为中心的片区连接（京剧团项目—大都会、申基威斯汀酒店连接线路3）；线路5：以U8地块为中心的片区连接（国泰艺术广场—国际金融中心、地王广场、帝都广场、京剧团、U8地块，新重庆广场，连接朝天门片区规划连廊）；线路6：以国泰市民广场为中心的片区连接（洪崖洞—重庆地王广场、赛格尔大厦、市民广场、国泰艺术中心、都市广场、重医附二院、魁星楼观景平台）。

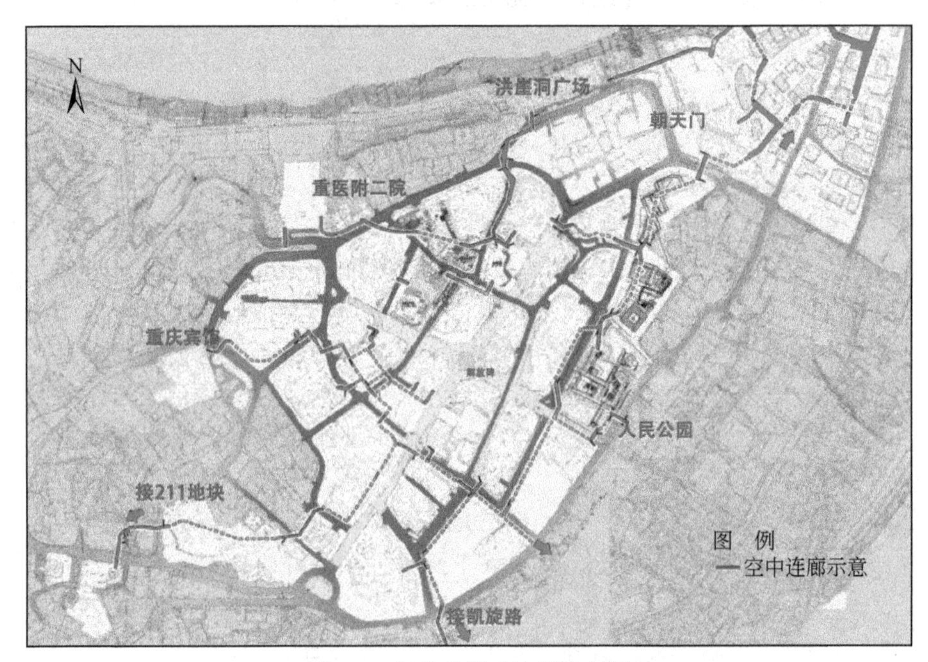

图8-5 解放碑拟建连廊流向图

注：图中内容根据重庆市渝中区建设与交通委员会提供相关资料进行绘制。

（2）化龙桥片区天桥（连廊）优化设置

目前，化龙桥地区正在进行大规模改造升级工程，作为未来渝中区“大石化”片区的重要组成部分，将与大坪、石油路等共同构成继解放碑之后的渝中区第二大新兴商业圈。化龙桥商圈位于嘉陵江滨江路与嘉华大桥相接处，处于大坪商圈与江北区联系的中间地段，地理位置十分重要，未来将是渝中区涉外商务、情调商圈以及顶级豪车商贸的集中区。未来重庆市轨道9号线将沿边通过该商圈，届时该区域人流将会急剧增长，如何有效分解人流，将是其能否有效发挥商贸功能的突出问题，因此，从地上空间出发规划设计好天桥（连廊）具有重要意义。

根据化龙桥商圈发展规划的实际情况，从规划地块与轨道交通9号线走向出发，将化龙桥商圈区域划分为7个商务地块，依据区域地势现状及各商务楼宇需求，共设置6座连廊对各地块进行连接（图8-7），其中①至⑤号连廊属于楼宇之间的连廊，规划层数2～3层；⑥号连廊与到大坪的步行通道连接，规划为单层连廊。同时，轨道9号线途经化龙桥，化龙桥轨道站与毗邻商务大厦连接，将

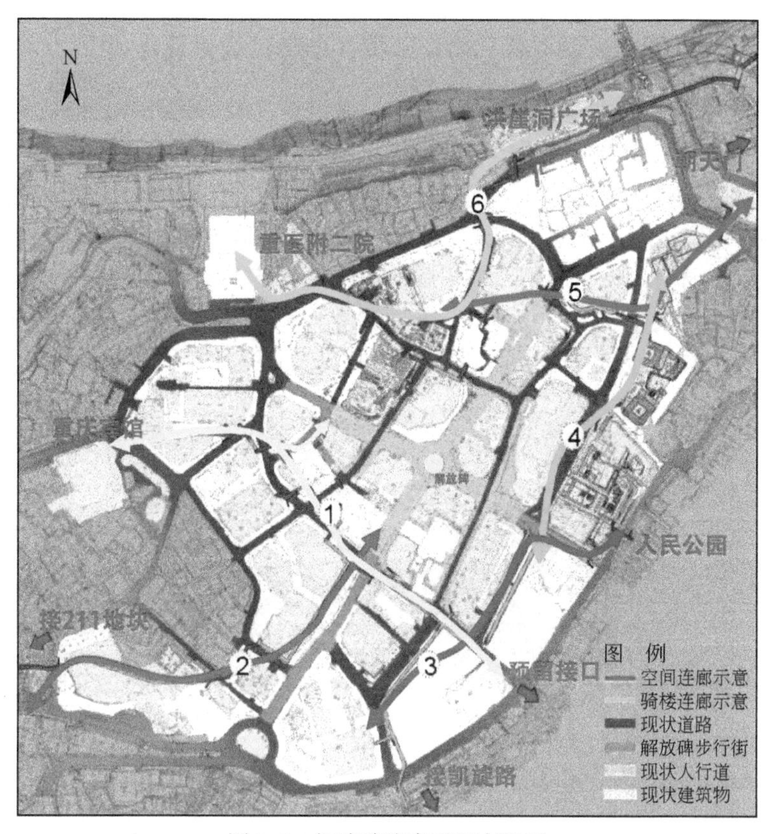

图 8-6　解放碑连廊平面布置图

化龙桥轨道站与化龙桥商务圈系统相连，购物人群无须走出大厦即可进入地铁站等地下交通站点。

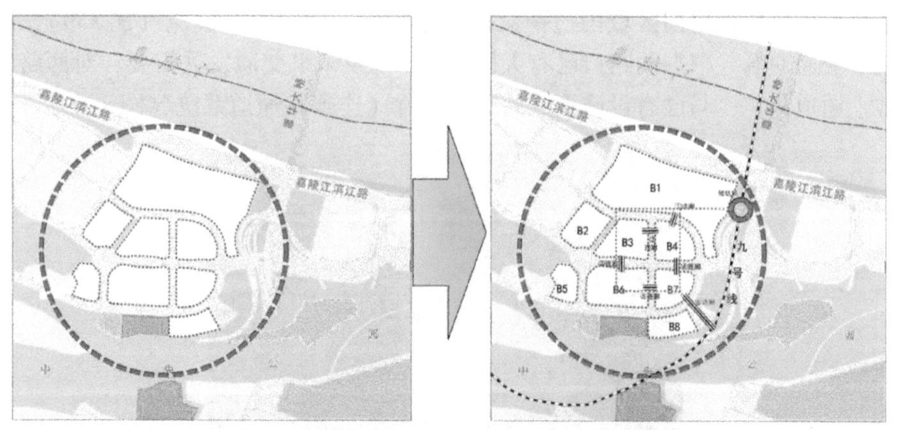

图 8-7　重庆市渝中区化龙桥连廊通道建设图

注：图中内容根据重庆市渝中区建设与交通委员会提供相关资料进行绘制。

(3) 大坪商圈(龙湖时代天街)天桥(连廊)优化设置

大坪是渝中区重要的交通枢纽，同时，政府正在着力将大坪打造成为重庆市第三大百亿商圈，因此，大坪承担着繁重的人流车流，交通负荷大，大力推动大坪商圈内部连廊建设具有十分重要的意义。按照现代商圈打造理念，整体规划较为周详。目前，以“龙湖·时代天街”为核心的大坪商圈初具规模，商圈整体规划对天桥连廊设置已有考虑，商圈一期连廊目前已经建设完成，建设风格普遍采取了连通道路两侧商务大楼三、四、五楼，形成综合的连廊通道体系，同时兼顾过街天桥的作用，对于减少地面人流、繁荣商业活动将起到重要作用(图 8-8)。

图 8-8　重庆市渝中区大坪商圈连廊建设图

注：图片来源于作者 2013 年 1 ~ 2 月实地拍摄。

(4) 两路口天桥(连廊)优化设置

两路口位于渝中区中部地带，处于菜园坝大桥一端，是渝中区东西走向以及江北区至南岸区的交汇地带，车流量大，是渝中区交通阻塞的重点区域。同时，两路口有众多商务大厦、公共服务机构、轻轨出站口以及“重庆中心”的建设，区域人流量极大，然而目前区域内过街天桥建设不足，造成人车混流(图 8-9)，严重阻碍了交通通畅。根据两路口已有天桥设施，以及未来交通发展需要，对两路口进行地上通道优化，与已有设施形成两路口天桥(连廊)通道系统(图 8-10)。

图 8-9　重庆市渝中区两路口道路现状图

注：图片来源于作者 2013 年 1 ~ 2 月实地拍摄。

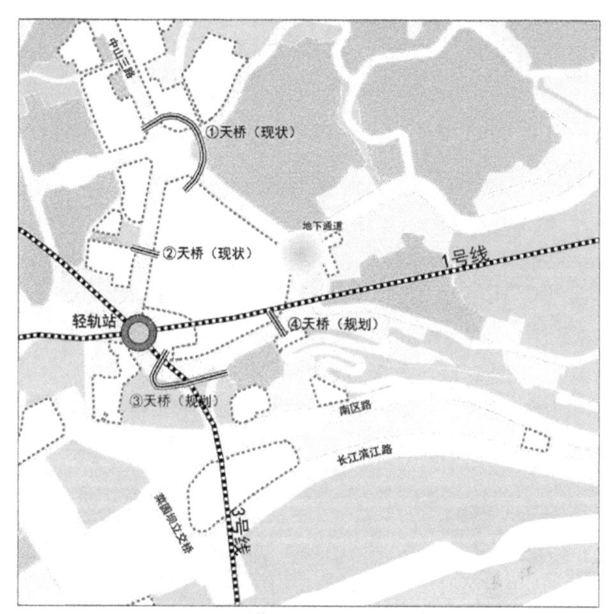

图 8-10　重庆市渝中区两路口过街天桥规划图

注：图中内容根据重庆市渝中区建设与交通委员会提供相关资料进行绘制。

8.3.2　跨江大桥通道系统优化

渝中区地处长江和嘉陵江交汇处，两江环抱，形似半岛之势。其东、南濒临长江，与南岸区水域相邻；北面濒临嘉陵江，与江北区水域连界，只有西面与沙坪坝、九龙坡陆域接壤。因此，渝中区与嘉陵江北岸地区、长江南岸只能通过建设跨江大桥进行连接。目前，渝中区与江北区相连接的跨江（嘉陵江）大桥有四座，自西向东分别为嘉华大桥、渝澳大桥、嘉陵江大桥和黄花园大桥；渝中区与南岸区相连接的跨江（长江）大桥有两座，自西向东分别为菜园坝长江大桥和重庆长江大桥。其中，渝澳大桥和菜园坝长江大桥为公轨两用大桥。现有的6座跨江大桥为渝中区打通与其他主城区的联系起到了十分重要的意义。然而，随着重庆市社会经济的大力发展，渝中区产业升级，“内陆香港”城市品牌的打造，越来越使得渝中区与外界的沟通交流更加繁忙，现有的六座跨江大桥已然不能满足车流、人流的需要。因此，增设跨江大桥已经成为社会经济发展所必须建设项目。搜集整理相关建设规划，渝中区将新增三座跨江大桥，即嘉陵江上空的红岩村嘉陵江大桥、千厮门嘉陵江大桥以及长江上空的东水门长江大桥（图8-11、图8-12）。

图 8-11　重庆市渝中区跨江大桥分布图

注：图中内容根据重庆市渝中区建设与交通委员会提供相关资料进行绘制。

红岩村嘉江大桥效果图　　千厮门、东水门大桥效果图

图 8-12　重庆市渝中区新增跨江大桥效果图

注：图中内容根据重庆市渝中区建设与交通委员会提供相关资料进行绘制。

其中，红岩村嘉陵江大桥位于嘉华大桥和石门大桥之间，含跨江主桥及南北引道、红岩村隧道、柏树堡立交、建新西路立交、红岩村立交、歇虎路连接隧道、五台山立交全长 7.8km，为公轨两用桥。大桥南桥头位于渝中区红岩村和滴水岩之间，北侧在江北区大石坝附近，主线接通北环立交；千厮门嘉陵江大桥位于渝中半岛千厮门处，千厮门嘉陵江大桥南穿渝中区洪崖洞旁沧白路，跨嘉陵江，北接江北区江北城大街南路，主桥为单塔单索面钢桁梁斜拉桥，全长跨度 720m；东水门长江大桥起于渝中区东水门，止于南岸上新街，为公轨两用大桥（配合轨道 6 号线），路面为双向四车道，主桥为双塔单索面钢桁梁斜拉桥，全长跨度 1000m。目前，千厮门嘉陵江大桥和东水门长江大桥桥面已经合拢。三座大桥建成通车将极大缓解现有渝中区拥堵的交通现状，分散拥挤的人流，推动渝中区与其他区域间的沟通与联系。

8.3.3　地面道路系统优化

随着经济的高速增长，城市道路建设速度严重滞后于机动车保有量的增长速度，道路系统面临巨大的压力。渝中区是重庆市主城的核心区、中央商务区和重庆市政府所在地，人口稠密、建筑量大、土地开发强度高，对交通出行的需求巨大，每天进入渝中区的公交车 2000 多辆，经过渝中半岛的人流量超过 100 万人次，公交线路多达上百条，导致渝中区形成“万箭穿心”的城市公交格局，加之重庆市私人小汽车的拥有量以每年超过 20% 的速度增长，造成了目前动态的交通拥堵和静态的停车困难。当前，渝中区主干道路交通饱和度较高，上下班高峰时段公交列车化现象严重；次级干道通过有限的支路联系，道路间通达性差。需通过对地面空间综合交通通道系统的优化，改善渝中区地面空间综合交通拥堵的状况。

通过第 7 章对渝中区交通供需的测算及主要拥堵路段的综合分析可知，渝中区交通拥堵区域主要集中在朝天门、解放碑、大坪、石油路等区域。通过对上述 4 个区域为主的渝中区交通拥堵地段进行通道优化设置，以便缓解渝中区内拥堵问题（图 8-13）。

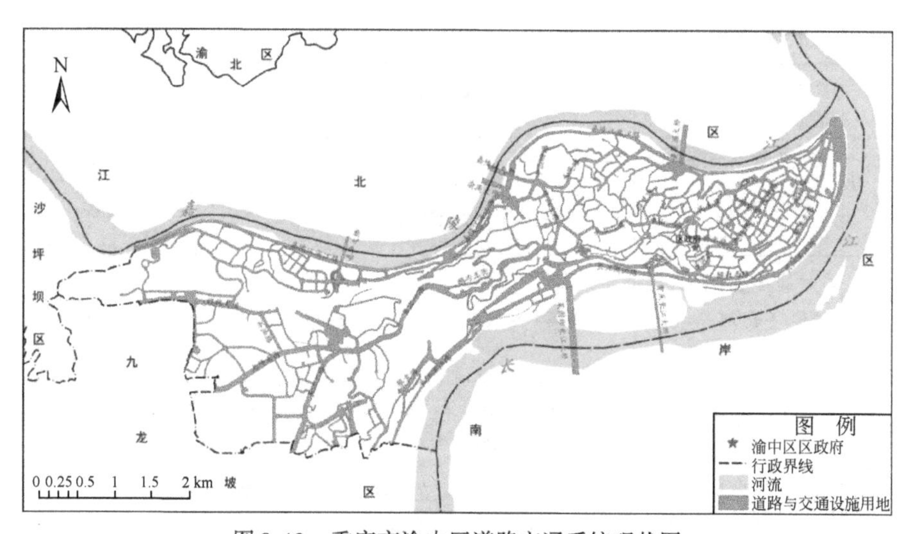

图 8-13　重庆市渝中区道路交通系统现状图

渝中区地面空间通道优化设置主要分为新建和改造两类。新建类型主要指连接各主干道、次干道的连接道建设、主干道分流道建设与断头路建设项目；改造类型主要是道路拓宽项目。拟新建及改造交通通道项目详见表 8-2，表 8-3。

表 8-2　重庆市渝中区地面通道新建项目一览表

序号	项目名称	主要建设内容及规模	建设时序
1	渝澳大桥两路口分流道	渝澳大桥至长江一路分流通道长 919m，其中隧道长 340m，桥梁长 411m，路幅宽 7.5m；长江一路至嘉陵江大桥分流通道长 1 264m，其中隧道长 640m，桥梁长 205m，路幅宽 7.5m	2012 ~ 2015
2	锦程路道路	打通断头路，道路全长 470m，路幅宽 22m，双向四车道	2013
3	永年路道路工程	位于高九路虎头岩，西接歇虎路，东接高九路，全长 448m，路幅宽 16m，其中车行道 8m，双向两车道；人行道 8m	2012 ~ 2013
4	大化路道路工程	南起海浪厂，与虎支二路相接，北至梨菜铁路交农村隧道，与半山路相接。道路全长 947.19m（含连拱隧道 470m）；双向四车道，路幅宽 16m	2013 ~ 2014
5	虎支路二期（渝中区段）	道路工程全长约 480m，为城市支路，双向两车道，标准路幅宽度为 16m	2013 ~ 2014
6	石油路—华村立交连接道	新建连接石油路与华村立交之间的连接道。双向 2 车道，道路总长 1.43km，桥梁段长约 670m，隧道长约 210m	2014 ~ 2015
7	李子坝立交	增加嘉陵路与嘉滨路的衔接	2015 ~ 2016
8	肖家湾接大黄路连接道	肖家湾接大黄路连接道	2015 ~ 2016
9	新建新华路接陕西路	新建新华路接陕西路	2015 ~ 2016
10	嘉华大桥接石油路连接道	嘉华大桥接石油路连接道	2015 ~ 2016
11	9 号线接 1 号线人行步道（化龙桥至九坑子）	9 号线接 1 号线人行步道（化龙桥至九坑子）	2015 ~ 2016
12	五一巷—新华路打通	红线宽 16m 道路长 215m，红线宽 7m 道路长 73m，双向 2 车道，长约 288m	2015 ~ 2016
13	黄花园道路拓宽改造及增加滨江路连接道	拓宽黄花园油库至酿造厂前，拓宽长约 105m，宽 4m 的车行道，另外增加至嘉滨路的连接道	2015 ~ 2016
14	兴隆街—金汤街连接道	拆迁面积 21 681m^2，道路总长 1 000m，车行道宽 8m，人行道各 4m。包括道路、排水、绿化景观、照明、交通工程、综合管网等	2015 ~ 2016

注：表中数据来源于重庆市渝中区建设与交通委员会统计资料。

表 8-3　重庆市渝中区地面通道改造项目一览表

序号	项目名称	主要建设内容及规模	建设时序
1	打铜街道路改造	道路长 192m，车行道宽 14m，人行道各 3m；建设内容：道路、排水、绿化景观、照明、交通工程、管网下地等	2012 ~ 2013
2	文化街道路改造	打通凯旋路至西三街断头路约 460m，包括道路、挡墙、景观、排水等	2012 ~ 2014
3	医学院路道路拓宽工程	道路总长约 1 212m，标准路幅宽 32m，车行道 14m，主要包括道路、人行道、景观绿化、管网、排水、照明、交通工程等	2012 ~ 2013
4	单巷子道路拓宽工程	道路全长 476m，道路全宽 16m，按双向两车道设计，车行道宽度 8m，人行道宽度 4m	2012 ~ 2013
5	解放东西路拓宽改造	全长 2. 2km，起于南区路，止于陕西路，由现状双向两车道拓宽为双向四车道（含管网）	2012 ~ 2014
6	两江大桥渝中区配套道路	道门口路、支路一、支路二等道路改造及管网下地工程	2013 ~ 2014
7	石油路道路改造	道路总长 600m，车行道宽 16m，人行道各 8 m	2014 ~ 2015
8	渝州路道路改造	现状为双向 4 车道，两侧增加双车道辅道，改造人行道等	2014 ~ 2015
9	捍卫路综合改造（一期）	为城市支路，设计时速 20km/h，长约 340m，路幅宽度为 16m，车行道 12m	2014 ~ 2015
10	医学院支路道路改造	起点与医学院路相交，终点与大杨路（长江二路）相交，由西向东呈一字形走向。道路沿线经部分重医家属楼，道路为城市支路 I 级，设计车速 30km/h，道路全长 413. 749m，标准路幅宽度 24m	2014 ~ 2015
11	茶亭北路改造	拆迁面积 16 682 平方 m，道路总长约 689m，车行道宽 14m，人行道各宽 4m。包括道路、管网、排水、绿化景观、照明、交通工程等	2015 ~ 2016
12	茶亭南路改造	道路总长 636m，宽 24m	2015 ~ 2016
13	下罗家湾路拓宽改造	文化宫后门至学田湾正街约 230m 长道路改造	2015 ~ 2016
14	白龙池道路改造	拓宽改造白龙池路长 72m，宽 8m 的车行道	2015 ~ 2016
15	正阳街（上段）拓宽改造	正阳街长 155m，宽 7m 的车行道拓宽	2015 ~ 2016

续表

序号	项目名称	主要建设内容及规模	建设时序
16	黄花园道路拓宽改造及增加滨江路连接道	拓宽黄花园油库至酿造厂前，拓宽长约105m，宽4m的车行道，另外增加至嘉滨路的连接道	2015～2016
17	打通至圣宫与金汤街连接通道	靠火药局段道路，原有现状通道不足3m，按向拆迁一侧拓宽	2015～2016
18	火药局街—放牛巷—蔡家石堡拓宽改造	放牛巷拓宽、路面铺装，长650m，车行道宽7m	2015～2016
19	健康路步道	步道建设	2015～2016

注：表中数据来源于重庆市渝中区建设与交通委员会统计资料。

石油路—嘉华大桥一线，作为大坪地区通往江北的主要通道，由于通道作用重要，使得该区域的交通拥堵情况相当严重。本文基于石油路—嘉华大桥段交通拥堵现状，优化设置地面交通通道，以期实现该路段的交通分流，切实有效地缓解交通拥堵状况。

嘉华大桥与石油路、九坑子片区的联系，主要依靠“嘉华大桥—高九路—转盘掉头—高九路—石油路（九坑子）”和“嘉华大桥—大坪隧道—菜袁路—长江二路—渝州路—石油路（九坑子）”两条线路，由于石油路及九坑子片区与华村立交的交通联系需要借助虎头岩隧道、高九路转盘以及高九路进行交通转换，造成以上三个区域巨大的交通压力，加之大坪商圈需进出嘉华大桥的车流也要通过此路段，交通压力叠加，加剧了该区域的拥堵状况，高峰时段尤为严重（图8-14）。

图8-14　重庆市渝中区石油路—嘉华大桥一线交通现状图

注：图片来源于作者2013年1～2月实地拍摄。

为了缓解石油路—华村立交一线交通拥堵问题，经过路网分析，规划在石油路与华村立交之间增加连接道，加强华村立交与石油路、九坑子片区之间的联系，实现对虎头岩隧道、高九路转盘以及高九路三个节点的交通分流。石油路至华村立交沿线路段起点标高H约为299m，终点标高H约为239m，起终点之间直线距离约750m，相对高差约60m，平均纵坡达到8%，基于较大的纵坡比，该连接道路线采用部分展线方式，同时，为了尽可能减少项目的拆迁量，线路展线应避开虎头岩隧道以及高九路北侧较为密集的建筑群，避开悬崖、高切坡、高支挡区域，另外，在进出口位置的选择上，要考虑与虎头岩隧道洞口之间的安全距离以及与华村立交匝道之间的交织距离。

根据设计思路以及现状条件，石油路连接道设计为A、B两线（图8-15）。A线道路全长约920m，全线共设置4组平曲线，圆曲线最小半径R=50m，其中桥梁段长度约500m。B线道路全长约510m，全线共设置2组平曲线，圆曲线最小半径R=45m，为克服高差，B线道路采用螺旋形展线的方式，其中桥梁段长度约170m。A、B线道路总长约1.43km，其中桥梁段总长约670m，隧道段长度约210m。另外，在连接道断面布置上，由于该连接道道路两侧多为悬崖和高切坡，不具备附加服务功能，因此不考虑设立路旁人行道。

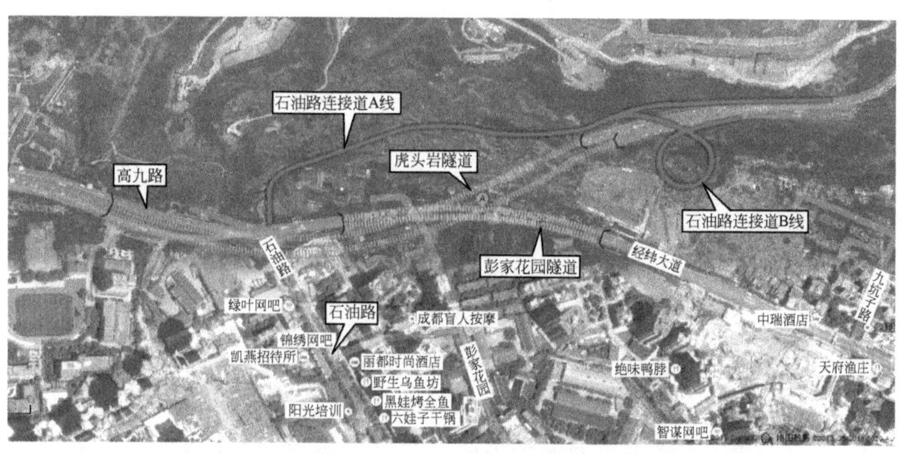

图8-15　重庆市渝中区石油路–嘉华大桥连接道规划示意图

注：图中内容根据重庆市渝中区建设与交通委员会提供相关资料进行绘制。

8.3.4　地下停车系统和快速通道系统优化

随着城市交通需求不断上升和城市用地日益紧缺矛盾的加剧，城市交通组织不再停留在原有的地表平面，而是从地表转向地上和地下，实现在3个层面上进行交通运营与组织，即交通组织的立体化是渝中区交通组织与建设的方向。

渝中区属于重庆市最老的城区，建筑密度大，居住人口稠密，交通出行需求量巨大，现有道路系统已严重制约交通的发展，即使对渝中区地面交通通道进行了优化设置，作为重庆 CBD 的解放碑以及连接解放碑、江北、沙坪坝和九龙坡，进行交通转换必经通道的两路口—上清寺等区域，交通拥堵问题还是无法得到彻底解决。另外，大坪和化龙桥两个渝中区西部未来发展的重心，由于被山体所阻隔，使得两区域地面交通相对不便。渝中区主要为山地丘陵地形，垂直高差较大，其地下空间开发潜力较大。根据造成不同区域交通问题的不同因素，进行符合各自区域特点的地下空间通道优化设置。渝中区地下通道优化项目见表 8-4。

表 8-4　重庆市渝中区地下停车系统和快速通道优化项目一览表

序号	地下通道和停车系统设施名称	拟建地点	计划建设阶段
1	解放碑地下停车系统	解放碑商圈	2014～2017
2	五四路接附二院地下通道	五四路口	2015～2016
3	黄花园地下通道（一）	北区路	2016～2017
4	黄花园地下通道（二）	北区路	2016～2017
5	通远门一号地下通道（结合轨道、商业、人行天桥）	通远门	2016～2017
6	通远门二号地下通道（结合轨道、商业、人行天桥）	通远门	2016～2017
7	大坪地下过街系统改造（结合轨道、商业、人行天桥）	大坪	2016～2017
8	大坪三院地下通道	大坪	2017 年后
9	中兴路地下通道	中兴路	2017 年后
10	渝中区地下快速通道	大坪到解放碑一线	2017 年后

注：表中数据来源于重庆市渝中区建设与交通委员会统计资料。

其中，作为渝中区的商业核心区或未来发展重心，解放碑商圈、化龙桥片区、大坪商圈以及两路口区域的地下通道优化显得尤为重要。

（1）解放碑地下停车系统和连接通道

解放碑商圈作为重庆市的中央商务区核心区，日常人流、车流量巨大。另外，为了满足 CBD 工作人流的通勤需要，解放碑商圈拥有较为完备且庞大的地下停车系统，但是各个商业楼宇的地下停车场多是独立运行未成体系，导致节假日或上下班高峰，解放碑商圈核心部分因为大量车辆进出地下停车场交通直接陷入瘫痪。因此，需要将解放碑商圈的地下停车场整合为一个相互连接的地下停车系统，达到减少地面交通压力的效果。

解放碑地下停车系统。由“一环+七联络+N 连通”构成。“一环”指一条地下车行单向循环道，全长约 2. 8km；“七联络”指七条连接环道的单向进出通道，分别连接南区路、北区路和两江滨江路；“N 连通”是指通过地下环道、联络线以及车库间连接线，将解放碑 CBD 区域各地下车库连成一体，形成资源共享的高效停车系统（图 8-16）。

解放碑地下停车系统工程范围主要包括：3 条主通道（其中一条为人防洞室改造）、7 条连接道和 8 个车库连接通道接口（支洞）。

主通道 1：长 855m，宽 9.5m，单向 2 车道加紧急停车带。

主通道 2：长 1295m，宽 9.5m，单向 2 车道加紧急停车带。

主通道 3：长 668m，宽 9.5m，单向 2 车道加紧急停车带。

连接道 1（北区路连接道）：全长 382m，宽 7m，单向 1 车道加紧急停车道。

连接道 2（十八梯连接道）：全长 230.5m，宽 7m，单向 1 车道加紧急停车道。

连接道 3（长滨路连接道）：全长 429.7m，宽 7m，单向 2 车道。

连接道 4（解放东路连接道）：全长 462.2m，宽 7m，单向 2 车道。

连接道 5（两江桥隧道连接道 1）：全长 175m，宽 7m，单向 1 车道加紧急停车道。

连接道 6（两江桥隧道连接道 2）：全长 220m，宽 7m，单向 1 车道加紧急停车道。

连接道 7（嘉滨路连接道）：全长 640m，宽 7m，双向 2 车道。

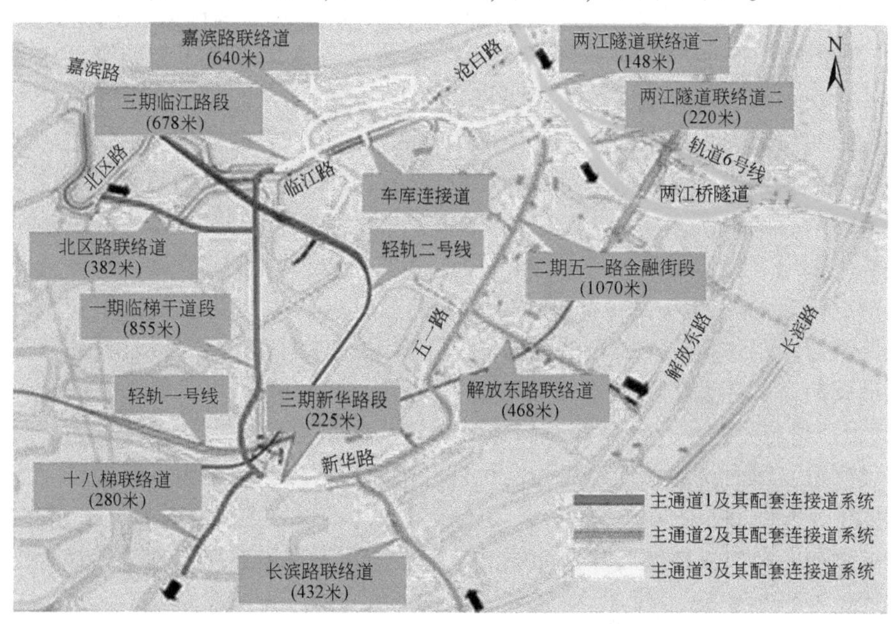

图 8-16 重庆市渝中区解放碑地下停车系统示意图

注：图中内容根据重庆市渝中区建设与交通委员会提供相关资料进行绘制。

支洞 1：全长 100m，宽 7m，单向 2 车道。

支洞 2：全长 84.6m，宽 7m，单向 2 车道。

支洞 3：全长 77m，宽 7m，单向 1 车道加紧急停车道。

支洞 4：全长 117m，宽 7m，单向 1 车道加紧急停车道。

支洞 5：全长 110m，宽 7m，单向 1 车道加紧急停车道。

支洞 6：全长 22m，宽 7m，双向 2 车道。

支洞 7：全长 31m，宽 7m，双向 2 车道。

支洞 8：全长 208m，宽 7m，双向 2 车道。

重宾连接道：全长 130m，宽 7m，单向 2 车道。

环球金融中心与国泰艺术中心、地王广场的连接通道：全长 100m，宽 7m，双向 2 车道。

解放碑地下停车系统建成后，将与地上、地面通道系统一起，形成“三位一体”的立体综合城市交通通道系统，对于缓解解放碑商圈拥堵的车流、人流起到极其明显的作用。

（2）两路口—上清寺地下快速通道

两路口—上清寺区域位于整个主城核心区的几何中心，是主城区东西向和南北向交通最重要的一个转换区域，是渝中区乃至重庆主城核心区的“十字路口”，随着轨道交通 3 号线的开通，两路口—上清寺区域拥有了轨道交通 1 号线和 3 号线换乘的两路口站以及 2 号线和 3 号线换乘的牛角沱站，成为了名副其实的综合交通换乘中心。由于两路口—上清寺区域拥有巨大的换乘流量，使得地面道路系统完全无法承载交通出行需求，只能通过开发地下快速通道对区域交通进行分流。

渝中区地下快速通道呈东西向布局，由主干道、两路口节点、石黄隧道节点、解放碑地下环道组成（图 8-17）。主干道起点与高九路连接，下穿大坪医院，路线沿规划牛角沱至大坪隧道布置，下穿轨道 1 号线与 2 号线的换乘通道；路线继续向东下穿大田湾体育场（在八一隧道、向阳隧道及轨道 3 号线上层通过），设匝道与牛角沱立交及体育路连接；路线向东沿劳动大道地下穿过，在两路口设匝道与地面交通相连；后经文化宫、市儿童医院，沿中山一路布线（下穿规划轨道 4 号线并上跨石黄隧道），设连接隧道与石板坡大桥、黄花园大桥连接；路线继续向东沿大同路及青年路布线并与解放碑地下环道连接。地下快速通道设计总规模如表 8-5。

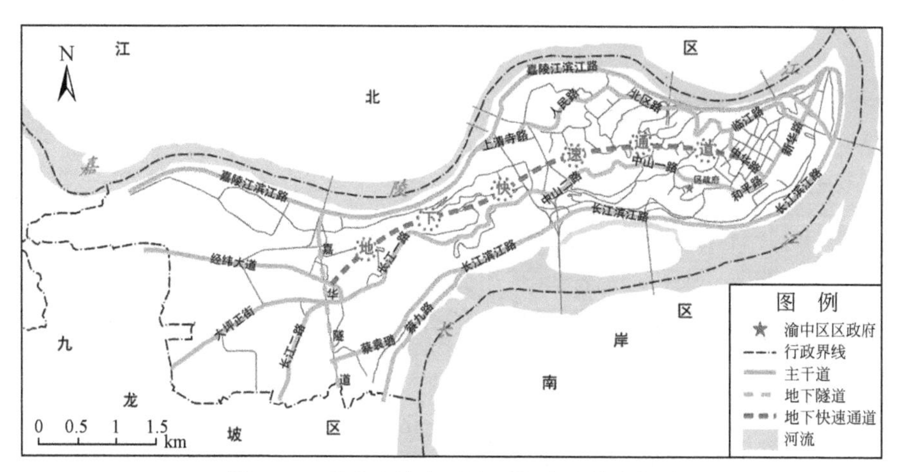

图 8-17　重庆市渝中区地下快速通道示意图

表 8-5　重庆市渝中区地下快速通道设计总规模

项目	路线长度/m	2 车道隧道长度/m	3 车道隧道长度/m
主干道右线	5 968. 27	767. 28	4 971. 99
主干道左线	5 994. 07	1 417. 28	4 338. 3
解放碑地下环道	2 052. 3	2 052. 3	—
临江路出口接线	218. 33	108. 09	—
苍白路入口接线	175. 4	89. 16	—
大坪立交匝道	1 185. 75	885. 75	—
大田湾立交匝道	1 659. 36	1 399. 15	—
两路口立交匝道	830. 5	524. 25	—
石黄立交匝道	4 593. 16	3 902. 16	—
合计	22 677. 14	11 145. 42	9 310. 29

注：表中数据来源于重庆市渝中区建设与交通委员会统计资料。

（3）大坪—化龙桥地下步行通道

大坪和化龙桥作为渝中区西部新兴发展的两个重点区域，一个是渝中区未来的副中心，另一个是重庆市未来的制造业服务中心，两个均是渝中区经济发展新的增长极。由于被山体所阻隔，尽管两个区域距离较近，但交通联系相对不便，需通过在化龙桥商圈与大坪商圈之间修建一条步行通道，实现两个区域的便捷联系。

步行通道连接大坪轨道换乘站和规划中的化龙桥轨道站，步行通道水平长度为 545m，高差 109m，由地下多级自动扶梯与人行步道组成。具体设计见图 8-18、图 8-19：

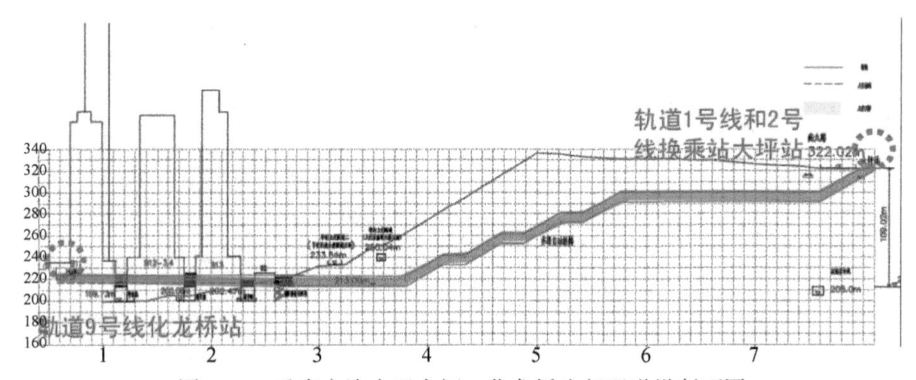

图 8-18 重庆市渝中区大坪—化龙桥步行通道纵断面图

注：图中内容根据重庆市渝中区建设与交通委员会提供相关资料进行绘制。

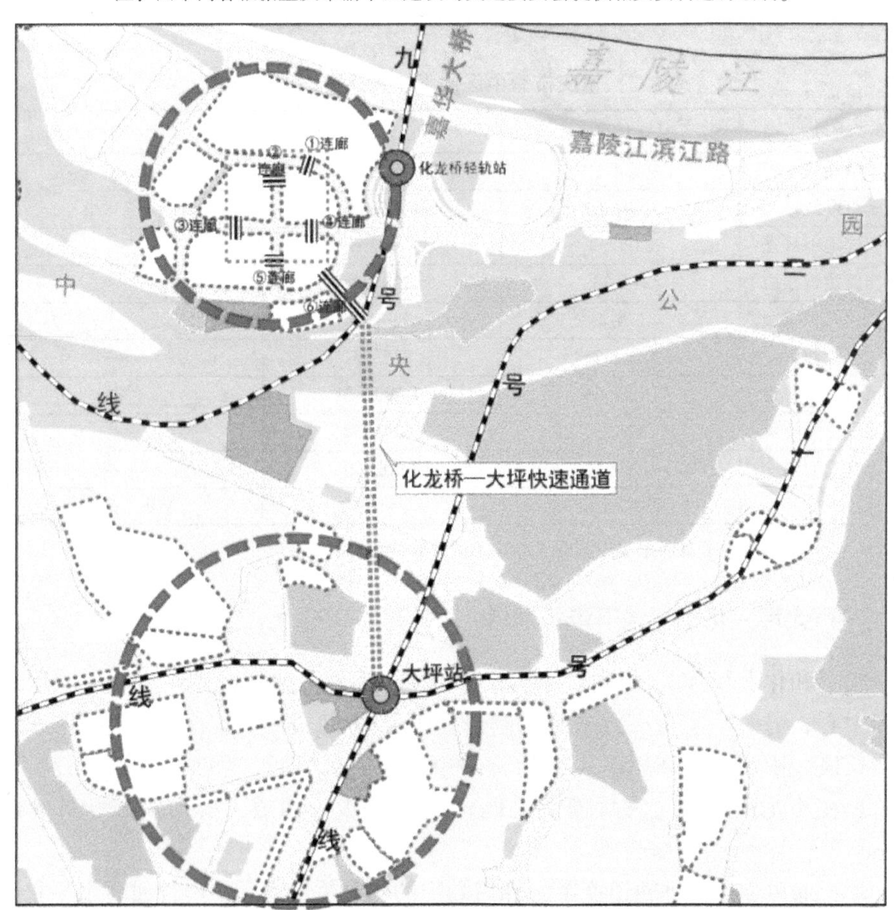

图 8-19 重庆市渝中区大坪—化龙桥步行通道平面图

注：图中内容根据重庆市渝中区建设与交通委员会提供相关资料进行绘制。

8.3.5　基于轨道交通的城市快速公交系统优化

经过几十年的发展，渝中区已经建立起了较为完善的轨道交通体系。目前，已经建成通车的有 1 号线、2 号线、3 号线、6 号线，规划建设的有 5 号线，9 号线和 10 号线。届时将有 7 条轨道交通线路经过渝中区境内，涉及 21 个轨道站点（图 8-20）。轨道交通对于缓解渝中区路面交通起到了重要作用，同时，依托轨道交通站而形成的地下通道和地下商场，也分流了拥堵的地面交通。据问卷调查统计，目前渝中区居民出行选择轨道交通方式出行比例仅为 20%，利用率不高，多数人出行仍然选择路面公交。从现有开通的轨道线路走向、轨道站点分布以及第 7 章对轨道交通站点供需非均衡性分析可知，渝中区仍然有大面积区域没有在轨道站点影响范围内，导致轨道交通利用率低下。

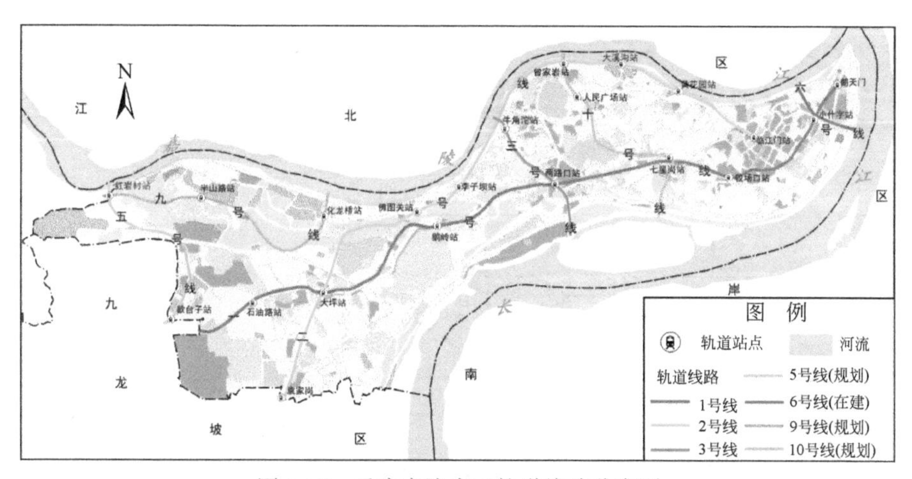

图 8-20　重庆市渝中区轨道线路分布图

参考目前国内外大城市在规划建设轨道交通时配套快速公交线网以实现接驳轨道交通客流顺畅流动的经验，渝中区在新增 4 条轨道线路的基础上适宜配套快速公交级别的快速公交线路作为轨道交通的辅助手段，将快速公交线路布设在轨道交通线路或两个轨道交通站点之间的客流走廊上，实现不同轨道交通线路间的换乘以及分担不同轨道交通站点客流的作用。在轨道供给运能剩余较多的轨道交通站点服务区和轨道供给严重不足的服务区之间规划快速公交，将轨道交通供给不足区域的客流引导到轨道交通供给充足的区域，以实现渝中区内轨道交通运能的最大利用。

渝中区轨道交通与快速公交线路协同应对应遵循如下原则：①规划线路的具体规模、走向以及发车间隔以满足出行者换乘需求为目的，充分考虑该站点的客流数量，并结合车站周围具体的用地性质、土地利用强度和规划情况等，尽量避免对其他道路以及常规公交线路造成影响；②应尽可能将其起点和终点设置在轨道交通站点附近，即将轨道交通站点与规划的快速公交线路的起始点和终点相连，组成换乘枢纽；③为了保证轨道交通直接服务和间接服务范围内的轨道交通需求人群出行的总出行时间最小，尽量按照距离轨道交通站点最短路径规划快速公交线路；④为了扩大轨道交通服务范围，方便出行者出行，在充分考虑土地性质、出行者分布情况等条件下，让线路尽可能多地覆盖到轨道交通站点的直接服务和间接辐射范围，并采用不同站距的公交线路设置方式来规划快速公交线路。

在上述原则指导下，根据测算的渝中区各轨道交通站点供需非均衡数据，在轨道供给运能剩余较多的轨道交通站点服务区和轨道供给严重不足的服务区之间规划快速公交线路，并进行相关评估。其具体步骤如图 8-21 所示。

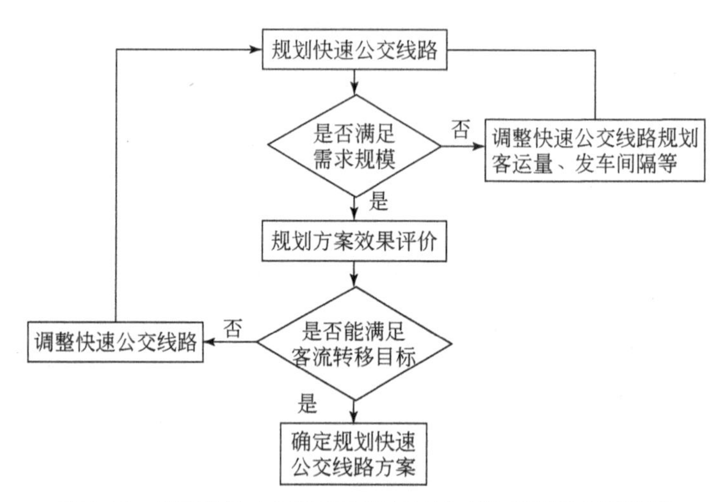

图 8-21　重庆市渝中区轨道交通快速公交线路配套规划步骤

根据轨道交通快速公交线路配套规划的原则和步骤，在渝中区轨道交通供给不足区域和盈余区域间规划了 9 条轨道交通快速公交线路（图 8-22，表 8-6）。

快速公交线路 1：该线路公交定位为缓解临江门轨道站点直接服务范围的轨道交通乘车压力，将临江门轨道站点的部分轨道交通出行需求转移到离其较近的小什字轨道站点，实现临江门与小什字轨道站点的联动换乘。该线路由重庆宾馆站到小什字（五一路口）站，线路全长 1. 03km，途经重庆宾馆站、临江门站和小什字（五一路口）站，客运量 2. 3 万人次/日，发车间隔为 5 分钟。

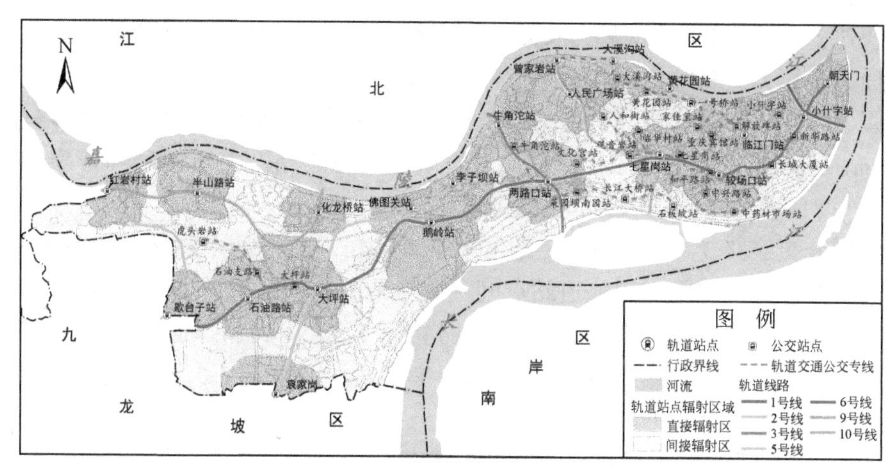

图 8-22 重庆市渝中区2020年轨道交通站点快速公交线路规划图

表 8-6 重庆市渝中区轨道交通站点快速公交线路表

快速公交线路	线路长度(km)	始发站	终点站	途径站点	发车间隔/min	客运总量/(万人次/日)
快速公交1	1.03	重庆宾馆站	小什字站	重庆宾馆站—临江门站—小什字(五一路口站)	5	2.30
快速公交2	3.01	解放碑站	曾家岩站	解放碑站—家佳玺—一号桥站—黄花园站—大溪沟站—曾家岩站	10	0.81
快速公交3	1.74	储奇门站	新华路站	储奇门站—长城大厦站—新华路站	5	2.30
快速公交4	3.08	中兴路站	文化宫站	中兴路站—较场口站—和平路站—文化宫站	3	4.00
快速公交5	4.50	储奇门站	文化宫站	储奇门站—中药材市场—较场口站—文化宫站	5	2.00
快速公交6	1.93	七星岗站	人和街站	七星岗站—临华村站—张家花园站—人和街站	10	1.00
快速公交7	2.58	石板坡站	牛角沱站	石板坡站—长江大桥北桥头—菜园坝南苑站—牛角沱站	15	0.45
快速公交8	1.49	七星岗站	文化宫站	七星岗站—七星岗中天广场站—观音岩站—文化宫站	15	0.65
快速公交9	1.50	虎头岩站	大坪站	虎头岩站—石油支路—大坪站	5	2.40

快速公交线路2：该线路公交定位为缓解临江门轨道站点直接服务范围的轨道交通乘车压力，将临江门轨道站点的部分轨道交通出行需求转移到离其较近的黄花园、大溪沟和曾家岩等轨道站点。该线路由解放碑站到曾家岩站，线路全长3.01km，途经解放碑站、家佳玺、一号桥站、黄花园站、大溪沟站和曾家岩站，客运量0.81万人次/日，发车间隔10分钟。

快速公交线路3：该线路公交定位为缓解临江门轨道站点间接服务范围的轨道交通乘车压力，将临江门轨道站点间接服务范围的部分轨道交通出行需求转移到离其较近的小什字轨道站点。该线路由储奇门站到新华路站，线路全长1.74km，途经储奇门站、长城大厦站和新华路站，客运量2.3万人次/日，发车间隔5分钟。

快速公交线路4：该线路公交定位为缓解较场口轨道站直接服务范围的轨道交通乘车压力，将较场口轨道站直接服务范围超过其轨道供给运能部分的轨道交通出行需求转移到离其较近的轨道交通运能盈余的两路口轨道站。该线路由中兴路站到文化宫站，线路全长3.08km，途经中兴路站、较场口站、和平路站和文化宫站，客运量4万人次/日，发车间隔3分钟。

快速公交线路5：该线路公交定位为缓解较场口轨道站附近区域的轨道交通乘车压力，将较场口轨道站服务范围内超过其轨道供给运能部分的轨道交通出行需求转移到离其较近的轨道交通运能盈余的两路口轨道站。该线路由储奇门站到文化宫站，线路全长4.5km，途经储奇门站、中药材市场站、较场口站和文化宫站，客运量2万人次/日，发车间隔5分钟。

快速公交线路6：该线路公交定位为缓解七星岗轨道站直接服务范围的轨道交通乘车压力，将七星岗轨道站直接服务范围超过其轨道供给运能部分的轨道交通出行需求转移到离其较近的轨道交通运能盈余的大礼堂轨道站。该线路由七星岗站到人和街站，线路全长1.93km，途经七星岗站、临华村站、张家花园站和人和街站，客运量1万人次/日，发车间隔10分钟。

快速公交线路7：该线路公交定位为缓解七星岗轨道站间接服务范围的轨道交通乘车压力，将七星岗轨道站间接服务范围超过其轨道供给运能部分的轨道交通出行需求转移到离其较近的轨道交通运能盈余的牛角沱轨道站。该线路由石板坡站到牛角沱站，线路全长2.58km，途经石板坡站、长江大桥北桥头、菜园坝南苑站和牛角沱站，客运量0.45万人次/日，发车间隔15分钟。

快速公交线路8：该线路公交定位为缓解七星岗轨道站附近区域的轨道交通乘车压力，将七星岗轨道站直接服务和间接辐射部分区域的超过其轨道供给运能部分的轨道交通出行需求转移到离其较近的轨道交通运能盈余的两路口轨道站。该线路由七星岗站到文化宫站，线路全长1.49km，途经七星岗站、七星岗中天广场站、观音岩站和文化宫站，客运量 0.65 万人次/日，发车间隔 15 分钟。

快速公交线路 9：该线路公交定位为缓解石油路轨道站附近区域的轨道交通乘车压力，将七星岗轨道站服务范围内的超过其轨道供给运能部分的轨道交通出行需求转移到离其较近的轨道交通运能盈余的大坪轨道站。该线路由虎头岩站到大坪站，线路全长 1.5km，途经虎头岩站、石油支路站和大坪站，客运量 2.4 万人次/日，发车间隔 5 分钟。

8.4 本章小结

通过对城市综合交通体系的廊道效应原理和作用机制分析，探讨城市空间与综合交通衔接实现形式。针对渝中区现阶段路面系统和轨道交通系统，特别是解放碑、两路口、大坪等商业核心区以及进出渝中交通干线交通压力和客流压力巨大的问题，提出城市空间与综合城市交通通道系统优化设置方案。在优化地上城市综合交通通道系统的基础上，以步行交通流为导向，结合公共交通站点，重点围绕核心商业区进行交通供给设计，在解放碑商圈、两路口转盘区域、大坪商圈以及化龙桥片区等区域规划了十五处天桥（连廊），组成渝中区各中心、次中心的地上空间步行系统网；对于地上对外交通通道优化方面，则根据相关建设规划，在渝中区新增红岩村嘉陵江大桥、千厮门嘉陵江大桥，以及东水门长江大桥三座跨江大桥。在地面城市综合交通通道系统优化方面，规划 30 余个地面道路新建或改建项目。在地下城市综合交通通道系统优化方面，规划解放碑地下停车系统、连接解放碑—两路口—大坪区域的地下快速通道以及解放碑、两路口、大坪和化龙桥区域地下人行通道的新建和改造等项目，以实现“人车分流”和道路交通的快速通畅。

第9章 重庆市渝中区综合交通体系与城市空间利用的节点系统管制应对

9.1 城市交通节点与交通网络关系

9.1.1 城市交通节点的概念

城市交通节点具有如下特点与功能：①城市交通节点形成于城市交通路径网络之上。而城市交通路径主要包括城市快速路、城市主干道、次干道、城市支路、轨道交通以及水运河道等，是可以让人们体验和感知城市的城市公共通道，同时，城市交通路径还担负着构建城市骨架的重要作用。②城市交通节点具有汇聚、转接、交流的功能特征。城市交通节点依托于城市交通路径形成的系统网络，引导来自城市中不同方向的人流、车流、物流、信息流等向此汇聚，并由此实现与城市各向交通路径的衔接和转换。③城市交通节点对城市空间具有调控作用。保罗·克莱在对图形分析研究中指出：“空间中一个单一的点可以产生一股强烈的组织力，可从紊乱中理出秩序”。城市节点通过交通汇集作用以及功能组织关系形成结构，由结构物化为节点空间，因节点对周边辐射力促使城市空间具有秩序性。

根据上述城市交通节点的功能特征，可以将城市交通节点的概念表述为：城市交通节点是两条或多条运输线路的交汇、衔接处，具有组织运输、中转、装卸、仓储、信息服务和其他辅助服务功能的综合设施。广义的城市交通节点包含干道交叉口、公共交通线路的首末站及有多条公交线路、不同交通方式的换乘地点，具体包括公路主枢纽、铁路货运站场、港口（码头）和飞机场。从狭义公交网络角度考虑，常见的“换乘站”是“公共交通汇集处，具有换乘设施的车站”属于城市公共交通范畴。

9.1.2 城市交通节点在交通网络中的职能

如图9-1所示，城市交通节点可以将单一的交通线路连接成综合交通网络。

在综合交通网络中，四种交通线路和节点应各有所侧重。公路系统要形成层次结构合理的、完善的基础网络系统，骨架干线要高速化，次干线要快速化，支线要密集化。铁路路网系统重点建设应放在干线和通道，要形成与地理空间和大运量流向相适应的框架网络布局，而不是形成普遍的高密度网络。内河和沿海水运要充分利用现有江、河、海的自然条件以及结合水资源综合开发利用，形成江、海运输大通道和水系运输网络，适当建设区域性港口（码头），改扩建部分老港口（码头），并调整结构和功能。城市交通节点是各运输网络、运输方式转换点，节点处的综合性功能强弱直接影响不同交通方式的运输组织、管理、协调和衔接性，进而影响到各种运输方式的运量分配和运输效率，因此，应加强城市交通节点建设与管理。

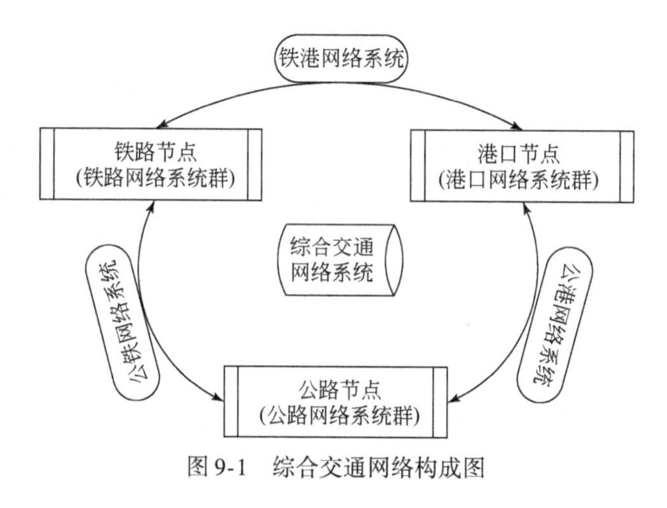

图9-1 综合交通网络构成图

9.2 城市步行系统与周边空间融合

9.2.1 创建与综合交通系统便捷衔接的步行系统

通过渝中区居民出行以及就业人员通勤调研分析可知，城市交通节点与周边城市空间的交通衔接方式主要有机动车（包括公共交通，私人交通）、非机动车（自行车）以及步行方式。当机动车交通换乘点位于节点内时，使用者直接进入城市节点内；当机动车交通换乘点在节点周边环境中设置时，使用者需要通过步行方式间接进入节点内。本节着重关注步行间接联系方式的相关问题。

(1) 协调城市综合交通系统规划以合理设置公共交通换乘点

使用者可以采用不同的交通方式，通过不同线路公共交通之间的换乘，不同公共交通方式的换乘，或者公共交通与其他交通方式的换乘，到达离使用者目的地最近的公共交通换乘点。之所以首选城市公共交通，主要是由于城市公共交通系统是有效利用交通、减少城市拥堵的较好方式，所以离使用者目的地最近的公共交通换乘点的合理布置，将有效提高人们借助公共交通出行概率，继而提高城市交通节点使用率。依据城市综合交通系统规划，结合城市交通节点的景观环境，通过城市设计手段和方法，合理整治公共交通换乘点的整体风貌，为出行者创造人性化、宜人的公共交通换乘点，这样不仅会提高出行者出行愉悦性，加深人们出行体验，而且为城市交通节点与周边城市空间的有机融合奠定基础。

(2) 整治步行环境以提升进入城市交通节点空间的舒适度

由于城市规划、建设管理等问题，在由周边城市空间引入城市交通节点的步行环境上，普遍缺乏与城市交通节点的关联设计，景观环境质量上也存在许多问题，在由周边城市空间引入城市节点的步行范围内，应因地制宜，结合具体情况，从绿化环境、人行铺面、景观小品或街面环境等方面对步行范围内的步行环境进行整合。

9.2.2 强化标志引导作用以改善节点空间的可达性

在渝中区现状的调研中，进入城市交通节点的标志设计不仅缺少人性化、适宜的联系途径，而且城市中普遍几乎没有相应的引导设施，引导人们进入城市交通节点。因而，城市交通节点与周边城市空间衔接的步行系统整合，还应关注步行路径上的标志设计。

(1) 根据城市交通环境配置引导标志

根据城市交通节点周边环境的分析，结合步行环境的整治，选择适当的位置布置引导标志，可围绕公共交通换乘点，结合环境绿化、人行步道、景观小品，街头服务设施等布置标志，并使其成为一种体现城市特色的文化景观。

(2) 根据城市交通方式配置引导标志

根据不同的交通方式，设置不同的引导标志，如机动车标志可结合交通标识，进行统一规划。同时步行标志，应以人的尺度以及与城市交通节点人性化构建为指导，对标志的高度、形式、内容等进行精细化设计。

9.3　渝中区城市公交站点配置存在的问题与优化措施

9.3.1　城市公交站点配置存在的问题分析

公交站点作为公共汽车交通系统的子系统，承担着客流集散的功能，对于公共交通服务的方便度与舒适度都有着很大影响。城市公交站点的管制优化不仅能提高城市交通效率，缓解交通拥堵，还能完善城市综合交通体系，影响城市空间结构。目前渝中区公交站点服务设施的建设、运营、维护以及管理工作不够完善，公交站点服务设施管理没有严格按照统一规划、统一标准、统一管理的要求实施，主要表现在公交站点总体布局、公交站点与其他设施衔接以及公交站点设计等三个方面。

（1）公交站点总体布局存在的主要问题

一是公交站点用地规模不能满足公交车辆停靠需求。其原因一方面是渝中区建设用地紧张，公交站点用地规模明显比其他城市偏小，公交车辆占道上下客等现象严重；另一方面是公交枢纽站、首末站用地被挪用现象突出，设施档次低，影响公交系统的综合利用。二是公交站点规划覆盖范围不能满足市民出行需求。根据《城市道路设计规范》（CJJ37—2012）要求，公交站点平均站距应为500～600m，《重庆市城市道路交通规划及线路设计规范》则要求公交站点间距应为300m～800m，而渝中区由于受山地地形影响，公交站点平均站距实际上大于800m，增加了居民出行距离和候车时间，直接影响公交出行的便捷程度。

（2）公交站点与其他设施衔接有待改善

一是公交站点不能有效衔接其他公共交通设施。由于渝中区的几种公共交通设施规划建设时间不同、建设水平不一致，公交站点与其他交通设施站点之间的衔接普遍存在功能设置和换乘站点位置不能满足换乘需求、换乘步行距离过长、规模小、数量少等问题，无法发挥各种公共交通的最大综合效益。二是公交站点用地规划与周边城市空间规划的衔接有待改善。目前，渝中区的公交站点布局规划与大型居住组团、大型商圈、重要公共设施等专项规划协调不足，缺乏统一考虑，导致居民出行更愿意选择私家车出行，增加了渝中区的交通压力。

(3) 公交站点设计不够合理

一是公交中途站点选址不合理。由于普遍存在公交站点先建设后规划的情况，缺乏统一的规划与设计，致使公交停靠站离道路交叉口过近，容易造成阻塞，导致交叉口通行能力下降。二是公交站点站台形式选择不合理。重庆市约有70%的公交站点采用划线式港湾停靠站形式，约有20%的公交站点采用沿人行道直线式公交停靠站形式，而渝中区公交站点停靠方式的选择大都没有综合考虑用地情况、交通条件以及线路规划情况，导致站点形式单一，影响车辆通行，引发交通堵塞。

9.3.2 城市公交站点配置优化措施

针对渝中区公交站点存在的问题，基于车辆有序停靠、高效进出的目的，这里主要从管理措施方面提出优化设计，主要包括公交站点规划建设标准、公交车辆进站停车管理及站牌布设管理，做好不同等级线路的车辆在站点的综合管理。

(1) 改进公交站点规划建设标准

首先，合理设置公交站点间距，适当扩大公交站点服务覆盖范围（表9-1）。渝中区解放碑CBD客流密集、乘客乘距短。上下站频繁，站点间距宜设置为300m左右，而在边缘区域可适当增加至800m。此外，可根据菜园坝火车站，菜园坝长途汽车站、各个轻轨站点等布设相关换乘枢纽站，有效辐射周边区域，方便居民出行。其次，确保公交站点的用地规模（表9-1）。例如，菜园坝综合换乘枢纽位于菜园坝火车站出入口处，是多种交通方式集聚的客运中心地段。用地规模应控制在15 000~20 000m^2，而大坪轨道换乘枢纽站由于有多条轨道线在此交汇，用地规模应控制在5000~8000m^2。第三，应合理设置公交中途站。宜设置在沿线客流较集中的城市节点处，同时应根据道路等级确定公交停靠站形式，尽量选择港湾式公交停靠站。

表9-1 重庆市渝中区公交站点辐射范围及用地规模表

类型	辐射半径/m	建设用地范围/m^2
综合换乘枢纽站	3 000~5 000	10 000~20 000
轨道换乘枢纽站	2 000	5 000~9 000
公交换乘枢纽站	1 500	5 000~7 000
公交首末站	800	1 000~4 000

（2）公交车辆进站停车管理措施

当公交车辆同时进入停靠站进行上下客时，进出站点的车辆之间相互干扰，延长了公交车辆进出停靠站的时间。如果没有合理的进站停车管理，将会使公交车辆的整体运行时间延长，导致公交服务水平下降，还可能波及其他车道的车辆，造成机动车辆整体出行时间延长。加强公交车辆进站停车管理的一般方法是：设置合理的停靠站长度，划定停车位使公交车辆在停车位上停放，公交车辆进站停车时必须驶入停车位停靠，在没有线路停靠限制情况下，先进入停靠站的公交车辆应停靠在前方停车位。在道路资源比较丰富的地区可采用建立辅站或拉疏站点的方法。设立辅站是指在停靠线路较多的情况下，可在离主站约 30m 处设立辅站，将发车频率较低或停靠时间较短的公交线路安排在主站前方的辅站上，以减少进站公交车较多时主站发生阻塞的可能性。停靠线路太多时，也可以设立前后两个辅站。拉疏站点分为纵向拉疏与横向拉疏两种，纵向拉疏是指把较集中的线路布置到沿线辅站；横向拉疏是指一部分利用非机动车道停靠，另一部分利用机非分隔带作停靠站站台，即建立多个平行的停靠站台。

（3）站牌布设管理措施

公交站牌是公交站点的标志物，起到提供公交信息，有效引导乘客上下车的作用。若布设不当，易造成乘客上下车混乱，增加车辆停站延误时间。加强站牌布设管理主要是做好站牌位置与不同等级线路之间的匹配。可根据线路等级，设置独立站牌，划定相应等级线路的独立停车位置，做好不同线路之间占用停车位的统筹工作，使不同发车频率的车辆互为补充，充分利用站点停靠能力。为此，应采取合理的站牌布设方式，如图 9-2，一般有以下三种：第一种是独立站牌独立停车位，即每一公交线路设立一个站牌，独立使用一个停车位。这种布设方式所需站位长度最长，往往造成停车位闲置，浪费道路或城市空间，乘客乘车不便。其优点是公交车辆排队的概率较低。第二种是单一站牌共用停车位，是指所有线路均使用同一站牌，依公交车辆到站先后使用不同停车位。即站点上仅设一个站牌于站位前端，停车位则有数个，公交车到站时一律往前端停靠。这种布设方式最省空间，所需的站位长度最短，但缺点是乘客排队上车不便。第三种是合理站牌合理停车位，是指依照公交车辆到站间隔分布及服务时间分布，决定站牌数与停车位数。凡是到站间距短，服务时间长的线路，给予一个独立站牌与停车位，这种布设方式可节省道路面积，以供其他车辆停靠。这种布设方式要注意站点的通行能力与各条公交线路发车间隔相适应，否则会产生交通堵塞，营运车速低下，影响渝中区整体交通系统效率。

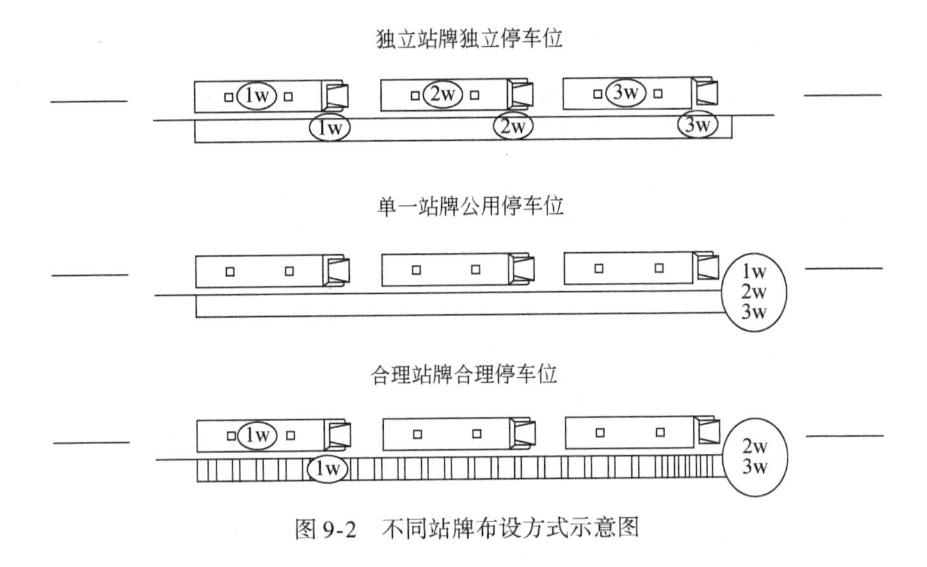

图 9-2　不同站牌布设方式示意图

9.4　渝中区城市轨道站点管制存在的问题与优化措施

9.4.1　城市轨道交通站点管制存在的主要问题

城市轨道交通作为大运量的城市交通系统，与其他的城市交通工具相比，具有不可比拟的优越性。城市轨道交通的优越性不仅体现在大运量、快速、准时等方面，更重要的是对城市交通供给水平与交通拥挤状况改善具有巨大潜力。同时，城市轨道交通也在很大程度上影响着城市空间的布置。在城市轨道交通体系中，轨道交通站是系统运行不可缺少的基本设施集合体。作为城市交通集散客流中心之一，轨道交通站合理管制将促进城市交通的良性运行以及站点附近城市空间的高效集约利用。

作为重庆市主城区最早拥有轨道交通的区域，渝中区已拥有 4 条轨道交通线路，分别是东西向的轨道交通 1 号线和 2 号线以及南北向的轨道交通 3 号线和 6 号线，规划中的轨道交通 5 号线、9 号线和 10 号线也将过境渝中区。当前渝中区拥有 15 个轨道交通站，其中 4 个是换乘站点。随着轨道交通的建成通车，带动了周边区域的土地升值和建筑密度的增长，吸引了大量的人流、车流，但同时也造成了轨道交通站点及其附近区域的交通拥堵，特别是较场口站、两路口站、牛角沱站和大坪站 4 个轨道交通换乘站点附近，在上下班高峰时期交通长期处于瘫痪状态。

9.4.2 城市轨道交通站点管制优化措施

（1）加强轨道交通综合体建设

轨道交通综合体建设是围绕轨道交通枢纽进行的城市土地立体开发。轨道交通综合体集聚了商业、服务、公共空间甚至居住等多元功能，有的向周边辐射还形成了功能混合、步行可及的紧凑立体开发空间。

渝中区的轨道交通综合体将以轨道交通站点为核心，步行范围（步行10～15min的距离，约600～1000m）为边界，规划高密度、多样性的物业开发模式。涵盖居住、写字楼、商业、服务等多种物业类型，轨道交通综合体便捷的交通以及多功能的物业组合，能够满足居住人群顺畅往返居住地和工作地的需求，高新技术、高智能化的生活配套设施的投入，将提高居住品质和城市生活质量，多变空间带来的全新商务模式，将商业、商务和居住有机结合，使空间价值得以最大化体现。最重要的是，轨道交通综合体的建设可引导更多居民使用轨道交通出行，实现“轨道交通+步行”的日常出行方式，不仅可以提高轨道交通的运营效益，保障客流量，更是对渝中区道路进行有效分流，有效缓解渝中区道路交通压力，特别是轨道交通站点附近道路交通的拥堵状况。

（2）有效实现轨道交通站配套公交的接驳

轨道交通公交配套是实现交通一体化的关键。一方面，只有两者合理配套，实现换乘在时空上的合理衔接，充分发挥轨道交通载客量大，运速快，可靠准时，污染少、资源消耗低和地面公交站点线路设置灵活、覆盖面广等优点，以便有效扩大整个城市公共交通的吸引范围。另一方面，由于轨道交通线路固定，站距较长，服务范围有限，只有将其与其他换乘交通方式相衔接，才能弥补这一缺点。在整个城市交通体系中，和私人交通方式相比，常规公交在容量、运能、运送速度、单位动态占地面积方面都具有明显优势。所以，通过完善轨道交通站点附近的配套接驳道路公交，以实现客流的及时疏导。

根据国内外接驳公交设置的基本经验得出接驳公交的配套标准（表9-2），并依据渝中区各轨道交通站的不同区位和高峰客流量，进行渝中区轨道交通站点的接驳公交线路和场站的配置，将渝中区轨道交通站点分为三类：

表9-2 重庆市渝中区轨道交通站点接驳公交配套标准

编号	轨道交通站点客流标准	公交配套措施
1	高峰小时客流量小于450人次/h	不增设公交线路

续表

编号	轨道交通站点客流标准	公交配套措施
2	高峰小时客流量超过 450 人次/h	设置一至两条配套公交线路
3	高峰小时客流量超过 450 人次/h，小于 1500 人次/h	每增加 400 人次/h，增加一条配套的公交线路
4	高峰小时客流量超过 1500 人次/h	规划换乘枢纽

1）换乘枢纽站。能够吸引多种交通方式汇集并有轨道交通换乘的轨道交通站，如较场口站、两路口站等客流量巨大的轨道交通换乘站。需配置与之衔接的公交场站，以作为各公交线路始发、终点和客流集散场所。公交线路一般呈放射型布置，可多达十几条，场站规模在 5000m^{2}以上。

2）交通枢纽站。能够吸引多种交通方式汇集，拥有大量客流的轨道交通站，如临江门站、小什字站等无换乘且客流巨大的轨道交通站。接驳公交车站宜采用能提供 3 ~ 4 个车位的港湾式车站，距离轨道交通车站在 200m 范围内，有条件时可考虑与轨道交通车站建筑结合。

3）社区中心站。指快速轨道交通的中间站，如鹅岭站、大溪沟站等中小型轨道交通站。所布局的接驳公交站点应尽量靠近轨道出入口，距离控制在 50 ~ 80m，并将公交车站设置为港湾式停车站。与轨道线路相交的横向公交线路，在条件允许时公交车辆可以进入车站广场。在相对车流较少的轨道交通站，可以根据需求设置出租车停靠点。

9.5　渝中区城市港口码头管制优化措施

港口是具有水陆联运设备和条件，供船舶安全进出和停泊的运输枢纽，是水陆交通的集结点和枢纽，工农业产品和外贸进出口物资的集散地，船舶停泊、补充给养、上下旅客、装卸货物的场所。同时，作为港口城市的重要组成部分，港口对经济发展起着巨大的推动作用，能带动周围地区和腹地的经济发展。重庆港是全国内河主要港口和区域综合运输体系的重要组成部分，是重庆市建设长江上游地区经济中心和航运中心的重要基础，是重庆市建设统筹城乡综合配套改革试验区和两路寸滩保税港区的重要依托，是我国西南部分地区对外交流的重要门户。渝中区朝天门港属于主城港区，是建设长江上游航运中心的核心，是旅游客运中心和以集装箱、汽车滚装、大宗散货为主的主枢纽港区。长江干线在四川境内的长度达 987km，300 ~ 500 吨级船舶可以在重庆以上河段全年通航，1000 ~ 1500 吨级船舶可以在重庆以下河段全年通航。

资源优势、物流优势、“窗口”优势、资金流和信息流优势，是渝中区朝天门拥有的特殊禀赋要素。为了充分发挥朝天门港口对于渝中区经济发展的带动、辐射作用，针对渝中区朝天门港口新一轮综合改造，从港口建设、配套网络、服务水平、管理模式等四个方面进行优化设计。

9.5.1　城市港口码头建设配套优化措施

（1）进一步完善朝天门港口建设

主要是采用市场经济手段，整合关闭简陋的小码头泊位。多年来重庆市岸线泊位的无偿使用，造成码头泊位数量多、分布密，利用效率不高，既不利于环保安全又破坏了正常的市场秩序。采用政府主导、市场化配置相结合的手段，通过规模效益和专业化效益降低港口码头的平均作业成本，并征收岸线使用占有费，既可以充分发挥岸线交通便利性，又可以维护正常市场秩序，同时也有益于朝天门码头规模化、专业化发展。

（2）优化改善朝天门集疏运网络

建立高效的港口集疏运交通运输体系，既是港口自身建设的需要，也是临港产业发展的需要。大力发展朝天门码头配套的综合运输体系，将港与城紧密联系在一起，更好地将水路运输与公路运输以及其他运输方式有效的配合起来，实现港口与临港产业在运作管理中的有效衔接，提高运作效率，可以使港口优势和产业优势得到充分发挥，促进经济贸易，增加朝天门码头对渝中区发展的贡献度，提高港口发展对区域经济发展的支撑能力。更大程度上推动朝天门码头功能升级。

9.5.2　城市港口码头服务管理优化措施

（1）提高综合服务水平，优化港口发展环境

实现和提高港口的综合服务水平，必须要有良好的港口、航运、海事、商贸、金融等软环境的配合。优先建立项目公司，负责前期的筹资、融资及项目法人治理机构的筹建工作，并全面研究渝中区港口码头的发展建设、管理问题，形成以城市空间集约利用为导向，以政府为主导，以企业效益为主体，以区域综合交通体系建设为依托，多方参与，共同发展，互惠共赢的发展模式和良性的运行机制，进而优化口岸服务环境，培育航运服务市场。

（2）借鉴“地主港”管理模式，推进朝天门码头更新改造

“地主港”模式，就是政府通过规划界定港口的区域范围，委托港口代表国家拥有港区及后方一定范围土地、岸线和基础设施的产权，对该范围内的土地、岸线、航道等进行统一开发，并以租赁方式把码头和土地租赁给企业经营，实行产权和经营权的分离。朝天门码头将建设成为以地铁、港口、水上邮轮码头为核心的立体交通枢纽，并连通小什字地铁枢纽和千厮门、东水门大桥，成为渝中区对外开放最便捷的窗口。实行“地主港”模式有利于朝天门码头、区域基础设施的统一开发，便于形成有规模的临港产业区，同时可加快解放碑、朝天门区域联动，突破解放碑发展的空间困局。

9.6 本章小结

依据城市交通节点的概念及作用分析，进一步深入探究城市交通节点的内涵。基于对城市交通节点内涵的梳理，从优化步行环境、完善交通设施及管理两方面探讨渝中区综合交通体系与城市空间利用融合的实现形式。针对渝中区公交站点存在的问题，基于车辆有序停靠、高效进出的目的，主要从公交站点规划建设标准、公交车辆进站停车管理及站牌布设管理等三个管理措施方面提出优化设计，做好不同等级线路的车辆在站点的综合管理。基于缓解渝中区轨道交通站点及其附近区域的交通拥堵及上下班高峰期交通瘫痪状态，从加强轨道交通综合体建设、完善配套公交的接驳状况两个方面提出优化设计。为了充分发挥朝天门港口对于渝中区经济发展的带动、辐射作用，提出渝中区朝天门港口新一轮综合改造，应从港口建设、配套网络、服务水平、管理模式等四个方面进行优化设计。针对城市公交站点、轨道站点以及城市港口码头三种城市节点，探究城市交通节点管制措施，以规制相应的城市空间利用行为，以提升城市空间的利用绩效。

第 10 章　城市综合交通与空间集约利用良性互动的保障措施

10.1　完善规划管理

城市综合交通体系和空间集约利用体系规划管理应根据合理布局、计划用地，坚持经济效益、环境效益和社会效益相统一的原则，统一规划、合理布局、因地制宜、综合开发、配套建设，集约利用城市土地资源、合理开发利用地上和地下空间。一方面通过不断改善城市基础设施和公共设施，确保满足渝中区城市公共交通畅通安全、使用方便的要求；另一方面通过不断提高城市空间集约利用程度，实现空间资源的优化配置。

10.1.1　做好相关规划编制工作

编制相关规划包括综合交通规划及城市空间利用规划等。为了更好地实现与轨道交通、对外交通、内部交通等其他交通方式之间的良好衔接，需明确规划编制主体单位，应由交委牵头，联合规划局等相关部门聘请专业机构编制公交场站发展规划。同时，将交通建设项目纳入城市建设规划管理中，简化站场建设申报程序，缩短项目实施周期，根据渝中区城市发展以及公交发展规划，结合小区建设和房地产开发，预留并落实交通设施用地。另外应在土地利用总体规划、城市规划等上层规划的指导下，制定出台渝中区城市空间集约利用相关规划，统筹安排，统一规划，以协调渝中区城市空间布局和各项建设的用地需求。

10.1.2　健全规划实施监管机制

(1) 加强综合交通规划和空间集约利用规划实施的动态监管和监督机制

由国土、规划、建设、房产等相关部门参加，建立动态联合监管机制和共同责任机制，综合运用 3S 技术及互联网等现代高新技术手段对规划实施情况进行动态跟踪监测，建立交通建设和空间利用动态监测系统，及时发现渝中区交通建设和空间利用的薄弱环节，制止违反规划的行为，定期公布各规划执行情况，督促和引导规划的实施。建立规划实施公众监督制度，推行规划信息公示制度，畅通规划违法、违纪案件的监督举报渠道，为公众参与规划实施监管提供有利条件。

（2）加强建设项目用地的批后监管

建立建设项目用地监管系统，及时将项目名称、类型、用地规模、投资强度、容积率、建设进展情况等信息录入计算机，实现对新建、在建项目用地情况进行监管。建立项目用地的批后监管，综合运用遥感影像、地籍数据库等信息技术手段，跟踪监管已批建设项目用地的供地、投资、开工、竣工、开发强度、产出效率等方面情况。

（3）加大规划实施过程中的执法力度

依法监督和查处城市建设中的违法用地行为，强化规划对城市交通用地及空间利用的约束作用。加强规划执法队伍的建设，严厉查处违法违纪行为，完善规划实施跟踪管理。严格执行行政执法责任制，明确执法机构和执法人员的权利和义务，强化行政过错责任追究。对于违反集约利用规划标准批地、用地的，要按照土地管理法及其相关法规的规定，依法查处；对于未按相关规划要求进行建设的，应按相关法律、政策规定进行处罚。通过这些措施的实施，保障城市建设用地的集约利用。

10.2 建立法规制度

随着社会生产结构的日益复杂化、市场经济的高度发展和利益的多元化，各种社会关系和经济关系都越来越需要相应的方法来规范。与行政命令的方法相比，法律的方法更具系统性、稳定性、规范性、权威性，避免了主观性和不确定性，因此也就更适用于市场经济下规范各项活动，这当然也包括城市公共交通及空间集约利用等相关活动。

10.2.1 制定政策法规，确保行业稳定

城市综合交通是城市重要的基础设施，发展城市综合交通，尤其是公共交通是提高交通资源利用效率，缓解交通拥堵的重要手段。按照国办发〔2005〕46号文件要求，应切实加强对优先发展城市公共交通工作的领导，结合本地实际，

制定和落实优先发展城市公共交通的若干政策法规和措施。要联合建设、发展改革（计划）、财政、物价、劳动保障等部门，要按照职能分工，认真履行职责，切实加强对城市公共交通行业的指导和监督。要严肃组织纪律，抓好各项政策的落实，为优先发展城市公共交通创造良好的政策环境。

10. 2. 2　整合协调政策法规

综合交通系统的发展离不开政策的倡导、支持和协调，如公共交通优先政策、市场竞争政策、公共汽车补贴政策等。渝中区的综合交通系统是以轨道、公交等公共交通为骨干，其他交通方式为辅的结构，轨道、公交等公共交通是居民出行的主要选择方式，公共交通极大地方便了居民的生活工作。要加大对公共交通系统的投资力度，巩固公共交通的基础地位，合理配置公共交通资源，推行公共交通优惠和优先政策。通过制定政策法规，强化规范城市公共交通系统中各主体的职责及主体之间的相互关系。通过制定政策法规为社会提供一个合理的公共交通管制框架，使各种交通工具能够协调运作，并通过监督和规范运营部门行为的方式使其符合为公共交通服务的宗旨。

10. 2. 3　空间集约利用政策体系建设

以科学发展观为指导，加强城市空间集约利用相关法规体系建设，保障规划的有效实施。一是按照节约集约用地的原则，运用市场准入门槛、经济杠杆和供地政策，探索建立分区域、分行业、分类型的节约集约用地标准体系，研究制定《渝中区城市闲置土地处置办法》。二是开展建设项目用地定额标准和核定办法研究。按照“批项目、核土地”要求，完善各类建设项目用地定额标准体系，研究制定有关核定、评价及操作办法，建立用地规模核定制度。三是制定出台渝中区城市空间集约利用相关政策和办法，建立健全开发城市地上地下空间的法规政策环境。

10. 3　开拓资金渠道

由于城市综合交通是立足服务社会、体现社会效益的政府政策性调控企业，为提高社会效益，综合交通中的轨道、公共汽车的运营收入一般都低于运营成本，特别是一些因解决居民出行要求而新辟的线路，由于客流形成需要一定的过程，导致满载率低，入不敷出。因此，一定时期内交通企业的亏损会有所增加，为确保交通企业的正常经营，必须建立强大的发展基金作为大力发展综合交通的经济后盾。此外，空间的集约利用也需要经济保障，资金缺乏、融资困难易造成工程项目延期甚至停工，造成资源的浪费，不利于空间的集约利用。因此，要积极开拓资金渠道。

10.3.1 适当的财政补贴

政府财政支持对城市交通的发展起着举足轻重的作用，政府应从以下几个方面对城市综合交通给予经济支持。

（1）加大渝中区综合交通投入

城市综合交通是与人民群众生产生活息息相关的重要基础设施，是关系国计民生的社会公益事业。要将渝中区城市综合交通发展纳入到公共财政体系，建立健全渝中综合交通投入、补贴和补偿机制，统筹安排，重点扶持。

加大对综合交通事业的资金投入力度。政府要对轨道交通、综合换乘枢纽、场站建设，以及车辆和设施装备的配置、更新给予必要的资金和政策扶持。城市公用事业附加费、基础设施配套费等政府性基金可用于城市交通建设，并向城市公共交通倾斜。

开拓多元化投资渠道。在公共财政投入的基础上，可鼓励社会资本（包括境外资本）以合资、合作或委托经营等方式参与城市综合交通投资、建设和经营，通过实施特许经营制度，逐步形成国有主导、多方参与、规模经营、有序竞争的格局。

（2）建立低票价补贴机制

渝中区公共交通是公益性事业，是城市交通的主要载体，客运实行低票价政策，以最大限度吸引客流，提高城市公共交通工具的利用效率。各种城市交通方式之间也要建立合理比价关系，实现优势互补，从而提高整个渝中区综合交通系统的运行效率。

按照《价格法》等有关法律、法规的规定，建立健全城市交通票价管理机制。要在兼顾城市交通企业的经济效益和社会效益的同时，充分考虑城市交通企业的经营成本和居民承受能力，科学核定城市交通票价。要进一步完善城市交通票价听证制度，提高票价制定的科学性和透明度，加强社会监督。

对于实行低票价以及月票，老年人、残疾人、伤残军人等减免票政策所形成的城市公共交通企业政策性亏损，城市人民政府应给予补贴。补贴应按月或季度定期及时拨付到位，不得拖欠或挪用。

（3）落实燃油补助及其他各项补贴

根据《国务院办公厅关于转发发展改革委等部门完善石油价格形成机制综合配套改革方案和有关意见的通知》（国办发〔2006〕16 号）和财政部有关文件的规定，成品油价格调整影响城市交通增加的支出，由中央财政予以补贴。政府应加强对补贴资金的监管，确保补贴资金及时足额到位。

要建立规范的成本费用评价制度和政策性亏损评估和补贴制度。要按照国办发〔2005〕46 号文件的精神，应对渝中区交通企业实行严格、规范的成本费用审计与评价制度。定期对城市交通企业的成本和费用进行年度审计与评价，在审核确定城市交通定价成本的前提下，合理界定和计算政策性亏损，并给予合理的补贴。城市交通企业运营成本必须向社会公开。

10.3.2　充分利用公共汽车企业发展优势吸引资金

公共汽车企业依赖自身的发展优势可以吸引其他企业或引进外资来发展城市公共汽车。国内不少城市采取车身广告拍卖或线路拍卖等方式吸引社会资金，解决了车辆购置所需的大笔资金投入，同时也是企业创收的一项有效途径。因此，渝中区也可充分利用公共汽车企业发展优势吸引社会资金。

10.3.3　开展融资平台建设

要实现渝中区空间集约利用的目标，需要大量的建设资金，为此，必须构建强有力的投融资平台以给予巨大的资金支持。在未来各城市空间集约利用相关规划的实施过程中，资金短缺将是一个突出问题，融资渠道单一、筹资困难、资金投入不足是制约空间建设快速发展的瓶颈。从投融资平台的运作方式、投融资平台的管理机制、投融资平台的监督机制三方面入手，加快投融资平台建设，整合政府投资资源，提高投融资管理水平，以稳妥有效的资金保障支持渝中城市空间发展。

10.4　强化技术保障

城市综合交通本身是一个工程系统，城市空间利用系统和城市综合交通系统研究属于复合系统研究，是城市巨型复合系统中最基础和最重要的两大支撑系统，其研究本身具有前瞻性、多目标性和复杂性的特征，应采用现代科技手段对综合交通体系及城市空间利用进行动态管理与监测，及时发现薄弱环节，并采取有效措施。

10.4.1 充分利用现代科技手段，加强空间利用及交通动态管理

渝中区是人口密集、经济活动集中的空间地域。随着人口集聚和社会经济的发展，渝中区城市面貌不断发生变化，人口对交通的需求也日渐增长，需要及时对其实行监测和分析。空间资源利用是国家宏观调控的重要手段，要使其发挥更好和更及时的调控作用，需要有先进技术的支撑。综合交通是城市重要的基础设施，要加强对综合交通的监测以把握交通法治趋势，并进一步优化交通结构。对空间利用及交通动态进行实时监测，要充分利用地理信息系统（GIS）、遥感系统（RS）、全球定位系统（GPS）等“3S”集成技术手段，对城市空间利用进行动态监测，严格执行城市空间利用规划和交通规划，要及时、准确地掌握全市空间利用和综合交通动态变化情况，要利用先进的科技手段，及时发现空间集约化利用和城市交通建设的薄弱环节，为改进和调整空间利用方式，构建支撑渝中区可持续发展的城市综合交通系统，提高利用效率提供科学依据。

10.4.2 大力开展城市空间管理信息系统建设

地理信息系统（GIS）是在计算机系统的支持下，运用系统工程和信息科学的理论，科学管理和综合分析具有空间特征的地理数据，以提供对地理信息进行规划、管理、决策和研究的专门化系统。地理信息系统能够将资源、环境、人口、交通、经济、教育、文化和金融等数据信息归并到城市的统一系统中，进行包括城市空间规划、城市用地适宜性评价、城市环境质量评价、道路交通规划、公共设施配置、城市环境的动态监测等城市和区域多目标的开发和规划。渝中区城市空间发展迅速，到2020年其空间利用强度、承载能力都发生了变化，滞后的决策方法和手段难以及时、准确、全面地提供信息资料，大力开展基于GIS的城市空间及综合交通管理信息系统建设可以对渝中区城市空间的利用程度、规模进行及时、精确的判断和评估，以便为空间开发利用和管理决策提供合理的依据。

10.4.3 城市空间利用管理机构和专业人员队伍建设

城市空间集约利用是一个极其复杂的系统，其与城市综合交通系统之间的关

系研究需要综合城市规划学、城市地理学、城市经济学、交通规划等相关学科的基础理论与方法进行综合化、交叉化的研究。要系统全面地研究两者相互影响机制及耦合机制，进而提炼出具有可操作性、可复制的促进城市空间和综合交通互动协调发展的对策措施。具有丰富的专业知识技能、良好的职业道德和社会价值观的城市交通和空间利用管理机构和专业队伍是有效实施交通管理和城市空间管理的重要保障。加强渝中区城市空间利用与管理专业人员队伍建设，提高综合交通及城市空间管理水平成为渝中区城市综合交通体系与空间集约利用保障措施体系的重要部分。

10.5　实行城市空间综合开发

城市交通对城市布局和空间利用的引导作用日益凸显，目前渝中区把大运量的轨道交通作为城市交通骨干，规划设计城市轨道交通线网，这必将引导渝中区城市形态和空间资源利用结构的变化和发展。城市的演变是空间和交通一体化演变的结果，发展某种特定的交通模式必将导致某种相应空间利用模式的出现。城市空间是交通的载体，交通使得城市空间利用结构沿交通轴发生变化，交通发展与空间利用相互制约、相互影响，因此，要在统一规划的前提下协调好两者的关系，综合开发，以实现互动互利。

10.5.1　实行“交通+商业”开发模式

通过“交通+商业”的开发模式，既可以解决政府资金不足的问题，也可以充分利用民间资本，同时，建设枢纽站点还可以带动周边商业开发，增加财政收入，改善相应区域的投资环境，促进产业集聚，进一步扩大财源。

渝中区应以轨道交通综合枢纽的建设带动商业空间的发展。渝中区政府出资建设轨道交通投入大、成本回收周期长。在国内外普遍存在轨道交通运营亏损的状况，光凭轨道交通运营收入和政府的补助不能解决根本问题。然而轨道交通带来的不仅仅是庞大的客流，这种“客流”可以通过某种方式转化为能够产生出价值的“客流”，轨道交通商业就刚好契合了这种需求。轨道交通把地面客流引入到地下从而带来商机，地下商业空间的特殊性能够使人们享受舒适的购物餐饮休闲环境，不受恶劣天气的影响，地下商业的蓬勃发展反过来又促进轨道交通客流，形成良性循环。轨道交通站点出口所在的地面商业空间，因为轨道交通的存在成为客流的高聚集地，轨道交通为其带来了更多的价值。“蝴蝶效应”在轨道交通及其周边的商业空间中得到了充分体现。

10.5.2 因地制宜实施片区空间开发

不同的用地条件应采取不同的开发模式。为了充分发挥交通对经济发展的带动作用，对于用地相对较紧张的渝中区而言，可以对站场土地资源分批分期实施“交通+商业”的综合开发模式，开发前景广阔。先是根据公用设施和商业设施建筑比例允许交通建设项目分割拨地和出让面积，促进枢纽站和换乘中心等场站周边土地的快速增值，待条件成熟后，再进行深度开发，对土地进行置换和综合利用，吸纳社会资金，解决政府财政不足所带来的问题。由于地段车流、客流高度集中，商机良好，通过政府与企业签订战略合作协议，可以实现优势互补，共促繁荣。

对地下空间实施差异化的分区开发。公共绿地、城市主干道等区域的地下空间要适度安排城市公用设施，包括地下交通设施、地下市政设施、地下人行通道等，一般不进行商业类开发。而公共活动聚集、开发强度较高的片区，如朝天门、解放碑、两路口和大坪，在规划中已确定为城市地下空间重点开发地区，开发时应注意轨道、交通枢纽及与周边用地的地上地下空间的相互连通，形成室内室外、地上地下相互连贯的公共空间。轨道站点腹地或公共活动相对频繁地区的地下空间开发则以地面功能合理延伸为原则，主要发展为地面配套的地下停车、服务、交通集散等功能。

10.5.3 TOD 联合开发

城市空间利用与综合交通之间存在“源-流”循环互馈关系，一方面，城市空间利用结构、强度、效益不仅影响综合交通系统网络结构，还决定着城市综合交通站点客流分布和运营绩效；另一方面，城市综合交通通过改善居民出行交通可达性，影响着城市空间形态、结构演化以及综合交通站点周围空间开发利用强度和效益。从国内外大城市综合交通和城市空间开发利用模式来看，城市综合交通与城市空间的协调发展是实现城市空间集约化开发模式的重要手段。大容量、安全快捷的轨道交通系统一直是香港公共交通优先发展对象，香港“轨道站点+房产物业”联合开发模式，是世界上轨道交通站点与城市空间开发相结合的典范。通过轨道交通线网的合理布局，使得超过70%的人口以及80%的就业岗位分布在轨道交通沿线；在轨道站点周围空间开发方面，按照TOD开发理念，轨道站点周围主要建筑物均集中在5分钟步行范围（400m左右）之内，通过步行天桥系统和人车分离的交通组织方式改善了居民出行步行环境的安全性、舒适性和可达性。

到 2020 年，渝中区将形成“三横四纵”网格型轨道交通网络格局，各交通小区到轨道交通站点距离在 1500m 范围内，基本上实现了轨道交通网络的全域覆盖，其他交通方式如公交车、出租车等将与轨道交通实现较好的接驳。从渝中区城市空间利用主导功能而言，主要包括居住功能、商业功能和公共服务功能。在具体交通站点周围空间利用组织模式方面，宜以 TOD 理念为指导，根据不同空间利用功能（居住、商业、公共服务），采取不同的空间利用组织模式。就居住功能区而言，轨道站点周围城市土地利用结构按照多样性原则，布置适量的公共绿地、商业服务和其他公共设施用地，构建以步行为主要交通工具的居住单元；主要以开发建设高层住宅为主，在开发强度（容积率）控制方面，参照《香港规划标准与准则》密度管制经验，将距离轨道站点 500m 周围的居住单元容积率控制在 5 左右。就商业功能区而言，轨道交通站点周围集住宅、商业、交通功能为一体，以综合体作为发展核心，物业配比以商业、高密度住宅为主；强调城市空间的立体开发利用，参照香港城市空间利用的空间邻近、垂直性、紧凑性和天空城市等理念，通过商业、写字楼等设施的建设，提升区域核心功能和商业价值，容积率控制在 10 以上。在城市轨道交通与城市空间联合开发的组织运营模式方面，可赋予城市轨道交通运营方优先参与轨道交通沿线土地储备、开发，将轨道交通的外部效应内部化以补贴准公共产品的投资运营成本。同时，建立城市轨道交通建设与城市空间开发利用联动协调机制，共同推进城市轨道交通沿线站点周围空间开发利用的一体化设计、建设和运营。

第11章　研究总结与展望

11.1　重庆市渝中区综合交通与空间利用研究总结

11.1.1　城市轨道交通系统和空间利用系统耦合状况

渝中区综合交通以自由式、高密度线网格局为载体，形成“公共交通为主导，多种交通方式并存”的居民出行模式，该模式的成因是交通流时空分布不均。根据地形地质条件，渝中区道路网构成呈现规则干道与细碎传统街巷并存的“自由式”路网格局，路网密度达到6.25km/km^2，为全国同类城市较高水平。渝中区城市综合交通体系及其外部接口主要包括道路交通体系（常规公交、出租车和停车系统）、轨道交通体系、慢行交通体系（人行步道和人行过街天桥）、五路八桥、长途客运、铁路交通和其他对外交通方式（轮渡和索道），其中常规公交和轨道交通是居民日常出行的主要交通方式，占全部出行方式的73.38%。实地调研表明，居民日常出行呈潮汐式分布特征，交通流时间分布不均，“上下班”时段出行量最大。渝中区对外客流来源集中在主城其他区域，主要包括渝北、沙坪坝、南岸、江北和九龙坡五大区域。交通流的时空分布不均导致渝中区对外交通通道的现状通行量已超过设计通行能力，而且南（南区路、菜袁路）、中（中兴路、新华路、中山一路）、北（北区路）三条干道和上清寺、两路口、临江门、较场口等交叉口形成了城市交通主要拥堵节点，严重影响居民日常出行。

在理清城市轨道交通系统与城市空间利用系统互动关系基础上，运用数据包络分析方法，从综合效率耦合度、纯技术效率耦合度、规模效率耦合度等方面分析重庆市渝中区轨道交通与城市空间利用系统互动关系。综合效率耦合度在空间分布上以菜园坝立交—牛角沱立交为界，西部片区耦合度高于东部片区，并呈现出片区化分布特征。纯技术效率在空间分布上呈现间隔分布特征，且经济中心外围区以及正在开发区域的耦合度不高。规模效率空间分布格局呈现出西部片区优于东部地区，其耦合度较低区域主要分布在两路口周边地区、解放碑街道、望龙门街道东部、朝天门街道西部地区。渝中区城市巨系统内整体耦合程度较好，但有效率较低，属于低水平轨道交通—空间利用耦合。

11.1.2　渝中区城市空间集约利用目标设置

在对渝中区城市空间集约利用现状分析的基础上，从空间利用强度、空间承载强度和经济产出效益三方面构建了重庆市渝中区空间集约利用的目标体系，并测算了到 2020 年渝中区的地下空间开发率、综合容积率、人口密度、绿化覆盖率及商业功能区的单位建筑面积产业增加值。到 2020 年，通过旧城改造、城市更新等措施，东、中、西部区域空间集约利用水平差距进一步缩小，呈现出“一极两圈三片”的总体格局。

11.1.3　渝中区轨道交通系统供需非均衡性判断

在渝中区城市发展战略框架下，结合渝中区城市轨道交通规划，基于“源流”互馈的城市空间利用与综合交通循环关系，构建城市空间集约利用的居民交通出行生成与土地利用关系模型，预测出 2020 年渝中区居民轨道交通出行吸引量为 80.45 万人次/日。到 2020 年，渝中区将形成“三横四纵”网格型轨道交通网络格局，各交通小区到轨道交通站点距离在 1500m 范围内，基本实现轨道交通网络的全域覆盖。通过对 2020 年渝中区城市空间集约利用和轨道交通“源-流”非均衡程度分析，综合确定 2020 年渝中区居民轨道交通出行需求为 80.41 万人次/日，而轨道交通总运能为 86.78 万人次/日，非均衡度 dd = 0.93，这说明到 2020 年渝中区轨道交通的供给能力总体上能够满足居民的轨道交通出行需求，并有 6.37 万人次/日的运能可以提供给区际居民轨道交通出行需求。渝中区轨道交通站点客流供给不能满足需求的站点主要分布在渝中区东部的临江门站、较场口站、七星岗站和西部的石油路站等 4 个站点，渝中区轨道交通供给明显大于需求的轨道交通站点主要有小什字、两路口、大坪等换乘枢纽站，说明渝中区轨道交通的主要问题是区域性供需矛盾问题。根据对城市综合交通与空间利用互馈机制的理论分析，为解决区域性供需矛盾，实现综合交通与城市空间利用的新平衡，须对区域的综合交通发展与空间利用进行整合。

11.1.4　渝中区综合交通与空间利用通道系统设置

结合渝中区综合交通与城市空间利用现状分析，在设计建设层面上，分别从地上空间（天桥、连廊及跨江大桥）、地面空间（地面道路系统、铁路）、地下空间（地下停车系统、地下快速通道、地下步行系统）三个层次探讨通道系统优化设置问题，以及实施城市空间利用与既有交通体系无缝隙接驳的实现形式和配套措施等。

11.1.5 渝中区综合交通与空间利用节点系统管制

从优化步行环境、完善交通设施及管理两方面探讨渝中区综合交通体系与城市空间利用融合的实现形式，并以解决渝中区公交站点、轨道交通站点以及港口实际问题为目标，从公交站点规划建设标准、公交车辆进站停车管理及站牌布设管理，轨道综合体建设及配套公交的接驳，港口建设、配套网络、服务水平以及管理模式等方面进行优化设计。

11.2 推进重庆市渝中区综合交通与空间集约利用整合方向

11.2.1 提高交通规划实施效力

一是政府应拥有“适度超前”意识，即在制定城市综合发展战略目标和安排计划时，交通发展速度应略高于经济发展速度，以尽快弥补历史欠账，逐步达到交通发展与经济发展同步，城市交通网络建设规模与城市空间利用水平基本相适应。二是加强规划协调和反馈，加强城市交通规划的层次性和阶段性，对于不同层次的交通规划内容，通过纳入法定规划或形成专项规划的方法，提升实施效力。

11.2.2 加强土地供应控制力度，健全土地储备机制

一是强化公共交通用地管理。除了地铁的地下部分以外，地铁的地上部分、轻轨、快速公交和常规公交都要占用土地。公共交通专用土地应由政府的土地管理、规划管理等相关部门严格掌控，确保未来公共交通的发展有足量的土地供应。二是建立和实行土地供应控制的快速反应、科学调控的长效机制。土地储备开发计划要符合城市经济发展规划和土地规划，加大政府对土地的储备力度，优先实施老旧城区再开发，土地储备向轨道交通地区倾斜。必要时可由政府回收大容量公共交通沿线土地的开发权，避免交通可达性改善带来的土地收益完全被开发商所得。

11.2.3　加快城市建设投融资体制改革

一是城市投资主体多元化，充分发挥市场配置资源的基础性作用，确立企业在经营性市政公用设施投资中的主导地位。二是完善相应市场机制，营造有利于市场要素合理流动的政策环境，扩大外资利用规模，开展多渠道的招商活动，采取多种融资方式、合资合作方式筹集资金。三是因地制宜地实行市政设施的配套收费政策，尤其是一些依靠社会资金建设的道路交通设施，更应该建立“谁投资，谁受益；谁使用，谁付钱”的机制，为使用者提供选择机会，尽可能兼顾效率与公平。

11.2.4　加强城市道路交通智能化、动态化管理

一是推广使用“电子警察”，安装使用车辆号牌自动识别登记系统，完善交警计算机网络信息系统。二是在主要交通路口安装摄像机和实时可变交通牌，及时发布道路交通信息并将路况信息传回控制中心，由控制中心协调管理城市交通。三是采用分流、让路等手段，充分利用支路让非机动车通行，通过提高市中心城区内的停车收费标准，限制部分道路上机动车的临时停靠。四是鼓励、扶持公共交通的经营者适时更新车辆，加大行车安全系数，增加载客量，提高乘车舒适度。

11.2.5　完善转移支付型价格调控政策

一是征收开发税。政府直接向开发商收取费用，依据是开发项目享受到了由政府出资建设的基础设施，奥地利、德国、法国、芬兰等国都实施过类似政策，且收益明显。二是征收土地增值税。可以对使用公共交通设施的商业及住宅征收土地增值税，税金一般由占地面积决定。如果因为改善街道或广场使邻近的商户收益增加，则需要增加土地增值税，但是如果因为新投资的大众捷运系统切断街道导致商户利益受损，商户应获得一定程度的税收减免补偿。

11.3　研 究 展 望

城市空间集约利用是一个极其复杂的系统，需要综合城市规划学、城市地理学、城市经济学等相关学科的基础理论与方法进行综合化、交叉化研究。由于国

内外有关空间集约利用的理论和实践仍处于不断探索过程中，特别是有关空间集约利用的经济模型及其发展阶段划分标准尚未统一，使得对城市空间集约利用程度及其阶段性目标体系构建具有深刻的“地方性”标签。城市综合交通本身是一个工程系统，城市空间利用系统和城市综合交通系统之间的关系研究属于复合系统研究，其相互影响机制及其内在因素缺乏系统、全面的研究，关于两者之间的耦合机制分析框架仍然需要进一步的深入思考和提炼。

城市空间集约利用程度演化是一个非常复杂的动态过程，受到诸如经济的、政治的、技术的、制度的等等因素影响。城市综合交通仅仅是其中的重要因素之一，如何更为精准地定量描述两者之间的关系成为未来研究的重点和难点。应在理清两者作用机制基础上，建立动态仿真模型，从时空尺度揭示城市综合交通与不同城市功能空间集约利用演化阶段性特征及其规律。因此，在今后的研究中，适宜对不同性质、不同发展阶段的城市及其内部区域空间利用强度、性质及其效益进行多尺度综合研究，通过长时间、大规模的对比研究，建立城市空间集约利用与城市综合交通时空演化基础数据库，采用归纳和演绎的分析方法，探讨实现城市空间集约利用的实施措施和路径选择，进而提炼出具有可操作性、可复制性的促进城市空间集约、高效利用的对策措施。

参 考 文 献

鲍巧玲 . 2014. 山地城市轨道交通站点周边用地优化布局探索 . 小城镇建设，(4)：39-44.

曹静 . 2008. 基于土地利用的交通预测方法研究 . 中国水运，8（8）：103-106.

卜雪旸 . 2006. 当代西方城市可持续发展空间理论研究热点和争论 . 城市规划学刊，（4）：106-110.

常青，王仰麟，吴健生，等 . 2007. 城市土地集约利用程度的人工神经网络判定——以深圳市为例 . 中国土地科学，21（4）：26-31.

曹小曙，杨帆，阎小培 . 2000. 广州城市交通与土地利用研究 . 经济地理，20（3）：74 - 77.

陈立道，陶一鸣，韩广秀 . 1990. 上海市地下空间需求预测 . 地下空间，10（1）：25-33.

陈鹏，李杰，邹志云 . 2004. 结合土地利用再谈交通需求预测 . 华中科技大学学报：城市科学版，(1)：73-75.

陈志龙，王玉北，刘宏，等 . 2007a. 城市地下空间需求量预测研究 . 规划师，23（10）：8-13.

陈志龙，张平，王玉北 . 2007b. 城市中心区地下空间需求量预测方法探讨——以武汉王家墩中央商务区为例 . 山西建筑，(10)：618-621.

董丕灵 . 2006. 城市地下空间开发需求的规模预测 . 上海建设科技，(2)：34-37.

窦志铭 . 2007. 深圳湾口岸的泛“廊道效应”研究 . 特区经济，(7)：15 - 16.

段进 . 2006. 城市空间发展论 . 南京：江苏科学技术出版社，52-53.

段龙龙，张健鑫，李杰 . 2012. 从田园城市到精明增长：西方新城市主义思潮演化与批判 . 世界地理研究，21（2）：72-79.

方磊 . 2010. 城市轨道交通与常规公交协调的实证研究 . 西安：长安大学硕士学位论文，18-20.

封静 . 2012. 基于高分辨率遥感影像的城市精细尺度人口估算 . 上海：华东师范大学硕士学位论文，35-36.

冯浚，徐康明 . 2006. 哥本哈根 TOD 模式研究 . 城市交通，4（2）：41-46.

冯甜甜，龚健雅 . 2010. 基于建筑物提取的精细尺度人口估算研究 . 遥感技术与应用，25（3）：323-327.

冯甜甜 . 2010. 基于高分辨率遥感数据的城市精细尺度人口估算研究 . 武汉：武汉大学博士学位论文，43-44.

高峰，范炳全，张林峰 . 2003. 城市交通发展的国际考察及其对中观的启示 . 世界经济与政治论坛，(2)：26 - 29.

何宁，何瑞梅 . 2006. 综合交通枢纽规划和需求分析方法 . 城市交通，4（5）：13 - 18.

黄林秀，何建 . 2015. 基于地块尺度的都市核心区城市土地集约利用评价研究——以重庆市渝中区为例 . 西南大学学报（自然科学版），37（6）：81 - 88.

黄卫东，苏茜茜 . 2010. 基于 TOD 理论的公交社区建设模式研究——以杭州为例 . 城市规划学刊，(7)：151-156.

黄文娟 . 2005. 城市轨道交通与常规公交换乘协调研究 . 华东公路 . (4)：88-90.

蒋勇，扈万泰 . 2007. 十年重庆城乡规划实践与理论探索 . 重庆：重庆大学出版社，276-281.

李朝阳，华智 . 2002. 轨道交通环线站点环内吸引区域研究 . 长沙铁道学院学报，20（4）：94-98.
李朝阳，华智 . 2011. 新时期大都市公共交通发展策略研究 . 人文地理，26（1）：105-108.
李澜涛，任学慧，邱建涛 . 2009. 基于 A H P 的城市居住用地集约利用效益——以大连市为例. 国土资源科技管理，26（2）：6-10.
李萍 . 2010. 重庆市轨道交通 3 号线运营规划 . 成都：西南交通大学硕士学位论文，56-57.
李素，庄大方 . 2006. 基于 RS 和 GIS 的人口估计方法研究综述 . 地理科学进展，25（1）：109-121.
李霞，邵春福，贾洪飞 . 2007. 土地利用与居民出行生成模型及其参数标定 . 吉林大学学报（工学版），37（6）：1300-1303.
李晓红，王宏图，杨春和，等 . 2005. 城市地下空间开发利用问题的探讨 . 地下空间与工程学报，1（3）：319-328.
李艳艳 . 2011. 城市交通供求非均衡特性研究 . 长春：吉林大学硕士学位论文，65-66.
李咏 . 1998. 城市交通系统与土地利用结构关系研究 . 热带地理，18（4）：307 - 310.
廖喜生，王秀兰 . 2004. 容积率最佳使用的经济学分析 . 国土资源科技管理，21（2）：73-76.
林国鑫，陈旭梅 . 2006. 城市轨道交通与常规公交系统协调评价探讨 . 交通运输系统工程与信息，6（3）：89-92.
林震，杨浩 . 2005. 城市交通结构的优化模型分析 . 土木工程学报，（5）：100-104.
刘畅，潘海啸，贾晓伟 . 2011. 轨道交通队大都市外围地区规划开发策略的影响——外围地区 TOD 模式的实证研究 . 城市规划学刊，（6）：60-67.
刘成林 . 2007. 现代服务业发展的理论与系统研究 . 天津：天津大学博士学位论文，85-86.
刘金玲，曾学贵 . 2004. 基于定量分析的城市轨道交通与土地利用一体规划研究 . 铁道学报，26（3）：13 - 19.
刘建明，陈金玉 . 2009. 基于土地利用的交通需求预测 . 交通科技与经济，11（1）：117-119.
刘景矿，庞永师，易弘蕾 . 2009. 城市地下空间开发利用研究——以广州市为例 . 建筑科学，25（4）：72-75.
刘平，邓卫 . 2006. 轨道交通与常规公交换乘评价体系研究 . 见：中国交通运输协会编，第六届交通运输领域国际学术会议论文集 . 195-201. .
刘姝驿，乔宏，杨庆媛，等 . 2014. 重庆解放碑商圈停车位配置问题分析 . 西南大学学报（自然科学版），36（4）：120 - 126.
刘新荣，王永新，孙辉，等 . 2004. 城市可持续发展与城市地下空间的开发利用 . 地下空间，24（5）：585-588.
刘欣，杨荫凯，吕昕 . 2000. 中国城市机动化的基本特征及其宏观发展对策研究 . 地理科学进展，19（1）：57 - 63.
刘志玲，李江风，龚健 . 2006. 城市空间扩展与“精明增长”中国化 . 城市问题，25（5）：17-20.
陆化普 . 2012. 城市交通供给策略与交通需求管理对策研究 . 城市交通，10（3）：1-6.
陆化普 . 2014. 城市交通拥堵机理分析与对策体系 . 综合运输，（3）：10-19.

罗铭，陈艳艳，刘小明 . 2008. 交通–土地利用复合系统协调度模型研究 . 武汉理工大学学报（交通科学与工程版），32（4）：585-588.
罗志忠 . 2006. 基于土地利用的城市交通需求分析研究 . 西安：长安大学硕士学位论文，47-49.
吕拉昌 . 2008. “城市空间转向”与新城市地理研究 . 世界地理研究，17（1）：32-38.
吕拉昌，黄茹，韩丽，等 . 2010. 新经济背景下的城市地理学研究的新趋势 . 经济地理，30（8）：1288-1293.
马祖琦 . 2007. 从“城市蔓延”到“理性增长”——美国土地利用方式之转变 . 城市问题，（10）：86-90.
毛蒋兴，闫小培，王爱民，等 . 2005. 20 世纪 90 年代以来我国城市土地集约利用研究述评 . 地理与地理信息科学，21（2）：48-52.
梅丽 . 2008. 基于多阶段 DEA 模型视角的银行效率影响原因分析 . 贵州农村金融，（6）：22-25.
莫海波 . 2006. 轨道交通与常规公交一体化协调研究 . 北京：北京交通大学硕士学位论文，50-53.
黎伟，陈义华 . 2007. 基于四阶段法的交通需求预测组合模型 . 重庆工学院学报（自然科学版），21（3）：93-95.
潘海啸 . 2013. 多模式城市交通体系与方式间的转换 . 城市规划学刊，（6）：84-88.
彭进福 . 2012. 重庆轨道交通 2 号线客流预测 . 成都：西南交通大学硕士学位论文，56-57.
彭沙沙，吴小萍，梅盛 . 2011. 基于 GIS 的城市轨道交通与土地利用协调研究 . 铁道工程学报，（1）：76-79.
钱林波，杨涛，於昊 . 2006. 大城市停车体系发展战略——以北京为例 . 城市交通，4（5）：35 - 39.
乔宏，杨庆媛 . 2013. 区域功能完善与 CBD 空间集约利用：重庆解放碑个案 . 改革，（7）：66-72.
曲大义，于仲臣，庄劲松，等 . 2001. 苏州市居民出行特征分析及交通发展对策研究 . 东南大学学报（自然科学版），31（3）：118 - 123.
瞿万波，刘新荣，梁宁慧 . 2007. 重庆市一体化地下空间开发利用构想 . 地下空间与工程学报，3（3）：402-405.
任其亮，李淑庆 . 2005. 重庆主城区客运结构研究 . 见：中国城市交通规划学会编 . 中国城市交通规划学术年会论文集 . 142-148.
单传平 . 2008. 以轨道交通为骨干的城市公交线网协调性研究 . 重庆：重庆交通大学硕士学位论文，57-62.
石飞，王炜，江薇，等 . 2005. 基于土地利用形态的交通生成预测理论方法研究 . 土木工程学报，38（3）：115-118.
宋小冬，孙澄宇 . 2004. 日照标准约束下的建筑容积率估算方法探讨 . 城市规划汇刊，30（6）：70-73.
陶志红 . 2000. 城市土地集约利用几个基本问题的探讨 . 中国土地科学，14（5）：1-5.

谭艳慧. 2010. 住区容积率与居住形态的演变及相互关系研究——以济南市为例. 济南：山东建筑大学硕士学位论文，39-42.
谭晓雨. 2012. 土地利用与交通小区发生吸引量关系研究. 物流技术，31（4）：94-97.
王长坤. 2007. 基于区域经济可持续发展的城镇土地集约利用研究. 天津：天津大学博士学位论文，71-73.
王丹，王士君. 2007. 美国“新城市主义”与“精明增长”发展观解读. 国际城市规划，22（2）：61-66.
王国爱，李同升. 2009. “新城市主义”与“精明增长”理论进展与评述. 规划师，25（4）：67-71.
王建军，黄兰华，杨佩佩. 2008. 基于轨道交通网络的道路公交线网评价研究. 城市轨道交通研究，（12）：21-27.
王炜，徐吉谦，杨涛. 1998. 城市交通规划理论及其应用. 南京：东南大学出版社，175-176.
吴丹. 2009. 基于 DEA 的综合交通运输系统协调发展评价研究. 北京：北京交通大学硕士学位论文，24-28.
吴得文，毛汉英，张小雷，等. 2011. 中国城市土地利用效率评价. 地理学报，66（8）：1111-1121.
谢敏，郝晋珉，丁忠义，等. 2006. 城市土地集约利用内涵及其评价指标体系研究. 中国农业大学学报，11（5）：117-120.
徐循初. 2005. 对我国城市交通规划发展历程的管见. 城市规划学刊，（6）：11 - 15.
徐循初. 2006. 城市交通设计问题总结和经验借鉴. 城市交通，4（2）：49 - 55.
杨鸿霞. 2010. 浅谈望京 K5 区停车楼设计. 山西建筑，36（11）：54-55.
杨敏. 2005. 基于人口和土地利用的城市新区交通生成预测模型. 东南大学学报（自然科学版），35（5）：815-819.
姚新虎. 2008. 基于出行距离的快轨交通站间距的确定方法. 都市快轨交通，21（1）：48-50.
叶小君. 2011. 城市居住用地容积率的合理确定与管理研究. 南昌：江西理工大学硕士学位论文，55-56.
尹君，谢俊奇，王力，等. 2007. 基于 RS 的城市土地集约利用评价方法研究. 自然资源学报，22（5）：775-782.
余继东，吴瑞麟. 1999. 新城区居民出行生成和分布预测模型研究. 武汉城市建设学院学报，16（4）：30-33.
张方，田鑫. 2008. 用人工神经网络求解最大容积率估算问题. 计算机应用与软件，25（7）：163-164.
张建军，刘金成，卢红锋. 2008. 基于非均衡理论的交通规划边界约束条件探讨. 山西科技，（3）：147-150.
张露. 2012. 高时间分辨率的城市人口动态分布模拟——以重庆市北碚城区为例. 重庆：西南大学硕士学位论文，37-39.
张伟. 2012. 重庆大型聚居区交通规划研究. 山西建筑，38（15）：22-23.
张先起，梁川. 2005. 基于熵权的模糊物元模型在水质综合评价中的应用. 水利学报，

36 (9): 1057 - 1061.

张勇. 2008. 论北京市轨道交通建设沿线土地利用模式. 北京社会科学, (3): 38-41.

赵光, 史延冰. 2010. 城市地下空间发展规模预测——以天津市为例. 中国城市规划年会论文集. 123-130.

赵鹏军, 彭建. 2001. 城市土地高效集约化利用及其评价指标体系. 资源科学, 23 (5): 23-27.

赵童, 谢蜀劲. 2003. 国外的城市土地使用与交通一体化研究. 城市轨道交通研究, (3): 45-49.

赵延军, 王晓鸣. 2008. 开发项目最佳容积率研究. 长安大学学报(社会科学版), 10 (2): 92-95.

周俊, 徐建刚. 2002. 轨道交通的廊道效应与城市土地利用分析——以上海市轨道交通明珠线(一期)为例. 城市轨道交通研究, (1): 77 - 81.

周璐红, 洪增林, 余永林. 2012. 街区经济发展中土地集约利用评价研究——以西安市莲湖区为例. 中国土地科学, 26 (7): 78-83.

周涛, 肖艾华. 2007. 重庆市主城区轨道交通规划与实践. 北京规划建设, (3): 15-19.

周伟, 曹银贵, 袁春, 等. 2011. 兰州市土地利用集约评价. 中国土地科学, 25 (3): 63-69.

周源. 2012. 重庆轨道交通六号线运营组织方案研究. 成都: 西南交通大学硕士学位论文, 52-55.

周子英, 朱红梅, 谭洁, 等. 2007. 基于主成分分析法的城市土地利用潜力评价. 湖南农业大学学报(自然科学版), 33 (1): 113-116.

朱天明, 杨桂山, 万荣荣, 等. 2009. 城市土地集约利用国内外研究进展. 经济地理, 29 (6): 977-983.

宗会明, 戴技才, 乔宏, 等. 2014a. 渝中区综合交通发展格局及拥堵原因解析. 西南大学学报(自然科学版), 36 (2): 143 - 149.

宗会明, 何丹, 杨庆媛, 等. 2014b. 基于SP方法的重庆居民轨道交通出行时间价值及影响因素分析. 现代城市研究, (2): 115 - 120.

Baileya K, Grossardtb T, Pride-Wells M. 2007. Community design of a light rail transit-oriented development using casewise visual evaluation (CAVE). Socio-Economic Planning Sciences, (41): 235-254.

Boarnet M G, McLaughlin R B, Carruthers J I. 2011. Does state growth management change the pattern of urban growth? Evidence from Florida. Regional Science and Urban Economics, (41): 236-252.

Bolaya Jean-Claude, Pedrazzinia Y, Rabinovich A, et al. 2005. Urban environment, spatial fragmentation and social segration in Latin America: Where does innovation lie. Habitat International, (29): 627-645.

Cervero R, Day J. 2008. Suburbanization and transit-oriented development in China. Transport Policy, (15): 315-323.

Cervero R, Kockelman K. 1997. Travel demand and the 3Ds: density, diversity, and design. Transportation Research Part D: Transport and Environment, 2 (3): 199-219.

Eeturck D M. 1987. The approach to consistency in the Analytic Hierarchy Process. Math Modeling, (9): 345-352.

Garcia-López M. 2012. Urban spatial structure, suburbanization and transportation in Barcelona. Journal of Urban Economics, (72): 176-190.

Glaeser E L, Kahn M E, Rappaport J. 2008. Why do the poor live in cities? The role of public transportation. Journal of Urban Economics, (63): 1-24.

Gouthie H L, Jtaaffe E. 2000. The 20th century "Revolutions" in American geography. Urban Geography. 23 (6): 503-527.

Grant J. 2002. Mixed use in theory and practice: Canadian experience with implementing a planning principle. Journal of the American Planning Association, 68 (1): 71-84.

Hyungun S, Ju-Taek O. 2011. Transit-oriented development in a high-density city: Identifying its association with transit ridership in Seoul, Korea. Cities, (28): 70-82.

Jungyul S. 2005. Are commuting patterns a good indicator of urban spatial structure? Journal of Transport Geography, (13): 306-317.

Kurt P. 2012. Yet even more evidence on the spatial size of cities: Urban spatial expansion in the US, 1980-2000. Regional Science and Urban Economics, (42): 561-568.

Lees L. 2002. Rematerializing geography: The "new" urban geography. Progress in Human Geography, 26 (1): 101-112.

Loo B P Y, Chen C, Chan E T H. Chanc. 2011. Rail-based transit-oriented development: Lessons fromNew York City and Hong Kong. Landscape and Urban Planning, (97): 202-212.

Millera J S, Hoel L A. 2002. The "smart growth" debate: best practices for urban transportation planning. Socio-Economic Planning Sciences, (36): 1-24.

Mitchell J G. 2001. Urban sprawl. National Geographic, 200 (1): 48-73.

Muñoz J C, De Grange L. 2010. On the development of public transit in large cities. Research in Transportation Economics, (29): 379-386.

Soja E W. 1996. Third space: Journeys to Los Angeles and other real and imagined place. Oxford Cambridge: Wiley-Blackwell, 82-85.

后　　记

本书是重庆市交通科学技术项目《综合交通体系对渝中区城市空间集约利用的互动关系研究》（KJXM2012-0259）和重庆市建设科技计划项目《渝中区城市空间集约利用研究》（城科字 2012 第 1-2 号）研究成果的总结与升华，由三位作者共同完成。在项目研究和本书写作过程中，得到了西南大学地理科学学院宗会明副教授、印文讲师、刘光鹏博士、西南大学经济管理学院黄林秀副教授以及重庆师范大学地理与旅游学院戴技才博士的诸多帮助和启发。同时，已毕业硕士学生何建、邓永旺、潘菲、樊天相、刘姝驿、王雪、何春燕、侯培等参与了前期调查与数据整理，在此向他们对本书做出的大量基础工作表示衷心的感谢。

在项目立项和研究过程中，得到了重庆市交通委员会、重庆市城乡建设委员会、渝中区人民政府、渝中区建设与交通委员会等单位领导的大力支持。在项目验收评审过程中，重庆市地质矿产勘查开发局局长王力教授、重庆交通大学校长唐伯明教授、重庆市国土资源和房屋管理局专家咨询委员会常务副主任邱道持教授、重庆市国土资源和房屋勘测规划院副院长胡渝清教授级高级工程师、重庆市设计院副总工程师杨斌教授级高级工程师等专家提出了许多宝贵意见，为本书的进一步完善起到了重要作用。在此，向上述单位和评审专家一并表示衷心的感谢。

由于作者水平有限，书中不妥之处在所难免，敬请各位专家和读者批评指正。

作　者

2016 年 3 月